油气田环境遥感监测方法与实践

刘 杨 张楠楠 黄山红 黄妙芬 于 涛 著

石油工业出版社

内 容 提 要

本书从油气田环境的基本特征出发，系统分析油气田环境遥感的框架体系、信息处理、监测方法和典型应用。全书共分八章，围绕油气田环境遥感监测需求分析主要遥感信息源和信息处理方法，总结油气田环境遥感的基本内涵、研究内容和发展方向，并从油气田典型目标识别对遥感影像解译和信息提取方法进行研究，以遥感提取的油气田绿地、水域、生产场地和生产活动信息为主探讨多源遥感信息在油气田生产管理和生态环境保护方面的应用。

本书可供从事油气田环境遥感、环境遥感、遥感应用等方向研究的科研人员、研究生和高年级本科生参考，同时也可供石油、环境保护、国土资源开发等方面遥感应用的管理者和决策者以及相关技术人员参考。

图书在版编目（CIP）数据

油气田环境遥感监测方法与实践 / 刘杨等著.
—北京：石油工业出版社，2024.4
ISBN 978-7-5183-6651-4

Ⅰ.①油… Ⅱ.①刘… Ⅲ.①油气田–环境
遥感–环境监测–研究–中国 Ⅳ.①X741

中国国家版本馆 CIP 数据核字（2024）第 084388 号

出版发行：石油工业出版社
（北京安定门外安华里 2 区 1 号　100011）
网　　址：www.petropub.com
编辑部：（010）64523561　　图书营销中心：（010）64523633
经　销：全国新华书店
印　刷：北京九州迅驰传媒文化有限公司

2024 年 4 月第 1 版　2024 年 4 月第 1 次印刷
787×1092 毫米　开本：1/16　印张：14
字数：360 千字

定价：138.00 元
（如出现印装质量问题，我社图书营销中心负责调换）
版权所有，翻印必究

序

　　石油遥感经历了50多年的探索和发展，在石油地质遥感的基础上，拓展到油气田环境监测，石油遥感技术应用日臻成熟。从1960年美国第一颗气象卫星，到目前法国、欧洲等国发射的系列卫星，特别是中国航空航天技术的飞跃发展为人类的对地观测研究插上了翅膀。光谱分辨率、时间分辨率、空间分辨率和辐射分辨率的提高，为油气田环境监测提供了全天候、多尺度、多角度立体观测的手段，在多年的科学研究中，石油遥感技术应用受到中国石油科技部门的重视和支持，在油田勘探开发中相关应用部门的需求也是与日俱增。

　　中国石油勘探开发研究院刘杨博士及其遥感团队长期从事油气环境遥感监测应用研究，参与中国石油环保项目计划，专注理论与实践相结合，近十年间对16个油气田的环境特征和典型标志物进行了深入的研究。针对油气田勘探开发活动中，对生态环境有影响的因素，如：土壤、水体、道路、井场、站场、管道和生活设施等，确定了油气田环境监测的关键要素，形成了独有的遥感监测的技术方法，完成了从理论到实践的升华，取得了突破性的成果，受到中国石油安全环境保护部门的称赞和肯定。

　　这是石油遥感第一部系统论述油气环境遥感监测的著作。作者根据多年的工作实践，结合油气田环境的特点，系统论述了油气田环境遥感监测的卫星数据特征，油田典型地物目标提取和分析，遥感环境监测评估方法。在选取的案例中，讨论和分析了油田开发建设活动中，关键性的影响因素和介质，并结合地面采集数据，详细描述了处理方法，给出了科学的分析依据，得出了研究成果。多年的工作实践证明，研究团队在油气田环境遥感监测中取得了关键性进展。

　　今天读到刘杨编写的新书，我非常欣喜。对于长期肩负科研重任的带头人，能够在百忙之中挤出时间，整理和总结科学研究的积累，为未来的研究人员提供有价值的参考，是需要一种对科研的热爱之心、对事业的追求精神的。

　　中国石油坚持"绿色发展，奉献能源"，积极落实绿色低碳发展战略，在"保护中开发，在开发中保护，环保优先"，科学技术为环境保护发挥着越来越重要的作用。油气田的环境监测将作为环境遥感监测的重要组成部分，成为中国遥感监测的科学内容，在解决全球性保护生物多样性、应对气候变化等方面将发挥重要的作用。

2024.4.6

前言

石油与天然气是重要的能源和化工原料，在促进人类社会经济发展和文明进步的过程中发挥着重要作用。然而，油气资源的开发和利用在产生巨大的经济效益和社会效益的同时，也会对区域生态环境带来一定影响。石油工业经过长期的发展，形成了集勘探、钻井、采油、集输、加工等完整的产业链，由于涉及的生产环节众多、生产工艺复杂、生产工序差别大，会形成大量的环境风险源，其污染物的构成及排放规律也具有复杂多变的特征。同时，生产过程中还会面临众多环境风险带来的影响。近年来，全球变暖等逐渐成为全球性的问题，全球自然环境灾害事件发生频率明显增多，石油天然气生产面临极端天气条件下的安全生产问题。如何在向地球索取能源的同时保护好地球的环境，实现在保护中开发、在开发中保护的人与自然协调发展，是石油工业的一项重要工作。

油气田是人类实施油气资源开采活动的场所，其环境变化的主要影响来自人类的油气生产活动，对环境的影响可以通过区域地表植被、水域等基础环境要素的变化直接或间接地体现出来，并表现出与油气生产的相关性。传统的地面调查方式面临数据采集费时费力、以点代面、受人为影响大、难以反映区域变化趋势等问题。遥感作为一种从空间对地球表层资源、环境系统进行宏观、快速、动态、客观的观测技术，能够获取与油气田环境相关的植被、水、油气生产等要素的定性、定量和动态信息，实现对油气田环境的描述，为油气田环保管理、生产规划等提供有效的支持。

油气资源属于非固体矿产资源，资源的勘探、开发与生产涉及区域广，开发过程更加复杂。油气生产活动不仅包括可见的地面生产活动，还包括不可见的地下生产活动。本书针对油气田这一特定地理空间内的环境系统，对油气田环境遥感的内涵、特征、监测分析方法和代表性应用进行了较为系统的总结和介绍。全书通过原理、方法和实践的有机结合，对所用方法的可行性和有效性进行了验证。

全书共分八章。第一章简要介绍了石油天然气勘探与开发过程，并在此基础上，总结油气田勘探开发的环境影响。第二章概括了油气田环境遥感基础知识，包括遥感原理、图像特征、信息处理与图像解译等方面的内容。第三章首次提出了油气田环境遥感的内涵，总结了油气田环境遥感的发展现状，从油气田环境遥感的任务需求出发，分析了油气田环境遥感的主要信息源及其不同应用场景，以及油气田生态环境系统中典型目标的遥感影像特征。第四章以油气田绿地这一关键要素为研究对象，结合不同空间尺度油气田绿地动态的遥感监测实例介绍了油气田绿地遥感调查方法。第五章重点介绍了油气田水域的遥感特征及其监测方法，包括油气田陆表自然水域、油田水和油气田含油污水。第六章以油气田生产场地为主线，对油气田井场、站场、道路和管道等典型生产场地目标的遥感图像特征及其遥感监测的不确定性进行了总结和分析，并针对油气田井场进行了遥感快速提取方法研究。第七章研究了油气田生产活动的遥感监测与分析评价方法，结合应用对油气田清洁生产成效评估进行了探讨。第八章对油气田环境动态进行了综合评价，系统分析了油气田生产过程中区域环境的时空演变特征及其与人类活动的相关性。

全书由刘杨、黄妙芬共同确定编写大纲，刘杨负责第一章至第八章的编写、张楠楠参与第五、六、七章的编写，黄山红、于涛参与第一章和第三章的编写，黄妙芬负责汇总校核，全书最后由刘杨负责统稿。孙忠泳承担了书中图表的整理与清绘，以及遥感数据的处理与统计，王忠林和黄颖恩参加了部分遥感数据处理工作。本书的出版凝聚了中国石油遥感前辈的无私奉献。从王文彦所长力推的黄河口三角洲变迁遥感监测，到中国石油勘探开发研究院原副院长丁树柏教授的鼓励与支持，再到于五一副所长的引领和坚持，为石油环境遥感研究奠定了坚实的基础。感谢张一民、邹立群和董文彤，在油气田环境遥感监测的探索过程中给予的指导与帮助；感谢中国科学院地理科学与资源研究所徐新良研究员对本书编写的支持；特别感谢我的同事们在十年间的不懈坚持和努力，本书的出版凝聚了他们的奉献和执着精神！感谢给予本书出版提供帮助的同行和学生们！

本书的出版还得到中国石油油气与新能源分公司的大力支持。本书中的部分成果已在国内外刊物发表，撰写过程中，参考了国内外优秀著作、研究论文和相关网站资料，在此表示衷心感谢。虽然作者试图在参考文献中列出并标明出处，但难免有疏漏之处，我们诚挚地希望得到同行专家的谅解和支持。

由于作者水平有限，本书难免存在不足之处，敬请读者和各位专家、同行批评指正，以便今后修订完善。

目 录

第一章　油气田环境 … 1
第一节　石油天然气勘探与开发概述 … 1
第二节　油气勘探开发中的环境污染与防治 … 13
第三节　油气田勘探开发的环境影响 … 17

第二章　环境遥感基础 … 22
第一节　遥感与遥感技术系统 … 22
第二节　遥感电磁辐射基础 … 25
第三节　遥感图像特征及其选取原则 … 31
第四节　遥感图像处理 … 35
第五节　遥感图像解译 … 43

第三章　油气田环境遥感 … 53
第一节　概述 … 53
第二节　油气田环境遥感进展 … 58
第三节　常用的油气田环境遥感卫星数据 … 61
第四节　油气田典型地物目标 … 70

第四章　油气田绿地遥感监测 … 75
第一节　概述 … 75
第二节　植物遥感原理 … 76
第三节　植被指数 … 78
第四节　油气田绿地遥感调查 … 81
第五节　应用实例 … 85

第五章　油气田水体遥感监测·· 99
第一节　概述··· 99
第二节　水体遥感原理··· 100
第三节　油气田陆表水域遥感监测·· 106
第四节　油气田生产废水遥感监测·· 112
第五节　油气生产区汛期水情遥感应急监测应用实例································· 122

第六章　油气田生产场地遥感监测·· 131
第一节　概述··· 131
第二节　油气田典型生产场地目标·· 132
第三节　油气田生产场地遥感监测的不确定性··· 137
第四节　基于图像解译的油气田生产场地遥感提取····································· 139
第五节　基于 Haar 分类器的油气田井场遥感提取····································· 153

第七章　油气田生产活动遥感监测·· 162
第一节　概述··· 162
第二节　油气田生产活动主要特征·· 163
第三节　油气田开采活动遥感监测·· 164
第四节　油气田清洁生产活动遥感监测·· 169
第五节　油气田清洁生产成效遥感评估·· 174

第八章　油气田环境动态遥感监测·· 185
第一节　概述··· 185
第二节　研究区概况·· 186
第三节　油气田土地利用遥感分析·· 187
第四节　油气田环境要素时空演变遥感分析··· 197
第五节　油气田人类活动的环境影响遥感分析··· 206

参考文献·· 213

第一章　油气田环境

文明是受能源的需求和使用所驱动的。人类社会发展至今，创造了前所未有的文明，科学技术的高度发展，给人类带来了巨大的物质财富和精神财富，但同时也带来了一系列问题。当前，世界面临着五大严峻问题，即人口、资源、粮食、能源和环境问题。而油气田环境涉及当今世界面临的能源和环境两大问题，如何在向地球要能源的同时又保护好我们生活的地球环境，是人类始终追逐的目标。

石油被称为现代工业的"血液"。石油工业经过长期的发展，已经形成了集勘探、钻井、采油、集输、加工等完整的产业链。由于涉及的生产环节众多、生产工艺复杂、生产工序差别大，其污染物的产生在其构成及排放规律上具有复杂多变的特征，且数量庞大。因此，油气田环境保护是石油工业的一项重要工作。控制和减少环境风险源的形成及其对环境的影响，是油气田环境保护的工作重点。

石油行业属于高风险行业，会形成大量的环境风险源。同时，也会面临众多环境风险带来的影响。近年来，全球自然环境灾害和环境污染事件发生频率明显增多，全球变暖、生物多样性减少、土地沙化等逐渐成为全球性的问题。极端高温、洪水等异常天气现象和自然灾害频发，环境问题已经成为国际社会关注的热点。油气田也同样面临极端气候条件下的安全生产与环境保护问题。同时，随着勘探程度越来越高，石油勘探的目的层系越来越深，地质、地表条件越来越复杂，沙漠、戈壁、高压、有毒气体等恶劣环境和复杂条件又会带来更多的风险，安全环保的压力越来越大。

有效的监测是风险管控的基础。遥感因其对地观测的宏观性、客观性、动态性、数据获取不受地域限制等技术特点，成为对地观测中进行大尺度资源与环境监测不可替代的观测手段。随着遥感技术的快速发展，对地观测能力不断提高，遥感的高精度对地观测能力、动态性对地观测能力以及多传感器、多平台观测能力都大幅提升。开展油气田环境遥感监测对加强油气田环境风险管控具有重要的现实意义。只有了解油气田勘探开发过程、污染物形成机制以及油气资源开发过程对环境的影响作用，才能开展有效的环境遥感监测，更好地保护油气田环境，促进油气资源开发与环境的可持续发展。

第一节　石油天然气勘探与开发概述

一、石油天然气的基本特征

1. 石油的概念和基本特征

石油是赋存于地下岩石孔隙、缝洞中以碳氢化合物即烃类化合物为主要成分的一种可燃有机矿产。广义上讲，石油是由自然界中存在的气态、液态和固态烃类化合物及少量杂质组成的混合物；狭义上讲，石油专指主要由各种烃类化合物组成的液态、半固态物质，也即原油[1]。

石油是一种黏稠的、深褐色液体。组成石油的化学元素主要是碳和氢，碳含量占80%～88%，氢含量为10%～14%，两种元素含量占绝对优势，一般在95%～99%；其次为硫、氮、氧，总含量在0.3%～7%，一般含量低于2%，个别石油含硫量可高达10%。由于硫具有腐蚀性，因此含硫量的高低关系到石油的品质。不同产地的石油元素组成含量存在差异。石油没有固定的成分，因此没有固定的物理常数，通过分析整理广泛分布的石油特征，归纳反映石油总特征的相关物理性质。

石油在透射光下呈多种颜色，从无色到淡黄色、黄褐色、深褐色、墨绿色至黑色。石油颜色的深浅与其胶质、沥青质含量有关，含量越高，颜色越深，常见的石油呈黑褐色。（1）密度：石油密度一般介于0.75～0.98之间，通常把密度大于0.90的称为重质石油，小于0.90的称为轻质石油[2]。世界各国的原油多为轻质石油，重质石油居次要地位。密度是单位体积物质的质量，一般用g/mL或g/cm^{3}表示。（2）黏度：石油黏度的大小取决于温度、压力、溶解气量及其化学成分。温度升高其黏度降低；压力增高其黏度增大；溶解气量增加其黏度明显减小；轻质油组分增加，黏度降低。石油的黏度变化较大，地下石油的黏度常低于地表。（3）溶解性：石油能溶于多种有机溶剂，在水中的溶解度一般很低。当压力不变时，烃在水中的溶解度随温度升高而增大。

石油是地质勘探的主要对象之一。从不同的角度出发就会有不同的石油分类。按沉积相可分为海相油和陆相油，按成熟度可分为未成熟油、低成熟油、成熟油和高成熟油。石油的主要成分是烷烃、环烷烃和芳香烃的混合物。石油是世界上最主要的能源，是最重要的动力燃料，也是重要的化工原料，石油及其产品广泛应用于工业、农业、交通运输、日常生活等各个方面[1, 2]。

2. 天然气的概念和基本特征

天然气是赋存于地下岩层中以气态烃为主的可燃气体和非烃气体及各种元素的混合物。广义的天然气泛指自然界存在的一切天然气体，包括大气圈、水圈、生物圈、岩石圈以及地幔和地核中所有自然过程形成的气体；石油地质学中的天然气是指与油田和气田有关的可燃气体，即狭义的天然气，成分以烃类为主，含有一定的非烃气体[1]。

天然气为无色、有汽油味或硫化氢味的可燃气体。天然气的烃类组成一般以甲烷为主，重烃次之。多数情况下，随碳数增加对应的烃类含量越少，非烃气体含量少，绝大多数气藏的天然气组成成分都是以烃类为主，含量占80%以上。天然气的相对密度大小与气体相对分子质量成正比，随重烃、二氧化碳、硫化氢等高分子量气体含量增加而增大。天然气黏度很小，在地表常温常压下，远低于水和油的黏度，在接近大气压的低压条件下，受压力影响很小，随温度增加而变大，随分子量增大而减小；在较高压力下，随着压力增加而增大，随温度升高而减小，随分子量增加而增大。天然气能不同程度地溶解于水和油两类溶剂中，溶解特性是随压力增高而溶解度增大，随温度升高而溶解度降低。天然气还有压缩性和扩散性强等特点，且比石油具有更强大的流动性[1,2]。

地壳中的天然气根据存在的相态不同可分为游离气、溶解气（溶于油和水）、吸附气和固体水溶气；根据分布特点可分为聚集型和分散型；根据其与石油产出的关系可分为伴生气和非伴生气。天然气是一种既经济又清洁的环保型能源，可用作工农业燃料、发电、城市燃气等，是多种重要基础化工产品的化工原料，与石油和煤炭相比，具有明显的环保优势[1]。

二、油气勘探

油气勘探是以石油地质学为指导，以地球物理、钻井及相关技术为手段，研究地壳中石油和天然气的形成与分布，根据不同的勘探对象，使用盆地评价、圈闭评价和油藏评价技术，进行石油地质综合研究，做出勘探部署决策，并选择和研发先进适用的现代勘探工程技术，实现快速高效发现油气资源和储量的过程。经过发展，贯穿油气勘探过程中的石油地质理论发展、勘探评价技术进步和勘探工程技术研发已经形成了一个完整的油气勘探科学技术体系[3]。

人类对石油和天然气的勘探开发利用已经形成了一个独立的石油工业体系。石油工业就是一个进行石油天然气的勘探、开发和综合利用的连续生产过程。油气勘探是石油工业的最初阶段，也是一个重要阶段，主要目的和任务就是寻找工业性油气藏，探明和增加后备石油天然气储量。石油勘探是逐步缩小勘探靶区循序渐进的过程，按照勘探对象和任务的不同，一般划分为三个油气勘探阶段：区域勘探阶段、圈闭预探阶段和油气藏评价阶段。现代油气勘探根据勘探目的不同可分为石油勘探、天然气勘探和非常规石油天然气资源勘探，分别指以寻找液态石油、天然气以及非常规油气资源为主要目的的勘探工作。按地域和地理条件不同又分为陆上石油勘探、海上石油勘探和滩海石油勘探。在世界上，陆上石油勘探一般是指低潮线以上的海滩和大陆区域的油气勘探工作，海上石油勘探一般指低潮线以下的海域油气勘探工作。在中国，陆上石油勘探是指海岸线（高潮线）以上的大陆区域的油气勘探工作，海上石油勘探是指水深大于5m海域的油气勘探工作，滩海石油勘探是指高、低潮线间海滩和水深小于5m海域的油气勘探工作。

1. 油气勘探理论基础

石油天然气的形成与分布是油气勘探的最基本问题。石油地质学家运用地质学原理及沉积学、构造地质学、地球化学和地球物理学等多学科的方法和知识，研究地壳中石油和天然气的生成、运移和分布规律，研究油气藏形成的生储盖组合和生、排、运、聚、散的时空配置关系。

关于石油和天然气的成因，存在有机成因和无机成因两种学术观点。有机成因说认为，石油和天然气是由地质时期分散在沉积岩中的动植物、浮游生物和低等微生物等有机质，在漫长的地质时间里和合适的压力环境条件下，经过复杂的物理、化学和生物化学作用而转化形成的。无机成因说认为，石油是在地球历史过程中，在高温高压条件下，地球深部的氢和碳发生化学反应，合成了石油和天然气。

石油天然气是流体矿床，烃源岩中生成的油气处于分散状态。只有从烃源岩中排出，并在储层中聚集形成油气藏，才能作为油气勘探的目标，被人类开发利用。石油和天然气聚集的基本单元是圈闭。圈闭是地质历史过程中由构造运动和沉积作用形成的、能进行油气聚集的场所。根据成因类型可分为构造圈闭、地层圈闭、岩性圈闭和混合圈闭。聚集了石油和天然气的圈闭称为油气藏。油气藏的形成和分布是生、储、盖、运、圈、保多种地质要素有效匹配的结果：（1）烃源岩为油气藏的形成提供物质基础；（2）储集岩为具有连通孔隙和渗透性的岩石；（3）盖层的好坏直接影响油气的聚集和保存；（4）油气运移分析是确定油气聚集和分布的主要依据，它包括初次运移（排烃）和二次运移；（5）圈闭是油气聚集的场所，圈闭的大小、规模决定油气富集程度和勘探远景；（6）保存条件是油气藏存在的重要条件之一，指已经形成的油气藏，在漫长的地质历史时期中，圈闭条件是否改变，以及圈闭中的油气聚集是否遭到破坏或再次重新调整等。油气藏是油气勘探、开发以及油气储量计算的基本单元。油气藏分布规律是指不同地质历史阶段，一个盆地或一个含油气系统中油气藏的空间展布特征。油气藏的分布受盆地构造格局、生储盖特征等因素控制。

2. 油气勘探阶段

油气勘探阶段是指从开始寻找油气田、发现油气田到探明油气田的整个过程，是石油天然气勘探、开发、生产连续过程的初始阶段。油气勘探阶段是针对不同勘探对象、采用不同勘探技术和方法、按照工作程序完成不同勘探任务的循序渐进过程。油气勘探阶段的划分在不同时期的叫法不完全一致，原石油工业部发布的《石油勘探工作条例》曾将油气勘探阶段划分为区域勘探、预探和详探三个阶段。目前一般将油气勘探阶段划分为区域勘探、圈闭勘探和油气藏评价三个阶段。这两种勘探阶段的划分基本相当。区域勘探阶段是从盆地的石油地质调查开始到优选出有利含油气区带的全过程；圈闭预探阶段是从区域勘探优选出的有利含油气区带进行圈闭准备开始到圈闭钻探获得工业油气流的全过程；油气藏评价阶段是从圈闭预探获得工业油气流后到探明油气田的全过程，对已发现的油气田等勘探对象，进一步补充详查，开展油气藏评价，完成开发方案设计。

3. 油气勘探技术和方法

油气藏位于地下几百米或几千米的深度，要在体积巨大的地壳中找到微乎其微的油气藏是一项极具挑战性的工作。盲目勘探的发现概率很低，必须采用一系列技术手段和方法，快速缩小勘探靶区范围，从而找到油气藏。因而，人们探索地下油气分布规律、寻找有利圈闭、发现商业油气流、探明油气储量，都需要通过各种勘探工程技术，获得大量的信息资料，经过数据处理解释等评价手段和方法，实现勘探的目的。

油气勘探技术和方法主要包括野外工程技术和室内分析研究方法。野外工程技术主要包括两大类：一是石油地质调查，包括野外石油地质调查、遥感地质、石油地球化学勘探和石油地球物理勘探，石油地球物理勘探又包括重力勘探、磁力勘探、电法勘探和地震勘探等技术方法；二是石油钻探，即井筒技术，包括钻井、测井、录井和试油等。通过这些勘探技术获得勘探对象的岩石和流体（油、气、水）等的实物和各种信息资料。室内分析研究方法主要包括石油地质综合研究和石油地质实验两大类。通过这些分析研究方法对野外工程施工获得的实物和各种信息资料进行加工分析，形成对勘探对象的规律性认识，指导下一步野外工程施工。油气勘探方法是根据不同的勘探对象、不同的勘探目的和任务所采用的工作程序和方法，主要包括盆地评价、圈闭评价和油气藏评价三大方法系列。

油气勘探是有阶段性的，各阶段所采用的勘探技术和方法分别具有各自不同的特点：（1）区域勘探阶段主要采用野外石油地质调查、非地震物化探、地震概查普查、区域井钻探等技术，运用盆地评价方法系列，查明盆地、坳陷、凹陷的基本石油地质条件，确定油气资源量及其分布，优选出有利含油气区带；（2）圈闭预探阶段主要采用高精度重磁力、地震详查、预探井钻探等技术，运用圈闭评价方法系列，进行圈闭的识别、优选、精细描述和钻探，查明圈闭的石油地质条件及含油气性，建立潜在资源量和预测储量；（3）油气资源评价阶段主要采用地震精查、评价井钻探以及多项技术，运用油气藏评价方法系列，查明油气藏（田）的地质特征以及油气分布、产能，建立控制储量和探明储量。随着油气勘探技术和方法的发展，油气勘探能力不断增强。

4. 油气勘探发展历史

油气地质勘探的发展经历了三个阶段：（1）19世纪40年代以前，人们通过寻找油苗、气苗等地表油气显示这种最直观的找油方法指导找油，发现油气资源；（2）19世纪40年代至20世纪40年代，人类经过长期利用和寻找石油的实践，随着科学技术水平的提高，逐渐发展找油理论，提出了"背斜理论"指导石油勘探，并逐步完善了物探方法，运用重力、电、磁等技术进行油气勘探；（3）20世纪40年代至今，科学技术的快速发展和油气田大规模勘探开发，使人们获得了丰富的地质资料，对油气生成等规律的认识更加深入，勘探方法的质量明显提高，利用多方法协同综合勘探，显著提高勘探的精度和深度。

由于石油是不可再生能源，一切油气田的产量总趋势都是要递减的，要维持和发展生产，必须要有足够的石油储量。因此，油气开采与勘探必须同时并举。

三、油气田开发

油气田是指在相同构造、地层、岩性等单一或复合地质因素控制下的，同一面积内的油藏、气藏、油气藏的总和。一个油气田可能有一个或若干个油藏、气藏。在同一面积范围内主要为油藏的称为油田，主要为气藏的则称为气田。但有些油气田的若干个单个产油面积并不直接相连，只是位置接近，而且产油气层位、储层类型和特征，以及圈闭形成机理都相似，也常可看作一个油气田。在油气田的概念中，一般还应包括所有的勘探井和地面生产设施，有时也指开采石油的一个区域，包括地面一切建筑设施和地下油层、油井以及采油设施相对应的生产基地，如大庆油田、塔里木油田等[1]。油气田开发是指从油气田被发现以后开始，经过油气藏评价、储量计算、编制油气田开发方案、产能建设、投入生产、进行监测、开发调整直到最终废弃的全过程。油气田开发的任务是通过对其全过程的优化获得好的经济效益和尽可能高的采收率，为国民经济提供更多的油气商品[4]。

油气田开发具有矿产资源开发的共同特点，不像制造业那样可以用同样的工艺重复进行。由于石油和天然气都是流体，具有很好的流动性，油气产出的地方，往往并非油气生成的地方。因此，油气田的开发和煤炭、金属等固体矿藏的开发也有明显不同，人们不需要直接到地下的工作面上去进行开采，整个开发过程是通过油气在岩石中渗流状况的不断变化中实现的[4]。

1. 油气田开发的基本方法

由于地质条件的复杂性和不确定性，油气田开发过程中充满了风险。油气田开发是一项复杂的系统工程，其中包含众多的基本概念和各种方法。

储存油气的储层具有非常复杂的结构，是一种非均质的多孔介质，结构非常复杂，而油、气、水在储层中的渗流过程更是发生着各种力学、物理和化学变化的复杂过程，有其自身的规律。由于油气藏位于地下深处，必须钻相当数量的油井进行开采。在地层压力及人工增压的作用下，油、气和地层水（采用注水开发时还有注入水）的流动有三个互相连接的过程。首先，依靠油层压力和井底压力间的压差推动油、气、水在油藏内向生产井的井底流动。然后，油、气、水从井底沿井筒上升流到井口，这又可分为两种情况：一是当井底压力高于井筒内油气流动的阻力时，流体可以自行喷出井口流入地面集输管线，称为自喷方法开采；另一种情况是，当地层压力降低或采出液中含水增加，油井自喷能力减弱甚至停喷，需要再用泵抽或气举等人工举升方法采油，称为机械方法采油。最后，从井口沿地面管网流入计量站和集油站，经过油气分离、计量、脱水等处理后，原油流入输油总站，输向炼油厂。

油、气在油气藏中进行渗流时需要有足够的能量。油田开发时如果油藏有充足的天然水驱能量供给，油藏压力可以长期保持在足够高的水平上，即天然水驱。但一般常常缺乏这种旺盛的天然水驱能量。当油藏没有充足的天然能量供给时，为了充分利用资源，常采取人工注水的办法补充能量来提高原油采收率。所以，现在采用注水方式开发油田非常普遍，中国采用注水方式开采的产量占总产量的85%左右[4]。注水以后，虽然采收率可以提高到30%～40%，但是油藏内还残留很多原油。为了进一步提高原油采收率，采用三次采油技术或提高采收率的新技术。通过采取注气混相驱油（包括注入二氧化碳、烃类气体等）和在水中添加化学剂（包括聚合物、表面活性剂等）驱油，以及微生物驱油等方法，或者这些方法联合应用，进一步提高采收率。对于在油层温度下难以流动的稠油，常采取注蒸汽或火烧驱油等热力方法进行开发。

气田开发一般不需要注水补充能量，这是与油田开发的一个根本性差别。由于天然气的密度非常小，水的侵入会使气井的生产压差急剧减小而导致产量大幅度降低，甚至使气井水淹而关井。因此，为了提高气田的采收率，要千方百计地防止水的入侵，这是气田开发与油田开发的一个很大的不同之处。

对于凝析气田的开发，则需要进行注气保持压力，以提高凝析油的采收率。总之，不同类型油气田的开发原理和开发条件不同，采用的开发技术也各不相同。油气田开发是在认识和掌握油气藏情况的基础上，制订针对性的油气田开发方针和政策，编制油气田开发方案，并采取一切有效的方法和技术，以获取最高的经济采收率，直至油气田废弃。

2. 油气田开发的长期性和阶段性

一个油田或气田投入开发以后，具有十分漫长的开采周期。中国玉门老君庙油田从1939年发现至今，经历了长达80余年的开发历程，虽然早已处于开发后期，但经过各种开发调整措施，至今仍在生产。

在漫长的开采周期中，油气田的开发状况不是一成不变的，往往呈现出阶段性的动态变化，需要在不同的开发阶段采取不同的对策。如注水油田开发中，随着含水的上升，油田内油水不断重新分布，储量动用状况的差异性不断变化，呈现出不同的矛盾和动态特征，形成开发过程的阶段性。一般注水开发油田随着含水和产量的变化，常分成无水期、低含水期（含水小于20%）、中含水期（含水20%~60%）、高含水期（含水60%~80%）、高含水后期（含水80%~90%）、特高含水期（含水大于90%）等开发阶段。每个开发阶段随着地下油水分布状况的不同，开发动态特征也有很大不同。因此，油气田的合理开发，需要预测油田动态变化状况，及时采取相应的开发对策，保障油气田生产的持续发展。

3. 油气田开发工程

为了使油气田开发获得最佳的采收率和经济效益，需要综合运用地质、地震、测井、油藏工程、数值模拟、钻井工程、采油（采气）工程、地面油气集输工程等多项学科和技术，并进行有机的协同和集成。

由于油气藏深埋地下，只能依靠地震和测井技术对油气藏进行探测，以获得油藏描述所必需的各项信息和资料，通过地质、地震和测井技术的综合研究进行油藏描述，不断提高对油气藏的认识，为油气藏的有效开发提供地质基础。在油藏地质条件认识的基础上，通过油藏工程的研究，不断分析油田开发动态变化，制订合理的开发方案和调整方案，对油田开发的全过程进行优化。油、气井是人们发现、观测和开发油气藏的必经通道，通过采油工程，将油从井底举升到井口，再通过地面集输工程把油、气、水等井中采出的流体进行收集、分离、计量、输送、储存和初步处理，为用户提供油气商品。由于油气具有很好的流动性，随着油气藏各处压力的变化，油气可以在油气藏内各井间流动。因此，油气田的开发不能以个别井作为开发对象，都是以整个油气藏作为整体开发对象，总体部署优化后的开发方案。

由于油气所在的储层具有十分复杂的非均质性，只能依靠相隔数百米甚至上千米远的油气井的少量岩心和各种测试手段所获取的资料的解释来认识油藏，人们对油气藏的认识存在很大的不确定性,不可能一次完成,需要在实践的过程中不断加深认识。油气田开发的经验表明,油气田合理开发的全过程处于一种实践—认识—优化—再实践—再认识—再优化的不断循环中,最终使油气田开发的全过程达到最优。在油气田开发的整个生命周期中,与油气藏开发相关联的学科和专业技术众多,需要在各个开发阶段,通过运用多学科及配套技术,提高石油天然气的采收率并获取最大的经济效益。

4. 油气田开发发展历史

全世界油田开发从1859年到现在,已经经历了近165个年头。在这个历史发展过程中,综合考虑产量规模和技术的发展,大体可以分为四个阶段:(1)从1859年到20世纪20年代初,是油田开发的初创阶段,油田开发技术还处于无序盲目开采状态,人们主要依靠油苗打井,对于不能自喷的井,利用手动或蒸汽动力泵抽油,到20世纪初出现杆式抽油泵,钻井技术和原油储运技术得到初步发展;(2)从20世纪20年代到30年代,油田开发走上科学化和合理化的道路,人们在油田开发实践中发现,由于石油的流动性,过密的油井之间存在严重的干扰现象,学者们提出了不能把油井作为一个孤立的开采对象,而应该把油藏作为一个整体的对象进行合理开发的科学论断,在开发技术方面,也出现了地震、测井等技术和相应装备;(3)从20世纪40年代到60年代,进入发展注水和提高采收率技术,以及开始应用计算机技术的阶段。在这个阶段,注水二次采油技术得到广泛应用,三次采油提高采收率技术也开始进行现场试验,工艺技术方面出现了水力压裂技术,并开始应用定向井、丛式井等技术;(4)从20世纪70年代到现在,是油田开发高新技术大发展阶段,世界范围内信息技术革命的浪潮深刻影响油田开发,在油藏工程、油藏数值模拟技术、地震技术、测井技术等方面都为油气田开发提供了新的先进技术手段,提高采收率技术得到了普遍应用,钻井技术的发展也进一步提高了油田开发的效果。

四、油气田勘探开发主要工艺过程

油气田勘探开发是一项包含地下、地上多种工艺技术的系统工程。油气田勘探开发的主要工艺过程包括地质调查、勘探、钻井、测井、采油(气)、油气集输及储运、石油加工。此外,还包括一些辅助的配套工艺过程,如供电、供水、通信、排水等[5]。

1. 油气勘探

地球物理勘探是利用不同的物理方法和仪器,探测天然的或人工的地球物理场的变化,通过分析、研究所获得的资料,推断及解释地质构造和矿产分布情况,简称物探。地球物理勘探主要包括重力勘探、磁法勘探、点法勘探和地震勘探。

这些方法的共同特点是利用仪器在地面采集(观测)来自地球内部的物理现象进行勘探,而这些物理现象与地下的区域结构、局部构造和地层、岩性有关。通过对采集的资料进行处理,可以提供进行地质解释的原始资料,解释后提出有利的圈闭,拟定井位并通过钻探寻找油气藏。

重力勘探是利用组成地壳的各种岩体、矿体的密度差异所引起的重力变化而进行地质勘探的一种方法。磁法勘探是利用岩石磁性的差别进行勘探的方法。由于岩石的磁场强度存在日变现象，因而磁法勘探比重力勘探在原理与实际应用上都复杂。电法勘探的种类很多，主要是利用岩石的电阻率特性，其次是利用岩石的电化学特性和介电特性，尚处于试验阶段，目前只能作为油气勘探的一种辅助方法[5]。

地震勘探是通过人工震源（如钻眼放炮等）产生地震波，在地面或井下接收和观察地震波在地层中传播的信息，以查明地质构造、地层等，为寻找油气田（藏）或其他勘探目的服务的勘探方法。它是油气勘探工程中最重要的勘探方法之一，精度高、分辨率高、探测深度大、勘探效率高[1]。地震数据采集方法可分为一维、二维和三维。一维地震极少使用，二维地震方法采用最为广泛，它是按网格布置的地面测线，一条测线、一条测线地进行采集，获取测线方向和深度方向的剖面地质信息，通过测线交点的闭合后制图，可以对作业区的地下结构做出立体的解释。三维地震资料采集的数据密度大，信噪比高，可以提供更加精确、详细的构造和岩性信息。地震数据采集时，需要布置测线，布设人工地震的震源设备、地震反射波接收设备及相关辅助设备。陆上常用的人工地震方法有井下炸药爆炸、重锤撞击和可控震源等。

各种物探方法都是间接找油方法，只能提供有利圈闭。现代石油工业广泛采用地震勘探方法来获得更精确的构造解释和地层分析，优选有利圈闭，提出各种井位，进行油藏初步描述与评价。地震勘探是油气勘探工程中最重要的勘探方法之一。物探方法只能提供有利圈闭，地下是否有油，最终要靠钻井来证实。

2. 钻井工程

钻井是找储量、建产能、保产量的重要生产过程，是油气田勘探开发的重要手段之一。石油与天然气勘探、开发的各个阶段都离不开钻井。为了探寻有可能储存石油和天然气的地质构造，需要开展地质普查，要钻地质井、基准井、构造井等。地质普查之后的区域勘探阶段，需要确定前阶段找到的地质构造中是否含有工业性油气流，并研究含油情况、面积、储量等，需要钻预探井、详探井等。当已决定进行油气开发时，需要钻生产井、注水井、资料井等。各阶段钻井的名称、用途及规格不同，但钻井的过程基本一致[5]。

钻井是通过钻机、钻具在地壳上打各种深度、大小、类型和用途不同的井眼或通道，并对地下有用资源进行勘探和开发的过程。它是一种直接研究和开发油气田的方法。当用地质和地球物理方法初步探明有油、气构造时，需要通过钻井进一步证明，并将油气开采出来。在地层钻井眼，然后用套管、油管柱完井、固井，并与油气层连同，最后降低井底回压把油气采出地面的过程就是钻井工程，是油气田开发建设的首要和主要内容之一[1]。

石油钻井利用机械设备从地面开始钻凿，沿预定轨道穿过多套地层到达预定目的层（油气层或可能油气层），形成油气采出或注入所需流体（水、气、汽）的井眼通道，并在钻井过程中和完钻后，采集石油勘探、开发和钻井所需信息[6]。根据不同的任务和要求，钻井可以分为钻井、取心、测井和固井几个过程。在长期的生产实践中，随着钻井设备和技术方面的发展，石油钻井也在向钻复杂结构井钻井技术发展，以适应特殊情况的钻井需求。除去直钻井，考虑油气田生产实际和在城市、建筑物、农田、地势陡峭区下边等特殊情况下所钻的丛式井、定向井、向水平井等，都称为特殊钻井。

钻井液是钻井的血液，具有携带悬浮岩屑、冷却润滑钻头和钻具、清洗冲刷井底、调节液柱压力、保护井壁等多种作用。为了适应各种地层、井型、工艺等各方面的集输要求，钻井液里会加入一定量的处理剂，以调节钻井液的性能。钻井液按其组成可以分为水基钻井液、油基钻井液和气基钻井液。

3. 采油（气）工程

采油（气）是油气生产过程中的重要环节，也是油气田生产的重要部分，其主要任务是最大限度地把储层中的油气采到地面上来，在油气田开发中起重要的作用。采油（气）工程是通过生产井或注入井，对油气藏采取一系列工程技术措施，利用地层压力或机械动力，使油气藏以最小阻力流入井底并举升到地面，包括依靠油藏自身能量的自喷采油和借助外界能量的各种人工举升采油。根据油藏地层能量的大小和合理生产压差的确定，可采用自喷与气举采油、有杆泵（抽油机井）采油、无杆泵采油（电潜泵、水力活塞泵、水力射流泵）以及提捞采油等。

一般情况下，天然能量不足的油田，有的没有自喷能力，有的即使有自喷能力，其自喷期限较短，最多也不过3~5年，而一个油田的生产年限要延续20年至30年以上。因此，储层中的原油大部分是通过人工举升方式开采出来的。

随着油藏中原油的不断采出，地层能量进一步下降，表现为油井液面下降甚至供油不足，油井产量急剧下降；通过注水井向油层注水补充能量，保持地层压力，增大储层向油井的供液量，恢复油井液面，是目前提高采油速度和采收率方面应用得最广泛的一项重要措施。采气工程则要研究防止井口形成水合物的措施以及排水采气的工艺技术。

4. 井下作业

石油和天然气深埋地下，油、气、水井在长期的生产过程中，持续受到地下油、气、水的腐蚀，逐渐老化，会出现各种不同类型的故障，导致油水井不能正常生产，甚至停产。因此，必须对出现问题与故障的油、气、水井进行井下作业，使其恢复正常生产。井下作业是油气田勘探开发的重要环节，它是对油、气、水井实行油气勘探、修理、增产措施，维护正常生产及报废前的善后工作的一切井下施工的统称，是保证油气水井正常生产的技术手段。井下作业主要包括：大修、小修、侧钻、压裂、酸化、测试、热油清蜡、冲砂、稠油试采、洗井等[5]。

修井作业是指油、气、水井自投产至报废的整个开采过程中，为维护和恢复油、气、水井正常生产或提高其生产能力所进行的各类故障处理和各项治理措施。可能产生及排放的污染物为落地油、废水和废弃钻井液。

压裂和酸化都属于油层改造工艺，是有效的增产、增注措施。压裂是利用地面高压泵，将高黏液体量注入井中，在井底附近憋出高压，在地层中形成裂缝，并将带有支撑剂的压裂液注入裂缝中。停泵后，裂缝闭合，压裂液反排到地面，支撑剂则留在地层中，形成裂缝带，从而改善油气流通道，使油、气流能更顺畅地流入井中，起到增产作用。酸化是用高压泵将酸液注入地层，酸液与碳酸盐或油层中的矿物和胶结物起化学反应，从而扩大裂缝和油层孔隙，或解除油层堵塞，提高油层渗透能力，起到增产的作用。有时也可以先压裂再酸化，这种压裂酸化技术对原油增产和注水井增注起到重要作用。

5. 油气集输

石油和天然气采到地面后，还必须将它处理成为符合标准要求的油气产品，并输送到指定地点。油气集输是指在石油和天然气由油井流到地面后，将其从分散的油井上集中起来，并把油和气分离开来，再经过初加工成为合格的原油和天然气，并分别储存起来或者输送到炼油厂的过程。主要包括油气分离、油气计量、原油净化、天然气净化、污水处理以及矿场油气收集与输送等。

油气集输工程是油气田地面建设的重要内容，也是根据油气开采和炼制的特殊要求所必需的地面建设工程，还要适应地下情况的变化和需要。随着不同油田的开发，根据油藏类型、开发方案、钻采工艺、地面环境、开发阶段和建设规模，已形成了各具特色的地面油气采输工艺模式，如整装油田注水开发地面油气集输工艺模式、稠油热采地面油气集输工艺模式、滩海和海上油田地面油气采输工艺模式等。

原油集输过程从油井井口开始，将油井生产出来的原油和伴生天然气进行收集和必要的处理或初加工，使之成为合格的原油后，再送往长距离输油管线的首站外输，或者送往矿场油库，经其他运输方式送至炼油厂或码头；合格的天然气集中到输气管线首站，再输送到石油化工厂或其他用户。

一般油气集输系统包括油井、计量站、接转站、集中处理站，称为三级布站。有的是从计量站直接到集中处理站，称为二级布站。集中处理站、注水、污水处理及变电站建在一起的称为联合站。油井、计量站、集中处理站是收集油气并对油气进行初步加工的主要场所，它们之间由油气收集和输送管线连接。在油田，从井口采油输出口到原油和天然气外输之间所有的油气生产过程都属于油气集输范畴。它以集输管网及各种生产设施构成庞大的系统，覆盖整个油气田。

6. 石油加工

石油由碳氢化合物组成，是大部分有机化工原料的主要来源。但石油不能直接用作有机化工原料，而是需要经过常减压蒸馏、催化裂化、重整、焦化、催化加氢、精制等一系列的加工处理，才能得到各类石油化工产品。一般将石油炼制过程分为一次加工和二次加工，一次加工主要指常减压蒸馏，属于物理变化过程；二次加工是将一次加工产物进行再加工，催化裂化、重整、焦化、催化加氢等方法是二次加工手段，二次加工属于化学变化过程。原油加工方案根据目的产物的不同，可分为燃料型、燃料—润滑油型和燃料—化工型三类，加工流程亦有所不同。

五、中国油气资源分布概况

中国油气资源分布极不平衡，总体格局是东多西少，北多南少[7]，石油以东部老油区为主要基地，主要分布在东北（松辽盆地）、华北（渤海湾盆地）及西部（塔里木盆地、鄂尔多斯盆地），天然气分布（常规天然气）以中西部地区及海上为主（四川盆地、塔里木盆地、鄂尔多斯盆地和南海北部的莺歌海—琼东南盆地）。东部勘探程度较高，已经历了较长时间的石油稳产期，如位于松辽盆地的大庆油田，5000×10^4t 的产量已稳产了 27 年。中国油气资源的分布在地理区域、资源深度、地理环境和资源品位等方面都具有一定的特征[2]。

1. 地理分布

中国油气资源地理分布不均匀，主要富集在七大沉积盆地：即塔里木盆地、鄂尔多斯盆地、松辽盆地、渤海湾盆地、四川盆地、准噶尔盆地和柴达木盆地。全国 95% 的油气产量产于这七大沉积盆地。中国石油资源集中分布在渤海湾、松辽、塔里木、鄂尔多斯、准噶尔、羌塘、珠江口、柴达木和东海陆架九大盆地，其可采资源量占全国总资源量的 84.43%；天然气资源集中分布在塔里木、四川、鄂尔多斯、东海陆架、柴达木、松辽、莺歌海、琼东南和渤海湾九大盆地，其可采资源量占全国总资源量的 83.66%。

2. 资源深度分布

中国石油可采资源有 80% 集中分布在浅层（<2000m）和中深层（2000～3500m），而深层（3500～4500m）和超深层（>4500m）分布较少。天然气资源在浅层、中深层、深层和超深层分布相对比较均匀。中浅层资源以东部最多，其次是中部，可采资源量为全国总资源量的 43%。西部地区石油资源以深层和超深层居多，可采资源量占西部总资源量的 59%，由此可见，未来西部地区的石油勘探开发难度将进一步增大。

3. 地理环境分布

中国 76% 的石油可采资源分布在平原、浅海、戈壁和沙漠，74% 的天然气可采资源分布在浅海、沙漠、山地、平原和戈壁。油气探明程度在自然条件较好的平原、丘陵、浅海环境区相对较高，而沙漠、黄土塬、高原、戈壁等环境区域的勘探程度相对较低，剩余石油资源占总资源量的 40%，是今后勘探开发的重点。

4. 资源品味

中国石油可采资源中优质资源占 63%，低渗透资源占 28%，几乎全部分布在陆上，东部、中部和西部各区低渗透资源相当，重油资源相对较少，仅占全部资源的9%，陆上的重油资源略低于海域，天然气可采资源中优质资源占76%，低渗透资源占24%。

第二节 油气勘探开发中的环境污染与防治

一、油气勘探开发中的环境污染

油气田在勘探、开发、集输的过程中，可能排放出一些污染物，包括废水、废气、固体废弃物、噪声、放射性污染等，不同工艺和不同开发阶段，油气勘探开发活动排放的污染物及其构成不尽相同，从地震勘探到钻井、采油（气）、集输和储运的各个环节，由于工作内容多，工序差别大，施工情况多样，管理水平不一，设备配置不同及环境状况差异，污染源比较复杂。油气田勘探开发过程中污染源的总体构成如图1-1所示[1、8]。

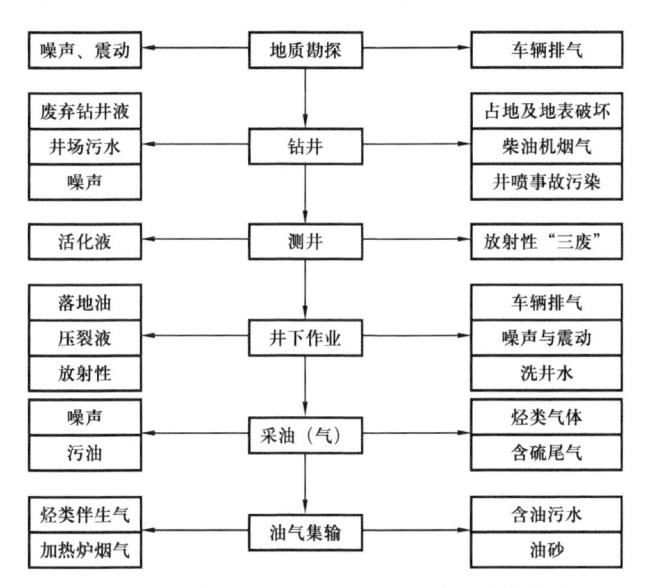

图1-1 油气田勘探开发过程中污染源总体构成

1. 勘探过程中的主要污染物

油气田勘探过程的环境污染主要是地震作业过程中的放炮震源和噪声源，还包括勘探井的少量钻井液污染和生活垃圾等固体废弃物。

2. 开发过程中的主要污染物

油气田的开发包括钻井、完井、采油（注水、注汽、注聚合物、注表面活性剂等）、井下作业（酸化、压裂、洗井、修井等）、油气集输（联合站原油脱水与污水处理、天然气预处理）等主要过程。每一过程均会产生类别不同的环境污染物，其中以钻井、井下作业、采油或采气过程产生的污染物为主。测井过程中由于有时使用放射性辐射源和放射性核素，其污染源主要是放射性"三废"物质。

钻井过程中，主要的环境污染物包括钻井废液、井场柴油机燃烧排放的气体污染物、钻井过程的噪声污染、井场生活污水以及井喷事故污染等，其中以钻井废液污染为主。钻井液是保证钻机正常运转必不可少的一种复杂的胶体体系，钻井液可分为油基钻井液、水基钻井液、合成基钻井液、气基钻井液等多种类型，其主要成分包括黏土、水/油/合成基材料、各种有机的或无机的添加剂。以水基钻井液应用最广，约占98%以上。因此，当钻井作业完成后，在井场将有较大量的钻井废液产生，根据地层特性的差异，钻井废液的成分各不相同。井场一般对钻井液进行回收再用，并对井场钻井液池进行防渗处理，多余的钻井液进行深度处理或填埋。钻井井场污染源分布如图1-2所示，钻井过程中产生的大量污染物，处置不当会对周围环境造成一定的污染[8]。

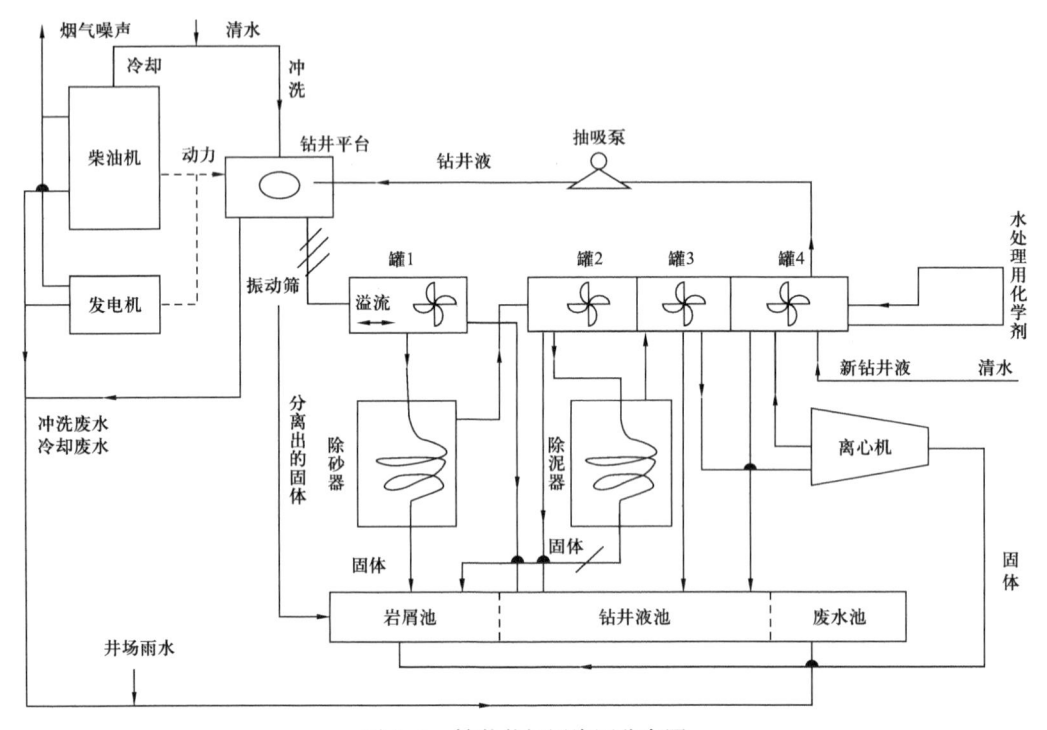

图1-2　钻井井场污染源分布图

井下作业过程中，由于其工艺复杂、施工类型多，形成的污染源也较为复杂，产生的环境污染物主要源于酸化、压裂、洗井等作业过程。在压裂作业过程中，会产生大量反排出井筒的压裂液，压裂施工中地面高压泵组会产生振动和噪声污染。在酸化作业过程中，酸化液与地层含硫矿物质反应，可能产生有毒的硫化氢气体，造成大气污染。井下作业后的洗井水会形成洗井污水。井下作业污水是井下作业过程中主要的污染物类型。

采油（气）过程中，主要的污染源和污染物是采油井中与原油一同产出的油田水。国内常采用注水、注汽、注聚合物来提高油田采收率，常常加入一些化学药剂，其中部分会残存在采出液中。另外，采油井周围的落地原油、注汽锅炉烟气、注水和注汽泵噪声、含油土壤等也是该过程的重要污染物。采气过程中会产生气田废水，中国四川等地区的气田废水一般矿化度较高、硫化物含量大。气田废水的主要污染物包括硫化物、石油类、悬浮物等。

3. 集输过程中的主要污染物

油气集输过程中，主要的废水污染源是原油脱出的含油废水。水驱和汽驱是普遍采用的采油方式，对于注水或注汽采油来说，采出液是以油水乳化物的形式存在，并从采油井汇入地面集输管网。采出液通过集输管网到联合站后，在联合站经过油水分离后将形成大量的含油污水。在含油污水的处理过程中，又会形成较多的含油污泥。联合站含油污水和含油污泥是原油集输过程中的主要污染物。还有计量站、脱水站、油水泵区、油罐区、装卸油站台和集输流程等的管线、设备及地面冲洗等排放出的含油、含有机溶剂的废水。主要废气污染源有储罐、油罐车、增压站、集气站、压气站、天然气净化厂等损耗烃类的场所和设备，还有加热炉放空火炬等。主要固体废物有从三相分离器、脱水沉降罐、电脱水等设备排水时排出的污油；泵及管线跑、冒、滴、漏排出的污油；脱水沉降罐、油管、油罐车、含油废水处理厂等设施，以及天然气净化厂清出和排出的油砂、油泥、过滤滤料等固体泥状废物。主要噪声源有机泵、电动机、加热炉、螺杆式压缩机等。

二、油气勘探开发中的环境污染防治

为了保持油气资源的勘探开发与区域环境的可持续发展，油气田都会在开展生产活动的同时，主动进行污染治理和环境恢复。油气田活动给区域环境系统带来的影响既包括油气生产活动给生态环境带来的负面效应，也包括油气田可持续发展活动带来的正面效应。

石油工业是防治工业污染的重要领域。由于石油天然气生产点分散，涉及的污染面积大，治理难度也很大。同时，油气田分布广泛，中国东西、南北地理环境差异巨大，石油天然气开采水平不尽相同，各油气田面临的环保压力也不尽相同。只有对生产作业过程中所产生的废水、废气、固体废物及噪声等进行控制和处理，才能减少油气勘探开发活动对环境造成的影响。因此，采取环境保护措施，防治油气田勘探开发过程中的环境污染，是油气勘探开发的重要工作内容之一。国内外各大型石油公司都重视油气勘探开发中的环保管理，均设有完善的环保管理机构和管理制度，根据油气田所在地区的法规要求，对油气勘探开发过程中的污染物排放实行严格限制，努力控制在远低于排放标准的限制之下。同时，对油气田废气污染、废水污染、固体废物污染和噪声污染采取治理措施[1]，在环境敏感区的油气勘探开发作业也尽量采取保护性措施，降低油气生产活动对环境的影响[5]。

1. 油气田废气污染治理

油气田废气污染类型主要包括天然气开发中的硫化氢气体和烃类气体污染、原油与天然气集输过程中的挥发轻烃污染、油气田自备电厂的二氧化硫气体及粉尘污染、油气田机动车排放污染等，其中以含烃气体污染为主。

油气田的含硫气体主要包括硫化氢、二氧化硫和少量的有机硫。硫化氢主要来源于天然气的净化过程，其治理方法按采用的脱硫剂状态分为干法脱硫和湿法脱硫两类。利用固体脱硫剂的干法脱硫适用于硫化氢含量较低的场合，利用某些物质的溶液吸收硫化氢的湿法脱硫适用于硫化氢含量较高的气体净化处理。二氧化硫主要来源于油气田含硫化合物的燃烧，如含硫化氢和有机硫尾气的燃烧等。工业应用的治理方法主要有喷雾干燥法、活性炭吸附法等。

油田含烃气体污染主要源于油气集输过程的无组织排放、原油储罐的呼吸损耗等。其治理方法主要有两类：一是改进储罐结构减少集输过程中的含烃气体排放量，这是油气田控制烃类气体污染的主要手段；二是处理与回收含烃气体。

2. 油气田废水污染治理

油气田废水主要包括采油污水、钻井废水以及井下作业废水等，其中最主要的是采油污水。油气田废水的处理技术最主要的是采油污水的处理技术，少量的钻井废水或作业废水一般经收集后进入大型的采油污水处理场站统一处理，或使用一些集成式的小型处理设备进行处理。现阶段国内油气田现有的污水处理技术主要是以回注和达标外排为目标。污水回注一部分是为了满足生产需要，另一部分则是无效回注。同时，稠油油田注蒸汽开采过程中，需要消耗大量的清水。因此，通过深度处理使稠油污水能够回用于蒸汽锅炉，既可节约水资源，又可支持油气开采。

采油污水最主要的水质特点是矿物油和悬浮物含量高，去除技术主要包括重力分离技术、水力旋流技术、粗粒化技术、气浮技术、过滤技术、混凝沉降技术等。如果废水治理以回用热采锅炉、回注油田等为目标，需要进行废水软化、水质稳定处理等废水深度处理。生物处理技术主要应用于外排采油污水的处理。

同时，为了控制钻井过程中的水污染，还会采取相应控制措施。一方面尽量减少钻井生产中废水的产生量，同时对钻井废水进行清污分流，防止井场清水、雨水进入废水池，钻井液池、废水池也应进行防渗处理。

在环境敏感地区采用更加环保的措施，用专用车将井下作业产生的生产废液收集后，运至指定地点，经处理后循环使用或达标排放。随着环保管理和投入的不断加强以及技术的持续进步，移动式车载处理方式的应用区域不断扩大。

3. 油气田固体废物污染治理

油气田固体废物主要包括石油钻井过程中产生的钻井岩屑、废弃钻井液、采油过程中产生的落地原油、含油泥砂以及污水处理过程中产生的污泥、设备检修时产生的固体废物等。主要采用的技术措施有化学反应、物理分离、焚烧、填埋等。

含油污泥是油气田最典型的固体废弃物,通常将落地油、储油罐底部形成的罐底泥以及其他石油生产环节中产生的含有一定量石油类的固体废弃物统称为含油污泥。国内外广泛研究的含油污泥处理技术主要包括浓缩、焚烧、生物降解、溶剂萃取及蒸汽喷射处理技术等。同时,含油污泥又具有一定的利用价值,可以进行综合利用,如利用含油污泥中具有的热值,用于水泥、砖瓦生产或将含油污泥经固化后用作铺路材料或建筑材料等。

钻井废弃物主要指废弃钻井液及钻井岩屑等。钻井废弃物的治理以前多采用(钻井液池)就地堆放、自然干化、简易填埋等方法进行处理,能回收利用的回收后重复利用,不能回收利用的泥浆作固化和无害化处理。随着石油工业处理技术不断提高,钻井废弃物的处理方法不断进步,更加注重对钻井废弃物的回收利用方法、清洁无害化钻井液技术以及废气钻井液到废水一体化处理等技术的研发与应用。

4. 油气田噪声污染治理

在石油天然气勘探开发过程中,噪声污染可能来源于勘探、钻井、采油及储运等各生产环节,包括机械性噪声、空气动力性噪声和电磁性噪声等。如地震勘探阶段的爆炸噪声、钻井过程中各种机械设备运转过程中的机械噪声、生产过程中的机动车噪声、钻井和油气集输过程中的气流噪声、井喷等事故噪声等。

噪声问题可分为声源、传播途径和接受者三部分。只有当三个因素同时存在时,噪声才能对人造成干扰和危害。因此,控制噪声必须考虑这三个方面,通过改进设备、提高机械加工和安装精度等方法控制声源;通过合理布局,充分利用天然屏障,如天然地形(山冈、土坡、树林等)或高大建筑物等遮挡噪声传播路径,并采取必要的吸音等降噪措施控制噪声;对井场和油气集输站等场地内的固定噪声源采取隔声降噪措施,治理生产中的固定噪声源;对位于环境敏感区的生产设施,通过对固定噪声源建立隔音间或在环境敏感区一侧建隔声墙,解决油气勘探开发生产过程中的噪声问题,减少对环境保护区内栖息动物的影响。

第三节 油气田勘探开发的环境影响

油气田污染物的数量和组成与油气田地质条件和开发工艺具有相关性。油气田地下油气的组成、性质和地下水的性质,如地下油藏的密度、稠密度、含硫量、随油采出的地下水的矿化度等直接影响油气田污染物排放,也决定了油气田易受污染的程度。同时,油气田开发所采用的生产工艺技术和油气田开采时间的长短等也决定了污染物的产生量,影响污染和治理的难度。如三次采油技术会带来污水治理难度加大、污水难以回注的问题,污水达标排放的治理难度极大。油气田开采后期,含水率高,污水的产生和排放量很大,油气田污水处理回注压力大[8]。因此油气田勘探开发生产过程中的各种生产排放污染物,无论在其构成上，还是在其排放规律和环境影响上都有其特点[5]。

一、油气田环境污染源特征

1. 油气田污染物分布特征

1）地域分布的广阔性

油气资源的分布特点决定了油气田污染物分布的广阔性。油气资源多分布在沉积盆地中。中国面积大于200km^2、沉积岩厚度大于1000m的中—新生代盆地有424个[3]。1950年到2007年，中国已发现油田500多个，天然气田300多个[5]，跨全国多个省、直辖市、自治区、分布，遍及中国东北、西北、华北、中原、西南、华中以及东部沿海各地，海上油气田遍及中国渤海、黄海、南海等海域。随着中国石油需求的持续上升和国际化发展的需要，中国在海外也有数量众多的油气生产工作区。开发这些油气田过程中形成的污染物，具有地域分布的广阔性。

2）污染源分布的分散性

油气田的油、气、水井通常分散分布在数十平方千米范围内，有些大油田甚至在数百至数千平方千米的区域内分布。这些油、气、水井采出的油（气）分别送到就近的油气集输站脱水、计量、油气分离、储存后送到总站，或直接外输，从而决定了油气勘探开发过程中污染源的分散性[8]。

3）与地方工业污染源的交叉性

由于社会历史以及建设初期地理位置较偏僻等原因，国内的油气田企业往往是一个相对独立、半封闭型的工作生活单元，包括与各种生产过程相关的加工及配套生活设施，并逐步发展为包含了油气生产区和地方生活区的混合区域，区域内既包含油气勘探开发形成的污染源，也包含逐步发展起来的地方社会经济活动形成的污染源。此外，有的油田分布在已有的地方经济区内，地方工业体系已经形成。油气田的开发建设与地方工业及其他行业所属企业在地理上相互交叉分布。这种相互交叉的情况，随着经济的发展日趋明显。

2. 油气田污染物排放特征

1）以点源排放为主，兼有面源排放

一个油气田内的每口油气井都可能是一个潜在的点污染源，众多潜在的点污染源构成潜在的面污染源，污染物排放以点源排放为主，并具有时间的快速变动性。由于钻井等施工工程具有施工周期短的特点，作业过程中排放的污染源具有存在周期短的特点。

2）以正常生产排放为主，兼有非正常工况和事故性排放

在油气田开发生产过程中，正常生产中的排放不可避免，如油气田伴生气排放、钻井过程中的动力设备燃料燃烧排放等。由于人为因素或自然灾害（地震、暴雨、洪水、雷电等）而造成油、气、水的泄漏事故，属于事故性排放，严重的事故如井喷、溢油等。因

事故造成的污染排放通常比较严重。需要加强必要的预防和处理措施，降低事故发生的概率。

3）以间歇排放为主，兼有连续排放

油气田开发过程中，排污方式多以间歇为主。例如，钻井污水、洗井污水、井下作业污水等均属在施工期间的间歇性排放。只有采出水的排放属连续性排放，处理后回注。

4）以可控排放为主，兼有不可控排放

油气田环境污染源的可控性是油气田的一大特点，主要体现在油田采出水的可控性方面。目前，油气田含油污水的处理率已高达90%，废水回注率已达80%以上，有的油田如大庆油田已达100%[5]。而由于操作原因导致的钻井液、泥浆等排放属不可控排放。

二、油气田污染物的环境影响

1. 油气田环境影响的时段性

油气田勘探开发过程中形成的污染物对环境的影响具有一定的时间性。有的属于暂时性的污染，如地震噪声、作业噪声、气体临时排放噪声等会随施工作业的停止而消失。有的属于一定时期内的污染，如钻井污水、钻井废弃岩屑等，是在施工作业中产生的，作业后即停止排放。这些污染物能在环境中存在一定的时期，其对环境的影响在一定时间内存在。有的属于长期性的污染，如连续排放的采出水（含油污水）、烃类损耗等在油气生产过程中随时产生，其影响贯穿于油气田生产的全过程。

2. 油气田环境影响的可恢复性与不可恢复性

石油、天然气开发工程属于资源开发型建设项目，油气资源作为一种矿物资源是难以再生的。其对环境的影响除对水体、大气、土壤环境造成污染外，还表现在对地层和地表景观的破坏以及对原始自然生态环境的改变。这种对原始自然生态环境的影响有些是难以恢复和不可恢复的。

3. 油气田环境影响的双重性

油气田开发工程对环境带来的影响具有其双重性，既有不利的一面，也有有利的一面。油田开发建设在改变原有生态环境的同时，又再造了一个兼原有生态环境与油田生态环境并存的新的人工生态系统。在这一系统中，合理规划和建设，可以较之原有环境更为适合人们的生产和生活活动，同时对当地及周边地区的社会经济发展也会起到积极的促进作用，有利于人类生存环境的改善。

三、油气田生产过程的非污染环境影响

油气勘探开发过程对环境的影响，不仅表现在污染物对水体、大气、土壤环境的污染

影响，还表现在油气田的生产过程对区域生态环境在地层、地表景观和居住环境等诸多方面的影响，使得生态系统更为敏感，或者发生不可逆的影响，即非污染生态影响。

长期的油气开采和特殊的开采方式，会改变原有地层压力环境，引起地表形变，形成地表沉降区或抬升区，从而影响地表稳定性；物探过程中开辟地震测线时，沿测线一定宽度内的地表植被要被清除，勘探初期施工车辆在无公路情况下的行驶，都会破坏地表植被和表土；油气勘探开发过程中，由于井场等设施建设的施工需要，可能涉及对原有地形进行改造，降低地形起伏度以适应工程施工要求；西部生态环境脆弱区的油田开发区道路、生产设施等建设活动，一方面改变了原有地表土地利用，另一方面可能改变区域原有地表水系结构，影响区域生物多样性。

在油气勘探、开发和生产过程中，不同时期和类型的油田建设工程对生态环境造成的影响具有不同的特征，既有直接影响也有间接影响；既有暂时性影响也有长久性影响；既有可恢复性影响也有难以恢复的影响；既包括有利影响也包括不利影响；既有一次性影响也可能产生累积影响；既有显性影响也存在潜在的影响；既可能是局部的影响也可能是区域性影响。针对油气田勘探开发，最明显的非污染生态环境影响主要包括改变地表土地利用、改变原有地表地貌形态、诱发土壤侵蚀、改变天然植被类型、改变地表径流形成过程、影响野生动物栖息环境、减少物种多样性、破坏自然生态平衡等。

四、油气田环境监测的主要任务

环境监测是由人类对环境质量日益增强的要求而产生的保护环境行为，其目的是了解人类生存的环境质量，目标是保护环境，不断提高环境质量水平。随着工业的发展，污染事故频频发生，环境监测在环境分析的基础上逐渐发展起来。随着科学技术的进步，环境监测技术也迅速发展，计算机控制、航测、遥感、卫星监测等现代化手段在环境监测中得到了广泛的应用。监测从单一的环境分析发展到物理测定、生物监测，从间断性监测逐步过渡到自动连续监测。监测范围也从一个断面发展到一个区域，乃至全球[1]。

油气田环境监测是在石油天然气勘探过程中运用化学、物理、生物等现代科学技术方法，间断地或连续地监视和检测代表环境质量及发展变化趋势的各种数据的过程[1]。其目的是及时、准确、可靠、全面地反映油气田环境质量和污染现状及发展趋势，为油气田环境管理、环境规划、污染防治提供依据。因此，油气田环境监测的主要任务包括：（1）对污染源排污状况实施现场监督监测，及时、准确地掌握污染源排污状况和变化趋势；（2）对矿区环境中各项要素进行必要的监测，及时、准确、系统地掌握和评价环境质量状况及发展趋势；（3）开展环境监测科学技术研究，预测环境变化趋势，并提出污染防治对策与建议；（4）开展环境监测技术服务，为经济建设、城乡建设和环境建设提供科学依据；（5）为企业主管部门执行各项环境法规、标准，全面开展环境管理工作提供准确、可靠的监测数据和资料。

环境监测的内容包括物理指标监测、化学指标监测和生态系统监测三个方面。物理指标监测包括噪声、震动、电磁波、热能、放射性等水平的测定。化学指标监测包括各种化学物质在空气、水体、土壤和生物体内的测定。生态系统监测主要监测由于人类的生产和生活活动引起的生态系统的变化，如滥伐森林或草原过渡放牧引起的水土流失和土地沙漠化，污染物质在食物链中的作用及其引起的生物品质变化和生物群落的改变等。

油气田环境监测具有其自身特点。首先，污染物种类繁多、组成复杂、性质各异，其中大多数物质在环境中的含量浓度极低，而且污染物质之间还存在相互作用，分析测定时会存在干扰，要求环境监测具有高灵敏度、高准确度和高分辨率。其次，油气田环境监测包括了对环境污染的追踪和预报，对环境质量的监督和鉴定，需要有足够数量的有代表性和可比性的数据，以及准确及时的连续自动监测手段，满足标准化、自动化监测的要求。与此同时，油气田环境监测涉及的知识面、专业面宽，包括分析化学、生物学、生态学、气象学、地学、工程学等各方面的知识；环境质量鉴定时，还需要考虑社会评价因素。因此，油气田环境监测又具有多学科性、边缘性、综合性和社会性等特点。

油气田环境监测是为环境管理服务的，关键是运用详实的数据来判断环境质量状况，以及评估、预测环境质量的变化趋势，更主要的是以此为依据提出改善环境质量的决策措施，进而改善油气田的人类生存环境，提高油气田人类生产、生活质量。所以说，油气田环境监测是测取数据—解释数据—运用数据的全过程。油气田环境监测的基本环节是布点、采样、分析测试、数据处理及综合分析评价，环境监测的质量取决于数据测取的代表性（布点、采样环节为主）、准确性和精密性（分析测试环节为主）、数据解释的科学性（数据处理和综合分析评价环节为主），以及运用数据的能力（综合分析评价环节为主）。

第二章　环境遥感基础

第一节　遥感与遥感技术系统

一、遥感的概念

人类依靠身体的感官感知外界事物，通过大脑加工认识外界事物。但是人的感官是有限度的，随着科学技术的发展，电磁波延长了人类的感官距离，于是产生了遥感。1961年，"遥感"一词在美国密歇根州召开的第一届国际环境遥感大会上首次被国际科技界正式使用，标志着现代遥感的诞生，揭开了人类利用遥感技术从空间观测地球的序幕。此后，遥感作为一门新兴的综合性学科在世界范围内飞速发展。

遥感（Remote Sensing），即"遥远的感知"。不同时期学者对遥感的定义表述虽有差异，但核心思想一致，就是远距离获取信息[9-14]，通常有广义和狭义的理解。广义上，遥感泛指一切无接触的远距离探测，包括对电磁场、力场、机械波（声波、地震波）等的探测。实际工作中，重力、磁力、声波、地震波等的探测通常被划分为物探的范畴。因而，遥感主要指电磁波探测。狭义上，遥感主要是应用探测仪器，不与探测目标相接触，从远处把目标的电磁波特性记录下来，通过分析，揭示出物体的特征性质及其变化的综合性探测技术。

二、遥感技术系统

根据遥感的定义，遥感系统包括遥感过程、传感器及遥感平台。

1. 遥感过程

遥感过程是指遥感信息的获取、传输、处理及其判读分析和应用的全过程（图2-1）。遥感数据采集过程中的电磁辐射能源包括太阳和能够自主发射电磁波辐射的传感器，如搭载在卫星平台上的微波传感器可以自主发射微波辐射。这些辐射能源发射的电磁辐射能穿过大气层与地面目标相互作用，搭载在遥感平台上的传感器接收到来自地面目标的电磁辐射信号，经过数据传输，由地面接收站点接收到传送信号，经过专业处理，生成不同级别的遥感原始数据产品，再由终端用户根据应用的需求，对原始数据进行数据处理、判读与分析，实现不同行业的遥感应用。

2. 传感器

传感器是接收从目标物中反射或辐射来的电磁波的装置。不同地物目标在不同电磁波波段表现出特有的发射和反射特性,并且电磁波随波长的变化其性质也有所差异,因此接收地物电磁辐射信号的传感器也多种多样。针对不同的应用波段范围,研究多种传感器,用以接收和探测物体在可见光、红外线和微波范围内的电磁辐射。传感器大致可以分为以下几种类型。

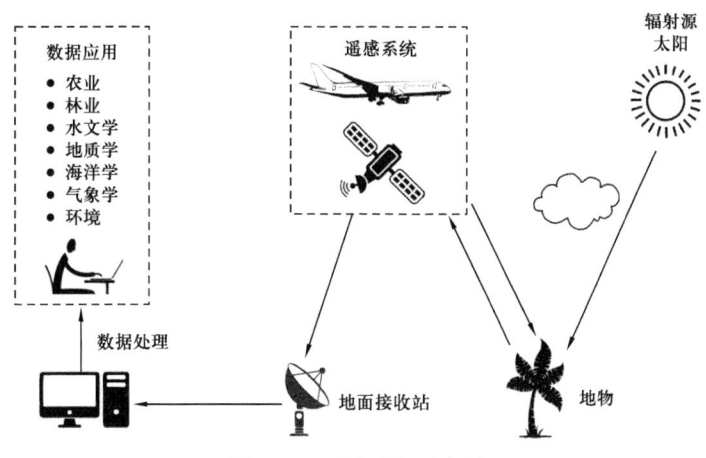

图 2-1 遥感系统示意图

(1)按传感器探测的波段可将传感器分为可见光(0.38~0.76μm)、红外(0.76~1000μm)、微波(0.001~10m)传感器等。其中0.38~1000μm光学波段的传感器称为光学传感器,用于探测微波波段的传感器称为微波传感器。

(2)按工作方式可将传感器分为主动式传感器和被动式传感器。主动式传感器能自主向地物目标发射一定能量的电磁波,并接收目标的后向散射信号,主要指各种形式的雷达传感器。被动式传感器不能自主向地物目标发射电磁波,仅接收目标物自身的热辐射或反射太阳辐射,主要指各种摄像机、扫描仪、辐射计等。

(3)按数据记录方式可将传感器分为成像式传感器和非成像式传感器两大类。非成像传感器只能记录地物的一些物理参数,不能将目标的电磁辐射信号转换为图像。成像传感器可以将接收的电磁波信号转换为模拟或数字图像,按其成像原理又可分为摄影成像、扫描成像等类型。成像式传感器是目前最常见的传感器类型。

3. 遥感平台

遥感平台是搭载传感器的飞行器,使传感器可以从一定高度或距离对地面目标进行探测。遥感平台按其飞行高度的不同可分为地面平台(近地平台)、航空平台、航天平台和航宇平台[13-15]。

(1)地面平台:传感器设置在地面平台上,如车载、船载、手提、固定或活动高架平台等,进行各种地物波谱测量和陆地摄影测量。搭载在地面平台上的遥感测量可以获得成像或非成像数据,由于可以获得与地面其他观测绝对同步的数据,为构建地表物理模型奠定基础,是遥感观测的基础。

（2）航空平台：传感器设置于航空器上，主要是飞机、气球等平台，在一定的飞行高度上对地球表面进行观测。按飞行器的工作高度可分为低空（<5000m）、中空（5000~10000m）和高空（10000~20000m）平台。搭载在航空平台上的遥感测量灵活性大、影像清晰、分辨率高。按是否有人驾驶又可分为有人航空遥感平台和无人飞行器两类，无人飞行器以无人机为主。航空平台观测具有成像比例尺大、地面分辨率高、适合大面积地形测绘和小面积详查，应用广泛。但存在飞行高度有限、续航能力、姿态控制能力、全天候作业能力以及大范围动态监测能力不足等局限性。

（3）航天平台：传感器设置于环地球的航天器上，如人造地球卫星、航天飞机、空间站、火箭等，平台高度一般在100km以上。人造地球卫星是应用最为广泛的航天遥感平台。按人造地球卫星运行轨道的高度和寿命，卫星可以分为低高度、短寿命卫星、中高度、长寿命卫星和高高度、长寿命卫星三种类型。① 低高度、短寿命卫星：轨道高度为150~350km，寿命只有几天到几十天，可获得较高地面分辨率图像，高空间分辨率小卫星遥感多采用此类卫星；② 中高度、长寿命卫星：轨道高度为350~1800km，寿命在1年以上，一般为3~5年或更长，如陆地卫星、海洋卫星、气象卫星等，是目前遥感卫星的主体；③ 高高度、长寿命卫星：高度约为36000km，称为地球同步卫星或静止卫星，如通信卫星、气象卫星，也用于地面动态监测。航天平台观测具有探测范围大的宏观观测能力，能够周期性成像，有利于动态监测，数据获取方便、快速，不受地形限制，可以全天时全天候成像，数据成本低的特点。由于航天遥感平台的航高远高于航空平台，其地面分辨率通常小于航空遥感的地面分辨率，但随着遥感传感器的不断发展，航天遥感数据的地面分辨率不断提高。

（4）航宇平台：传感器设置于星际飞船上，指对地月系统外的目标的探测。

遥感平台和传感器是获取遥感信息的重要保障。几种遥感平台各有不同的特点和用途，实际应用中，可单独使用，也可配合使用，组成多视角、多层次以及多尺度的立体观测系统。

三、遥感的特点

1. 大面积的同步观测

在进行地球资源和环境调查时，大面积同步观测取得的数据是最宝贵的。遥感观测可以提供大面积的信息同步获取方式，并且不受地形阻隔等限制，实现对地大区域同步观测。遥感平台越高，视角越广，可以同步探测到的地面范围就越广，容易发现地球上一些重要目标物空间分布的宏观规律，而有些宏观规律，依靠地面观测是难以发现或必须经过长期大面积调查才能发现的。如一幅美国陆地卫星Landsat图像，覆盖面积为185km×185km，在5~6min内即可扫描完成，实现对地的大面积同步观测。

2. 时效性

遥感探测可以在短时间内对同一地区进行重复探测，发现地球上许多事物的动态变化。这对于研究地球上不同周期的动态变化非常重要。不同高度的遥感平台，其重复观测周期不同，地球同步轨道卫星可以每半小时对地观测一次（如 FY-2 气象卫星）；太阳同步轨道卫星可以每天 2 次对同一地区进行观测（如 NOAA 气象卫星）。这两种卫星可以探测地球表面及大气在一天或几小时之内的短周期变化。地球资源卫星（如美国的 Landsat、法国的 SPOT 和中国的 GF-2）可以实现几天到几十天对同一地区的重复观测，以获得一个重复周期内某些事物的动态变化的数据。而传统地面调查则需要大量人力、物力，用几年甚至几十年才能获得地球上大范围地区动态变化的数据。

3. 数据的综合性和可比性

遥感获得的各种地物电磁波特性数据综合地反映了地球上许多自然、人文信息。红外遥感昼夜均可探测，微波遥感可全天时、全天候探测，地球资源卫星获得的地物电磁波特性可以较综合地反映地质、地貌、土壤、植被、水文等特征而具有广阔的应用领域。由于遥感的探测波段、成像方式、成像时间、数据记录等均可按要求设计，使其获得的数据具有同一性或相似性，数据具有可对比性，且能够较大程度排除人为干扰，更加客观。

4. 经济性

遥感的费用投入与所获取的效益，与传统方法相比，可以大幅节省人力、物力、财力和时间，具有很高的经济效益和社会效益。有人估计，美国陆地卫星的经济投入与取得的效益比为 1∶80，甚至更大。

5. 局限性

目前遥感技术所利用的电磁波仅是其中的几个波段范围。在电磁波谱中，尚有许多谱段的资源有待进一步开发。此外，已经被利用的电磁波谱段对许多地物的某些特征还不能准确反映，还需发展高光谱分辨率遥感以及遥感以外的其他手段相配合，特别是地面调查和验证不可缺少。

第二节　遥感电磁辐射基础

人类通过大量实践，发现地球上任何物质都会反射、吸收、透射及辐射电磁波。遥感是通过传感器主动或被动地接收地物反射或发射的电磁辐射，利用电磁辐射中传递的信息来实现对地物目标的探测。由于地物种类及环境条件不同，具有反射或辐射不同波长电磁波的特性，即地物波谱特性，成为遥感探测和识别地物的基础。

电磁辐射从辐射源到遥感器之间的传输过程中，要经历吸收、再辐射、反射、散射、偏振及波谱重新分布等一系列过程。电磁辐射传输中的变化取决于它与有关介质所发生的相互作用。电磁辐射与大气的相互作用可以认为是体效应,而与地表的相互作用则是表面效应。遥感图像是电磁辐射与地表相互作用的一种记录。了解这种相互作用的机理和过程,有助于理解和认识获得的遥感数据以及地物目标特性[11]。

一、电磁波与电磁波谱

1. 电磁波

电磁波是电磁振动在空间中的传播,又称为电磁辐射。根据麦克斯韦电磁场理论,变化的电场产生变化的磁场,变化的磁场产生变化的电场,周而复始,实现电磁振荡的空间传输,从而产生电磁波,其方向是由电磁振荡向各个不同方向传播的。在传输过程中,质点的震动方向与波的传播方向垂直,所以电磁波是横波。电磁波特性如图2-2所示。

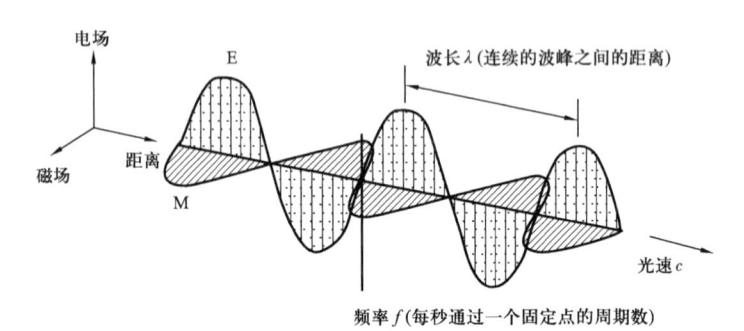

图2-2 电磁波特性示意图

电磁波具有波粒二象性的特征(波动性和粒子性),波动性是光子流的宏观统计平均状态和连续性,粒子性是波的微光量子化和离散化。在电磁波传播过程中,主要表现为波动性,如干涉、衍射、偏振、色散等。在电磁波与地物的相互作用过程中,主要表现为粒子性,如光电效应。粒子性较强的电磁波,波动性较差,波长较短;反之,粒子性较弱的电磁波,波动性较强,波长较长。因此,微波具有的强波动性可以通过衍射等作用克服云、雨的影响,实现全天候探测。

2. 电磁波谱

按照电磁波在真空中传播的波长或频率,以递增或递减的次序排列,就构成了电磁波谱,如图2-3所示[16]。根据基础的物理理论,电磁波服从公式如下:

$$c = f \cdot \lambda \tag{2-1}$$

式中,c 为光速,$c=3\times10^8$ m/s;f 为频率;λ 为波长。任何给定的频率 f 和波长 λ 成反比关系。电磁波的特点可以通过波长或频率来描述。遥感中常用电磁波谱中的波长区间来对电磁波分类。在电磁波谱中,各种类型的电磁波,由于波长不同,它们的性质有很大差异,表现在传播的方向性、穿透性、可见性和颜色等方面的差别。例如,可见光可被人眼直接感觉到,看到物体的各种颜色;红外线可以克服夜障;微波可以穿透云、雾、烟、雨等。但它们都遵守同一的反射、折射、干涉、衍射及偏振定律。

遥感技术中较多地使用可见光、红外和微波波段。虽然可见光波段的波谱区间很窄,但对遥感技术而言却非常重要,是鉴别物质特征的主要波段。红外区间又可划分为近红外、中红外、远红外和超远红外。近红外在性质上与可见光相似,在进行多光谱遥感探测时,常使用可见光和近红外区间。中红外、远红外和超远红外是产生热感的原因,又称为热红外。自然界中任何物体的温度高于热力学温度时,均能向外辐射红外线。由于超远红外线易被大气和水分子吸收,遥感技术中主要利用 3~15μm 区间的波段进行热辐射探测,白天和夜间都可以进行遥感探测。红外波段可以较好地应用到植被健康状态、热污染、森林火灾、大气水分含量等方面的探测。微波的波长更长,能够不受天气影响,进行全天时全天候遥感探测。另外,微波对某些物质具有一定的穿透能力,能直接透过植被、冰雪、土壤等表层覆盖物,可以较好地应用到土壤湿度、植被结构、环境突发事件应急等方面的探测[9、15-16]。

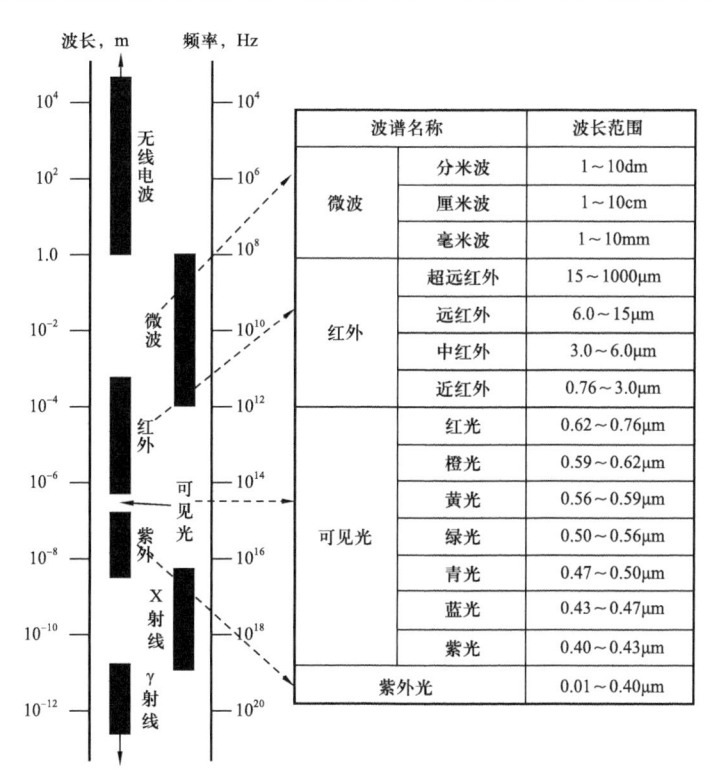

波谱名称		波长范围
微波	分米波	1~10dm
	厘米波	1~10cm
	毫米波	1~10mm
红外	超远红外	15~1000μm
	远红外	6.0~15μm
	中红外	3.0~6.0μm
	近红外	0.76~3.0μm
可见光	红光	0.62~0.76μm
	橙光	0.59~0.62μm
	黄光	0.56~0.59μm
	绿光	0.50~0.56μm
	青光	0.47~0.50μm
	蓝光	0.43~0.47μm
	紫光	0.40~0.43μm
紫外光		0.01~0.40μm

图 2-3 电磁波谱及遥感常用波段

3. 电磁辐射源

遥感系统中的辐射源有自然辐射源和人工辐射源两类,自然辐射源主要是太阳辐射和地球辐射。

1）太阳辐射

太阳是遥感系统中应用最多的辐射源。太阳辐射电磁波谱范围从 X 射线一直延伸到无线电波。太阳辐射的大部分能量集中于近紫外—中红外区间内，占全部能量的 97.5%，其中以可见光（43.5%）和近红外（36.8%）为主，其次是中红外和近紫外两个谱段[11]。太阳辐射到达地球大气外边界后，受大气反射、吸收和散射等作用，只有 31% 作为直射太阳辐射到达地球表面。因此，未经过地球大气层的太阳光谱曲线为连续的光滑光谱曲线，经过地球大气层到达地球表面后的太阳辐射能量在不同波段受到了不同程度的损失，使太阳光谱曲线变得较为复杂，也成为大气遥感监测的依据。另外，地面接收到的太阳辐照度还与太阳天顶角有关。

2）地球辐射

地球辐射主要分为短波辐射（0.3～2.5μm）和长波辐射（>6μm）两个部分。短波辐射主要是地物反射的太阳辐射能量，地球自身的热辐射可以忽略不计。长波辐射主要是地物自身的热辐射能量。介于两者之间的中红外波段（2.5～6μm）包含了地球对太阳的反射和地球自身的热辐射两种影响，表现出了地球辐射的分段特性。红外探测时间一般选择在清晨，尽量避免太阳辐射的影响。

3）人工辐射源

遥感探测中，除了应用太阳、大地等自然辐射源外，还经常使用人工辐射源进行探测。主要是利用人工设计和制造的电磁发射装置向探测目标发射具有一定波长或者频率的电磁波束，再接收被地物散射或反射所返回的信号，实现探测地物属性特征的目的。雷达遥感系统中的微波发射器就是遥感中常用的人工辐射源。

二、电磁波与大气的相互作用

电磁波的辐射总要通过地球的大气层。大气层包括大气分子，如氮、氧、臭氧、二氧化碳、水等，还包括其他微粒，如烟、尘埃、雾霾、小水滴、气溶胶等。当电磁波穿过大气层时，会发生大气对电磁波的反射、折射、吸收、散射和透射现象，引起电磁波在传播过程中方向和能量大小的改变。因此，遥感应用研究必须了解电磁波与大气的相互作用。在这些物理作用中，影响最大的是大气的吸收和大气的散射，其他作用如折射等，可忽略不计。

大气吸收作用会严重影响到达地面的电磁波辐射的强度，而且大气吸收的强弱与波长有关。吸收最强的波段由于能量衰减太大，不能作为遥感探测的波段；仅有某些波段大气的吸收作用相对较弱，透射率较高。这些能使能量较易透过的波段叫大气窗口，只有位于大气窗口的波段才能被用于生产遥感图像。图 2-4 为大气吸收与大气窗口示意图[17]。在可见光—红外区间，常用的大气窗口有 0.3～1.3μm、1.5～1.8μm、2.0～2.6μm、3.0～4.2μm、4.3～5.0μm、8～14μm。可见光波段（0.38～0.76μm）是遥感使用的最佳波段之一。

大气散射是在电磁波辐射的过程中受到大气中微粒（大气分子或气溶胶）的影响，而改变传播方向的现象。大气散射通常有三种情况：瑞利散射（引起散射的大气粒子直径远小于入射电磁波长）、米氏散射（引起散射的大气粒子直径约等于入射电磁波长）和无选择性散射（引起散射的大气粒子直径远大于入射电磁波长）。大气散射降低了太阳光直射的强度，改变了太阳辐射的方向，削弱了到达地面或地面向外的辐射，产生了漫反射的天空散射光，增强了地面的辐照和大气层本身的"亮度"，降低了遥感影像的反差，从而降低了图像的质量与图像上空间信息的表达能力。

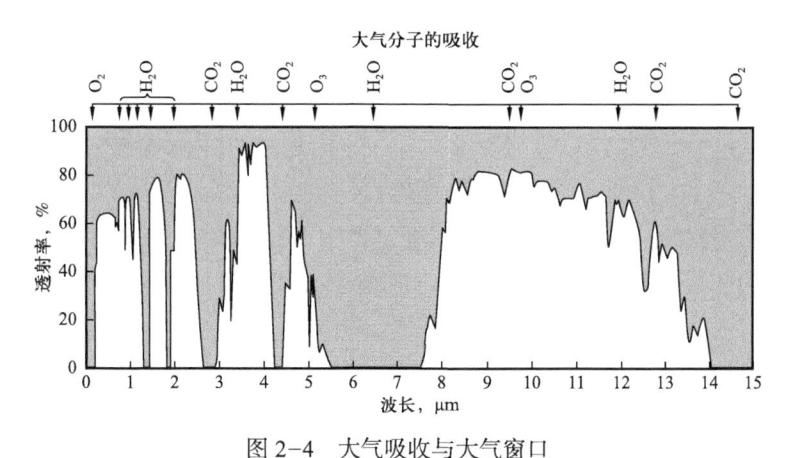

图 2-4 大气吸收与大气窗口

上述这些作用，使电磁波在透过大气层时发生辐射强度的衰减，遥感探测必须选择透过率高的波段作为研究波段才有观测意义。

三、电磁波与地表的相互作用

电磁波在传播的过程中会与传播介质中的固体、液体或气体产生相互作用，使电磁波的传播方向和能量大小都发生变化。电磁辐射能与地表的相互作用主要有反射、吸收和透射三种基本的物理过程。电磁能辐射到达地面后，物体除了反射作用外，还有对电磁辐射的吸收作用，电磁辐射未被吸收和反射的其余部分则是透过的部分[18]。根据能量守恒原理，三种能量的相互关系如式（2-2）：

$$E_I(\lambda) = E_R(\lambda) + E_A(\lambda) + E_T(\lambda) \quad (2-2)$$

式中，$E_I(\lambda)$ 是入射能量，$E_R(\lambda)$ 是反射能量，$E_A(\lambda)$ 是吸收能量，$E_T(\lambda)$ 是透射能量，所有能量的组成部分都是波长 λ 的函数。

能量被反射、吸收和透射的比例随着地物类型和条件的不同而变化，即使是同一地物类型，被反射、吸收和透射的比例还会随着波长的不同而不同。例如，绝大多数物体对可见光都不具备透射能力，而有些物体对一定波长的电磁波具有较强的透射能力，如水。可以根据这些差异在图像上识别不同的特征。此外，由于不同波长表现出不同特点的相互作用过程，在某个波谱范围内不易识别的两个物体，可能在另外的波谱范围内易于识别。

这三部分电磁波辐射对遥感探测最重要的是反射能量，反射能量是入射能量减去吸收能量和透射能量的部分。由于遥感平台上的传感器接收的能量主要是电磁辐射到达地面物体后反射回来的能量,许多遥感系统是在反射能量占主导的波长区域工作。因此,了解地物的辐射反射特性非常重要。

四、地物反射波谱特征

不同地物对入射电磁波的反射能力是不同的,通常采用反射率来表示。地物反射率是地面物体在某一波长的电磁波反射能量 $E_R(\lambda)$ 与入射能量 $E_I(\lambda)$ 的比 $\rho(\lambda)$。这个比值以百分数来表示,并随着波长的变化而变化,其值在0~1之间,记作

$$\rho(\lambda)=\frac{E_R(\lambda)}{E_I(\lambda)}\times 100\% \tag{2-3}$$

式中,$\rho(\lambda)$ 是反射率;$E_R(\lambda)$ 是反射能量;$E_I(\lambda)$ 是入射能量。

不同物体的反射率不同,这主要取决于物体本身的性质,以及入射电磁波的波长和入射角度,因而利用反射率可以判断物体的性质。

地物的反射波谱就是地物反射率随波长的变化规律。通常用平面坐标曲线表示,横坐标表示波长 λ,纵坐标表示反射率 ρ,如图2-5所示[11]。同一物体的波谱曲线反映出不同波段的不同反射率,将其与遥感传感器的对应波段接收的辐射数据进行对照,可以得到遥感数据与对应地物的识别规律。

不同地物在不同谱段的反射率存在差异。因此,在不同波段的遥感图像上会表现为不同的色调。遥感传感器探测波段的波长范围设计,就是通过分析比较地物光谱数据而选择设置的。如美国陆地卫星多光谱扫描仪(MSS)选择的四个波段 MSS1(0.5~0.6μm)、MSS2(0.6~0.7μm)、MSS3(0.7~0.8μm)和 MSS4(0.8~1.1μm),主要是针对植被、土壤、水体以及含氧化铁岩矿石的分类识别需要而设置的。

同类地物的反射光谱相似,但随着地物的内在差异而有所变化,包括物质成分、表面光滑度、颗粒大小、几何形状、表面含水量及色泽等差别。例如,不同类型植物之间的反射波谱特征曲线存在着一定的差异,可用于识别不同的植物类型。同一地物在不同情况下也会表现出不同的波谱特征。

一般来说,地物反射率随波长的变化有规律可循,从而为遥感影像的判读提供依据。了解某物体的地物反射波谱,是观察遥感图像和解译遥感图像的基础。图2-5比较了湿地、小麦、沙漠和雪四种不同地物的反射波谱曲线。可以看出,四种典型地物的波谱曲线很不相同,可以根据不同波段反射率的不同来区分地物。例如,在近红外波段,小麦的反射率明显

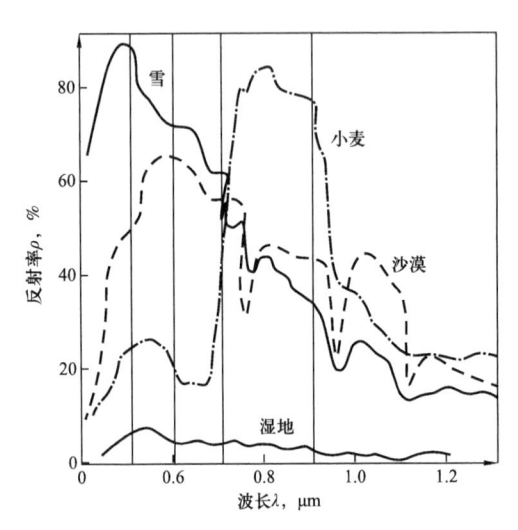

图2-5 不同地物的反射率

高于其他地物；湿地的反射率明显低于其他地物；在可见光蓝波段，雪的反射率明显高于其他地物，由此可以识别四种地物。因此，根据地物波谱曲线，选择适合的波段，对于遥感图像的地物识别非常重要。

第三节　遥感图像特征及其选取原则

遥感图像是各种传感器所获信息的产物，是遥感探测目标的信息载体。遥感解译需要通过遥感图像获取三方面的信息：目标地物的大小、形状及空间分布特点；目标地物的属性特点；目标地物的变化动态特点。相应地将遥感图像归纳为三方面特征：几何特征、物理特征和时间特征。这些特征的表现参数即为空间分辨率、光谱分辨率、辐射分辨率和时间分辨率[14、18]。

一、遥感图像特征

1. 遥感图像的空间分辨率

图像的空间分辨率指遥感像元所代表的地面范围的大小，即扫描仪的瞬时视场，或能分辨的地面物体最小单元，通常以米（m）为单位。例如，Landsat 的 TM 的 1～5 波段和 7 波段的空间分辨率为 28.5m，即一个像元代表地面 28.5m×28.5m。这个指标用来表示影像对地面目标细节的分辨能力。不同空间分辨率的遥感图像如图 2-6 所示。

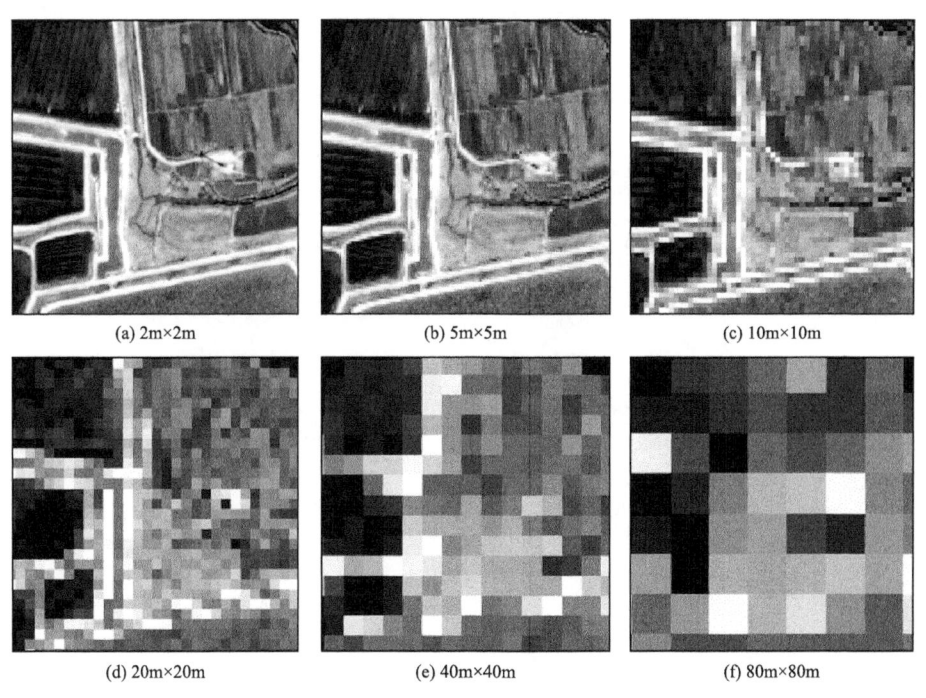

(a) 2m×2m　(b) 5m×5m　(c) 10m×10m
(d) 20m×20m　(e) 40m×40m　(f) 80m×80m

图 2-6　不同空间分辨率遥感图像

卫星遥感数据按照空间分辨率可分为高分辨率卫星数据、中分辨率卫星数据和低分辨率卫星数据。高分辨率遥感卫星数据的空间分辨率一般为1～10m，主要应用于精度相对较高的详细调查和监测，不适合大范围内遥感监测。中分辨率遥感卫星数据的空间分辨率一般为10～80m，能够较好地满足大范围内环境资源调查需求，应用范围最广。低分辨率遥感卫星数据往往用于宏观范畴特定目标的监测，如气象、水色卫星等，可用于气象预测、全球环境变化研究等。

2. 遥感图像的光谱分辨率

光谱分辨率是指传感器在接收目标辐射的波谱时能分辨的最小波长间隔。间隔越小，分辨率越高。

不同波谱分辨率的传感器对同一地物探测效果有很大差别。例如在0.4～0.6μm波长范围内，当一目标地物在波长0.5μm左右有特征值时，该波谱区间被分为两个波段，不能被分辨；如果分为三个波段则可能体现0.5μm处的谷或峰的特征，可以被分辨。成像光谱仪在可见光至红外波段范围内，被分割成几百个窄波段，具有很高的光谱分辨率，从其近乎连续的光谱曲线上，可以分辨出不同物体光谱特征的微小差异，有利于识别更多的目标，甚至有些矿物成分也可被分辨。

按照光谱分辨率的不同，遥感数据可分为多光谱遥感数据和高光谱遥感数据。多光谱遥感数据是指将电磁波按照波长范围分为多个波段后，遥感传感器接收地物反射的不同波段的电磁波能量，可以在同一时间获得同一目标的不同波段信息，基于目标的多光谱特性，对目标进行识别和探测。高光谱遥感数据是指在可见光、近红外、中红外谱区间和热红外电磁波段范围内，获取许多非常窄的光谱连续的影像数据，可以收集到上百个非常窄的光谱波段信息。不同光谱分辨率地物反射波谱如图2-7所示。

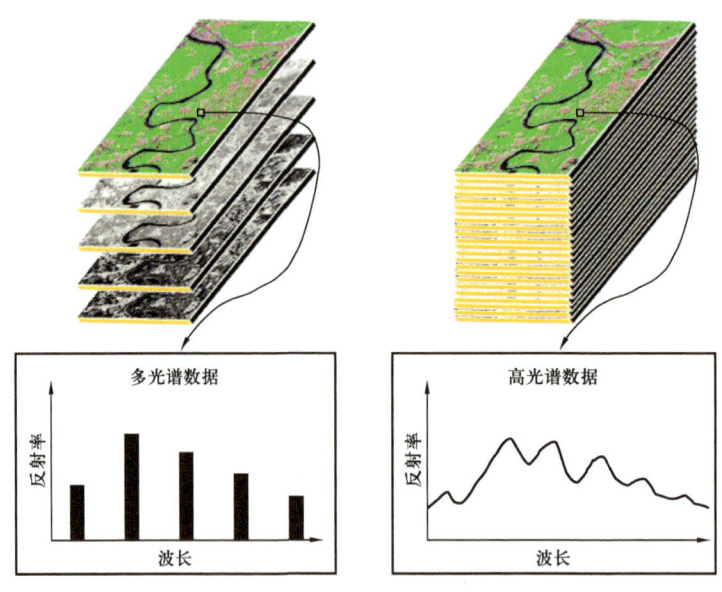

图2-7 不同光谱分辨率地物反射波谱示意图

光谱分辨率越高，专题研究的针对性越强，对物体的识别精度越高。但是，面对大量多波段信息以及它所提供的这些微小的差异，要直接建立它们与地物特征的联系，进行综合解释是比较困难的。而多波段的数据分析，可以改善识别和提取信息特征的概率和精度。因此，遥感中的多波段不是简单的越多越好，而是要区别对待，加以利用和分析。传感器的波段选择必须考虑目标的光谱特征，才能取得好效果。

3. 遥感图像的辐射分辨率

辐射分辨率是指传感器接收波谱信号时，能分辨的最小辐射度差。在遥感图像上表现为每一像元的辐射量化级。

任何图像目标的识别，最终依赖于探测目标和特征的亮度差异。一方面地面景物本身必须有充足的对比度，另一方面遥感仪器也必须有能力记录下这个对比度。辐射分辨率反映遥感器对光谱信号强弱的敏感程度和区分能力。一般用灰度的分级数表示，即最暗至最亮灰度值间分级的量化级数。如 Landsat/MSS 卫星遥感数据，起初遥感像元以 6bit（取值范围 0~63）记录反射辐射值；而 Landsat 4、5/TM 卫星遥感数据中的 6 个 30m 空间分辨率波段的数据以 8bit（取值范围 0~255）记录其数据。显然，TM 比 MSS 的辐射分辨率有一定提高，增强了图像的可检测能力。图 2-8 显示了不同辐射分辨率遥感数据分级量化情况的遥感图像效果示意。辐射分辨率越高，对微弱能量差异的检测能力越强。

(a) 1bit量化 (2级)　　(b) 2bit量化 (4级)　　(c) 8bit量化 (256级)

图 2-8　不同辐射分辨率遥感图像示意图

4. 遥感图像的时间分辨率

时间分辨率是指对同一地点进行遥感采样的时间间隔，即采样的时间频率，也称重访周期。多时相遥感信息可以提供目标变量的动态变化信息，用于资源、环境、灾害的监测和预报，还可以根据地物目标不同时期的不同特征，提高目标识别能力和精度。

遥感的时间分辨率范围较大。以卫星遥感来说，静止气象卫星（地球同步气象卫星）的时间分辨率为 1 次 /0.5h；太阳同步气象卫星的时间分辨率为 2 次 /d；Landsat 的时间分辨率为 1 次 /16d 等。另外，还有更长周期甚至不定周期的。

根据遥感系统观测周期的长短可将时间分辨率划分为三种类型：（1）超短或短周期时间分辨率，主要指气象卫星系列，以"小时"为单位，可以用来反映一天以内的变化，如探测大气海洋物理现象和突发性灾害监测等；（2）中周期时间分辨率，主要指对地观测的资源卫星系列，以"天"为单位，可以用来反映月、旬、年内的变化，如旱涝灾害监测等；（3）长周期时间分辨率，主要指较长时间间隔的各类遥感信息，用以反映"年"为单位的变化，如城市扩展、资源变化和灾情调查等。总之，可根据不同的遥感目的，采用不同的时间分辨率。

二、遥感图像的选取原则

遥感技术具有强大的多参数、多时相、高分辨率对地观测能力，因其对地观测的宏观性、客观性、历史性和数据易获取性等特点，为环境监测提供了一种有效的、不可替代的区域性观测手段。

随着遥感技术的快速发展，可获取的遥感数据资源日益丰富，不同传感器来源、不同空间分辨率、丰富的历史存档资源和灵活的编程数据获取条件，为遥感应用提供数据保障的同时，也对遥感应用的数据选取提出了更高的要求，即如何在海量遥感数据资源中，针对监测的需要选择适合的遥感数据，满足应用的目标。

要选择适合的遥感图像，需要对应用的需求有深入的理解，并综合考虑特定应用的时空特征需求、光谱特征需求、数据可获得性及经济性等因素[18]，从而制定满足要求的遥感图像获取方案。

1. 时空特征需求

选择遥感图像前，首先要全面了解应用需求，分析研究对象的时空特征，根据环境特征对地面空间分辨率的要求以及环境变化周期的时间尺度，明确一个具体应用对遥感数据的时空获取需求。例如在一个局部区域内监测变化很快的洪水溃坝动态与在一个大区域内监测变化缓慢的生态变化过程需要的遥感影像类型就不一样。

对于局部区域应急监测的遥感分析和制图，需要应用高空间分辨率的遥感图像，结合地面及航拍手段，以便更好满足监测的空间尺度需求。溃坝应急监测属于超短期时间尺度监测，以天或小时计，需要每日获取遥感图像。此外，在空间数据获取时，由于灾害期间阴雨天气多发，需要考虑天气对数据接收的影响。

而对于大区域生态变化的监测，时间维度是重要的考虑因素，尽量获得一个长时间序列的质量相当的遥感影像，遥感影像可根据区域的空间范围规模以中、低空间分辨率图像为主。

2. 光谱特征需求

不同地物的光谱特征不同，各种遥感传感器根据不同的应用目的，侧重接收的电磁波谱段和光谱分辨率不同，包括全色波段、多光谱、高光谱、微波等，以便对不同波长的电磁能量进行测量，用于反映不同地物特征。表 2-1 显示了 Landsat/TM 卫星遥感影像不同波段的遥感意义[18]。由于不同波段的电磁波谱范围不同，其主要用途也不同，适合于不同的应用领域。图像选取时，在考虑时空特征需求的同时，还要根据遥感监测内容，选择针对性的遥感波段数据。

表 2-1 Landsat/TM 波段的遥感意义

波段	波长，μm	分辨率，m	主要用途
1	0.45～0.52	30	绘制水系图和森林图，识别土壤和常绿、落叶植被
2	0.52～0.60	30	探测健康植物绿色反射率和反映水下特征，区分林型、树种等
3	0.63～0.69	30	测量植物叶绿素吸收率，进行植被分类，识别地貌、岩性、土壤等
4	0.76～0.90	30	用于生物量和作物长势的测定
5	1.55～1.75	30	土壤水分和地质研究
6	2.08～2.35	120	辨别表面湿度、水体、岩石及监测与人类活动相关的热特征
7	10.4～12.5	30	用于城市土地利用研究，岩石光谱反射及地质探矿

3. 数据的可获得性

明确图像的数据获取需求后，就要调查数据的可获得性。数据的可获得性可以从是否有历史存档数据、是否具备编程接收的数据获取条件、正常卫星接收计划的数据可获取性等方面考虑。现在可获得的遥感数据资源越来越多，包括开放的公共遥感数据资源平台、商业公司以及国家遥感计划等分发的各类遥感数据资源，以及近半个世纪的遥感历史存档数据。可以结合应用需求，选择最便利获取的遥感数据，以满足监测的需要。

4. 经济性

遥感图像的最终获取需要与经费规模相匹配。遥感数据价格受多种因素影响，一般同一卫星遥感数据，存档数据的经费会低于编程接收的数据价格。数据的空间分辨率越高，费用相对越高。不同传感器之间的数据价格可能不同。具体应用时可根据工作规模选择适合经费要求的遥感数据获取方案。

第四节 遥感图像处理

遥感图像容纳大量信息，在进行数字影像的分析、判读、理解和识别之前，需要对原始遥感图像进行一系列的数据处理。遥感图像处理不能增加遥感图像的信息量，但可以改善图像的视觉效果，提高可辨性。随着计算机技术的发展，计算机图像处理越来越深入遥感领域。这里主要介绍基本的遥感数字图像处理原理和常用的处理方法，包括图像校正、图像增强和不同信息源数据的融合。

一、遥感数字图像

数字图像是指能够被计算机存储、处理和使用的图像。数字图像的单元称作像元，一幅图像可以看作是由离散的像元二维数组组成，图像的像元数是行数与列数的乘积。原始遥感图像上每个像元的值表示传感器通过该像元上空时测量到的该像元对应地物区域内的平均辐射度。经过计算机处理后，像元的值发生了变化，需要根据处理过程分析像元值的意义。

像元的数字大小意味着图像灰级的度量，一般称为灰度。无论原始遥感数据是什么波段，数字化以后所有单色波段都显示为黑白的灰度图像。以 8bit 的数字图像为例（图 2-9），像元值共有 $2^8=256$ 级，图像灰度值从 0 到 255，0 代表黑，255 代表白，其他值居中渐变，显示为渐进的灰色，形成一幅灰度影像。

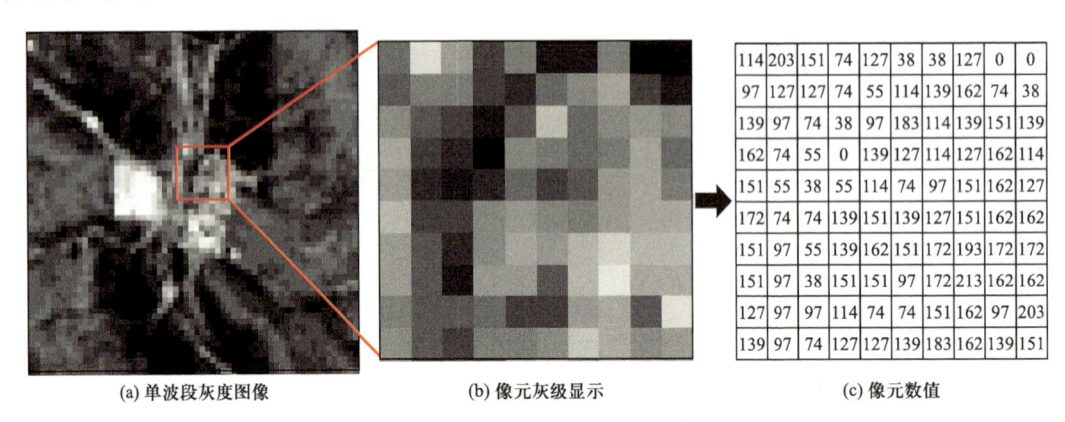

(a) 单波段灰度图像　　(b) 像元灰级显示　　(c) 像元数值

图 2-9　遥感数字图像和像元值

遥感图像要得到彩色显示，需要三个波段合成。若将遥感图像的可见光蓝、绿、红波段分别赋予蓝、绿、红显示到计算机屏幕上，则显示为真彩色；若将遥感图像的绿、红、红外波段分别赋予蓝、绿、红显示到计算机屏幕上，则显示为标准假彩色；或者根据需要分别赋予不同的颜色，形成特殊的假彩色。如图 2-10 所示。

遥感图像如果由多个波段组成，如高光谱图像，不同波段对应的网格像元对应于地面同一位置的地物，这些不同波段的像元值可以在波长对像元值的坐标系中构成一条曲线（图 2-7），曲线反映对应地物的多波段遥感特征。如果是原始数据，可以利用该曲线与对应地物的反射率曲线进行对比分析。如果是经过处理后的数据，则根据处理的原理分析曲线特征。

因此，通过多波段的遥感数字图像数据分析，可以获得地物特征，经过图像处理，对图像中的地物进行分类，得到满足应用需求的遥感数据。

二、遥感图像校正

由于遥感系统受空间、波谱、辐射及时间分辨率的限制，很难精确地记录复杂地表信息，数据获取过程中不可避免地存在误差，导致遥感图像存在一定的几何畸变和辐射量

单波段栅格数据集

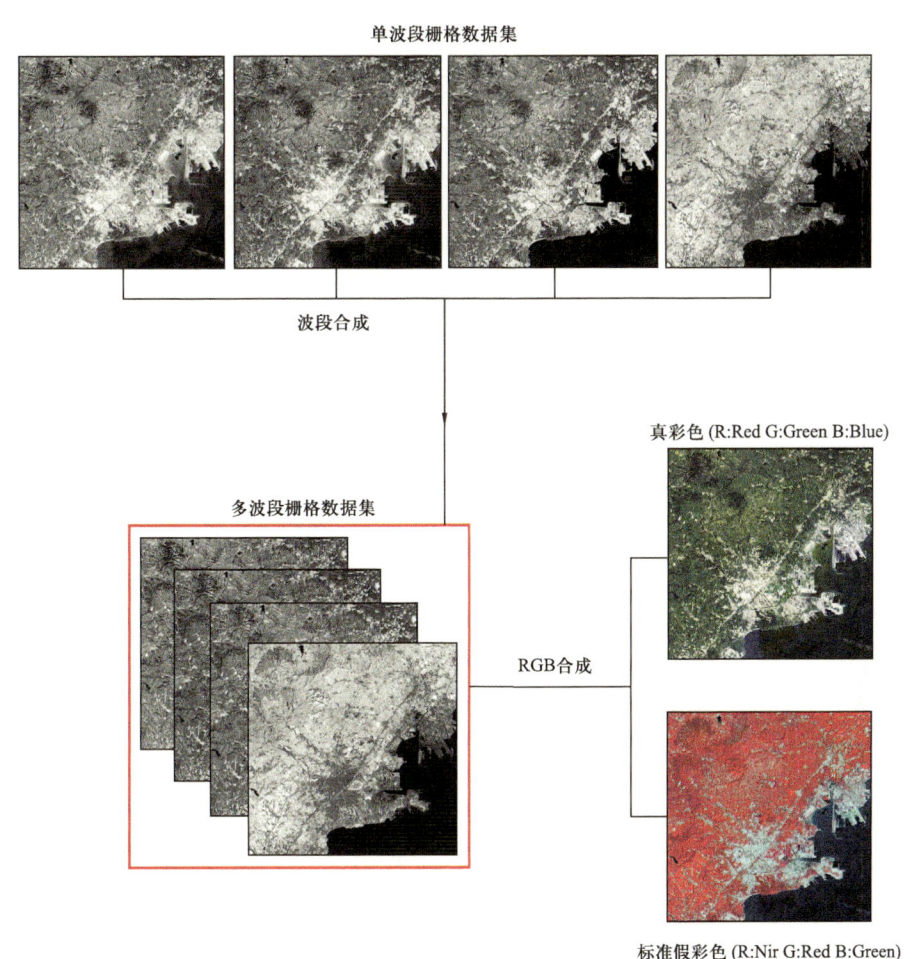

波段合成

多波段栅格数据集

RGB合成

真彩色 (R:Red G:Green B:Blue)

标准假彩色 (R:Nir G:Red B:Green)

图 2-10　多波段遥感图像彩色显示

的失真现象。这些畸变和失真会降低遥感数据的质量，影响图像分析的精度，需要在图像分析和处理之前，对遥感原始数据进行图像纠正和重建，校正原始图像中的几何与辐射变形，以得到尽可能在几何和辐射上真实的图像[11、18]。

1. 辐射校正

进入传感器的辐射强度反映在图像上就是亮度值，即灰度值。辐射强度越大，亮度值越大。该值主要受两个物理量影响：一是太阳辐射照射到地面的辐射强度；二是地物的光谱反射率。当太阳辐射相同时，图像上像元亮度值的差异直接反映了地物目标光谱反射率的差异。实际测量时，辐射强度值还受到其他因素的影响而发生改变。这一改变的部分就是需要校正的辐射畸变。

引起辐射畸变的原因主要有两个：传感器仪器本身产生的误差和大气对辐射的影响。辐射校正主要包括遥感器校正和大气校正。

1）遥感器校正

仪器引起的误差是由于多个检测器之间存在差异，以及仪器系统工作产生的误差，导致接收的图像不均匀，产生条纹和"噪声"。一般来说，这种畸变应该在数据生产过程中，由生产单位根据传感器参数进行校正。因而，遥感器校正一般是通过定期的地面测定，根据测量值进行校准。

不同的传感器，其辐射定标公式不同。以"高分一号"（GF-1）卫星多光谱传感器为例，对应各中心波长 λ_c 的辐射亮度值 L_ε 与卫星载荷观测记录值 DN 之间的校正公式如下：

$$L_\varepsilon(\lambda_c) = DN \times Gain + Bias \qquad (2-4)$$

式中，L_ε 为辐射亮度值；λ_c 为波长；DN 为卫星量化值；Gain 为定标系数增益；Bias 为定标系数偏移量。可以采用定期公布的定标系数对原始影像进行辐射定标。

2）大气校正

太阳辐射进入大气会发生反射、折射、吸收、散射和透射，对传感器接收影响较大的是吸收和散射，大气的存在减弱了原信号的强度。同时，大气的散射光也有一部分直接或经过地物反射进入到传感器，产生了对地物的干扰。大气校正就是消除并校正这些影响的处理过程。大气对光学遥感的影响是很复杂的。学者们尝试提出了不同的大气纠正模型来模拟大气的影响，但是对于任何一幅图像，由于对应的大气数据几乎永远是变化的，且难以得到，因而应用完整的模型纠正每个像元是不可能的。通常可行的方法是从图像本身来估计大气参数，然后以一些实测数据，反复运用大气模拟模型来修正这些参数，实现对图像数据的校正。任何一种依赖大气物理模型的大气校正方法都需要先进行遥感器的辐射校正。大气校正方法大致可分为：利用辐射传递方程式的方法，利用地面实况数据的方法及其他方法。在诸多大气校正方法中精度较高的方法是辐射传输模型法，其中 MODTRAN、ATOCOR 模型、6S 和 FLAASH 等方法应用较广泛。

（1）利用辐射传递方程式的方法。对辐射传递方程式给出适当的近似值求解，可以消除大气的影响。大气的影响主要是由可见光近红外区的气溶胶引起的散射和热红外区的水汽引起的吸收。因此，为了进行校正，必须测定可见光近红外区的气溶胶的密度及热红外区的水汽密度。但是，现实中仅从图像数据中正确测定这些值是很困难的，利用辐射传递方程式时，通常只能得到近似值。

（2）利用地面实况数据的方法。采集图像数据时，预先设置的反射率已知的标志，或者测出适当的目标物的反射率，把地面实测数据和遥感器输出的图像数据进行比较，从而来消除大气的影响。这种方法仅适用于地面实况数据特定的地区及时间。

（3）其他方法。例如在同一平台上，除了安装获取目标图像的遥感器外，也安装上专门测量大气参数的遥感器，利用这些数据进行大气校正。另外，还可以利用植被指数转换来进行 AVHRR 的大气校正等。

2. 几何校正

遥感图像成像过程中，由于受遥感平台、地形、地球自转、大气折射等因素影响，图像会发生几何畸变。相对于地面真实形态，遥感影像的总体变形是平移、缩放、旋转、偏扭、弯曲及其他变形综合作用的结果。产生畸变的图像给遥感定量分析与位置配准带来困难，几何校正就是纠正这些图像变形的过程[18]。遥感图像的几何畸变有两种原因：一种是由于遥感系统造成的，如传感器自身的性能、结构等，属于内部畸变，这种畸变多具有一定的规律性；另一种是遥感图像成像时，由于地球曲率、地形起伏、地球自转、飞行器姿态不稳定（侧滚、俯仰、偏航）等传感器以外的因素造成图像相对于地面目标发生的畸变，属于外部畸变，这种畸变是随机产生的。图 2-11 显示了几种畸变情况[9]，图中实线表示畸变后的图形，虚线表示没有畸变的正确图形。

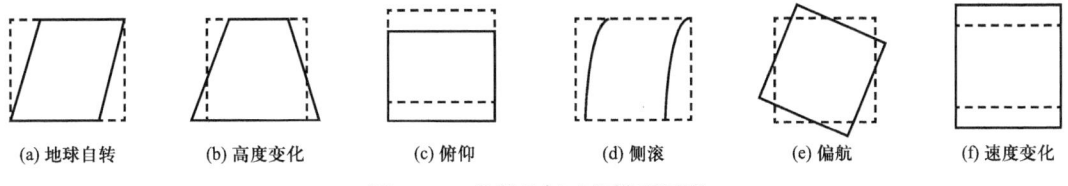

(a) 地球自转　(b) 高度变化　(c) 俯仰　(d) 侧滚　(e) 偏航　(f) 速度变化

图 2-11　几种几何畸变模型图形

遥感图像的几何校正包括粗校正和精校正。粗校正一般由地面接收部门进行处理，也称系统级的几何校正，主要根据遥感平台、地球、传感器的各种参数进行校正。粗校正对传感器内部畸变的校正很有效，但处理后的图像仍有很大的残差，需要在粗校正的基础上，对图像进行进一步的几何精校正。几何精校正是利用地面控制点使遥感图像的几何位置符合某种地理系统，与地图配准，并调整亮度值，也就是在遥感图像的像元与地面实际位置之间建立数学关系，将畸变图像空间中的全部像元转换到校正图像空间去。图像几何精校正的内容包括两个方面：图像像元空间位置的转换和像元灰度值的重采样。几何精校正时，首先要确定校正前后图像之间的坐标变换关系，即影像坐标和地面坐标之间的数学模型，采用地面控制点，利用多项式纠正模型对图像像元进行坐标变化。

几何校正过程中，由于校正前后图像的空间分辨率可能发生变化，像元点位置也会有相对变化，不能简单用校正前的原始图像像元值替代得到输出图像对应的像元值，需要对像元值进行重采样处理。主要的算法有最邻近法、双线性内插法和三次卷积内插法。

三、遥感图像增强

当图像的目视效果不太好，或者相关的专题信息突出不够时，就需要对图像进行增强处理，突出需要的有用的某些局部信息和特征，压抑不需要和无用的信息，以便有利于人眼识别和观察，或者有利于计算机分类[9、11、18]。遥感图像的增强处理是根据具体的应用目的而采取的针对性的处理方法。同一幅图像，由于目的不同，采用不同的增强处理方法会得到不同的结果。针对遥感图像的增强，没有一个方法是最优的，主要取决于增强方法是否能最好地表现关注的地物特征。因此，针对不同的问题，提出了不同的遥感图像增强方法。这些方法包括辐射增强、空间增强和光谱增强。

1. 辐射增强

每一幅图像都可以得到其像元亮度值的直方图，观察直方图的形态，可以粗略地分析图像的质量。一般情况下，一幅图像的像元亮度值应符合统计分布规律，假定像元亮度是随机分布的，其直方图应是正态分布。实际工作中，如果图像的直方图接近正态分布，则说明图像中像元的亮度接近随机分布，是一幅适合用统计方法分析的图像。观察直方图的形态，当直方图的峰值偏向亮度坐标轴的左侧，说明图像偏暗；峰值偏向坐标轴右侧，说明图像偏亮；峰值提升过陡、过窄，说明图像的高密度值过于集中。这些情况都是图像对比度较小、图像质量较差的反映。从像元亮度值的直方图形态可以判断图像质量（图 2-12）[14]。

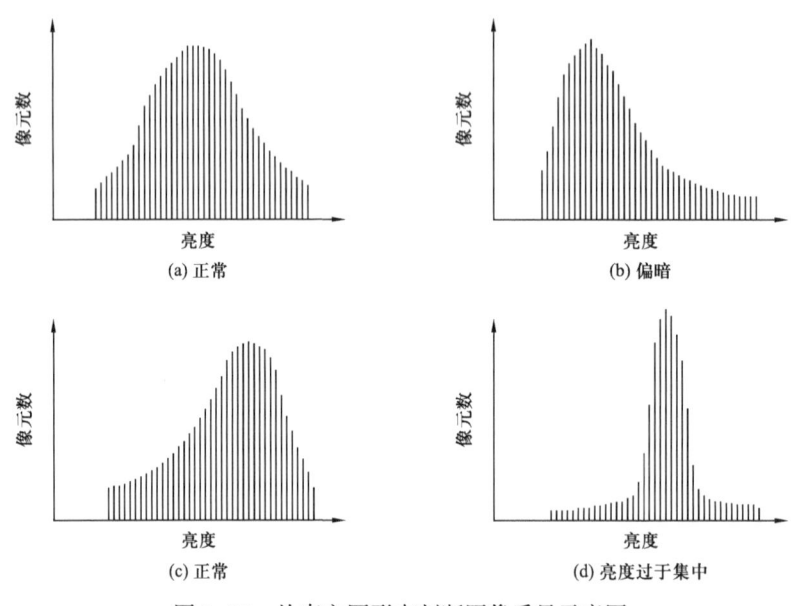

图 2-12 从直方图形态判断图像质量示意图

像元的亮度值是辐射强度的反映，辐射增强是针对影像中的每个像元进行处理。由于影像中像元值和各波段特征不同，对某波段适合的辐射增强处理不一定适合其他波段。因此，针对一个多波段影像的辐射增强处理可以看作是一系列相互独立的单波段影像的增强处理。常用的辐射增强处理方法包括对比度拉伸、直方图变换、亮度反转处理等。对比度拉伸是一种通过改变图像像元的亮度值来改变图像像元的对比度，从而改善图像质量的图像处理方法，可以通过线性变换、非线性变换的对比度拉伸改善图像质量。直方图变换是使输入图像灰度值的频率分布（直方图）与所希望的直方图形状一致而对灰度值进行变换的方法。它实际上属于一种非线性变换，典型的直方图变换有直方图均衡化、直方图正态化和直方图匹配三种。亮度反转处理是对图像亮度范围进行线性或非线性取反，生成一幅与输入图像亮度相反的图像，原来暗的地方变亮，亮的地方变暗。

2. 空间增强

辐射增强是通过单个像元的运算从整体上改善图像的质量。而空间增强是以重点突出图像上的某些特征为目的，如边缘或纹理特征等，因此通过像元与其周围相邻像元的关系，采用空间域中的邻域处理方法进行增强处理，也称为"空间滤波"，主要包括平滑和锐化[19]。

邻域运算也称卷积运算，图像卷积运算是在空间域上对图像进行局部检测的运算。选定一卷积函数，作为"模板"$t(m,n)$，m 和 n 代表了一个确定位置的像元，m 代表从 1 到 M 之间的任何数，可以是 1、2……M，n 代表从 1 到 N 之间的任何数，可以是 1、2……N，所以实际上是一个 $M \times N$ 的小图像。二维的卷积运算是在图像中使用模板来实现运算的。运算方法如图 2-13 所示，从图像左上角开始，在图像上开一个与模板同样大小的活动窗口 $\varphi(m,n)$，使图像窗口与模板像元的灰度值对应相乘再相加，模板运算为：

$$r(i,j) = \sum_{m=1}^{M}\sum_{n=1}^{N}\varphi(m,n)t(m,n) \qquad (2-5)$$

将计算结果 $r(i,j)$ 作为窗口中心像元的新的灰度值。然后活动窗口向右移动一个像元，再按式（2-5）与模板做同样的运算，仍旧把计算结果放在移动后的窗口中心位置上，依次进行，逐行扫描，直到全幅图像扫描一遍结束，生成一幅新图像。

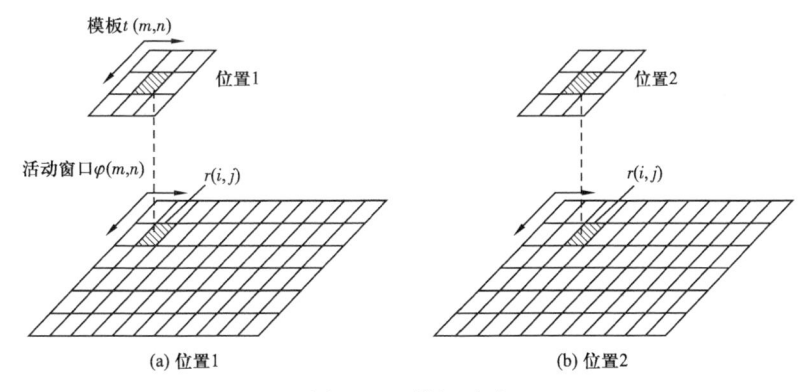

图 2-13　模板移动

通过利用不同的卷积函数对图像进行卷积运算，实现平滑、锐化的目的。如均值滤波和中值滤波可以平滑图像噪声，罗伯特梯度方法和索伯尔梯度方法可以突出边缘特征，定向检测模板有助于定向提取边缘特征。

3. 光谱增强

光谱增强对应于每个像元，与像元的空间排列和结构无关，因此又叫点操作。它是对目标物的光谱特征——像元的对比度、波段间的亮度比进行增强和转换，包括单波段图像增强处理和波段间的增强处理。对比度拉伸属于一种单波段的光谱增强处理。此外，利用密度分割方法对单波段黑白遥感图像进行彩色变换，也可以实现针对性的图像对比度增强，用于分开对比度差异较大的地物，如陆地和水体。波段间的光谱增强处理包括多波段色彩变换、波段间的图像运算和多光谱变换等方法。

（1）多波段色彩变换。亮度值的变化可以改善图像的质量，但就人眼对图像的观察能力而言，一般正常人眼只能分辨20级左右的亮度级，而对彩色的分辨能力可达100多种，远远大于对黑白亮度值的分辨能力。不同的彩色变换可以大大增强图像的可读性。选择遥感影像的某三个波段，分别赋予红、绿、蓝三种原色，合成彩色影像，可以增强图像的目视效果。实际应用时，根据不同的应用目的，选择针对性的彩色合成方案，达到最好的目视效果。还可以利用IHS变换，实现RGB表色系统与明度（Intensity）、色度（Hue）和饱和度（Saturation）IHS显色系统的转换，进一步提高图像彩色变换的增强作用。

（2）波段间的图像运算。两幅或多幅单波段影像，完成空间配准后，通过一系列运算，可以实现图像增强，达到提取某些信息或去掉某些不必要信息的目的。如差值运算、比值运算等。

（3）多光谱变换。遥感多波段影像的波段多、信息量大，有利于图像解译。但数据量太大，且一些波段的遥感数据之间都有不同程度的相关性，存在着数据冗余。可通过函数变换，达到保留主要信息，降低数据量，增强或提取有用信息的目的。其变换的本质是对遥感图像实行线性变换，使多光谱空间的坐标系按一定规律进行旋转，如主成分分析、缨帽变换等，经过处理，既实现了数据压缩，又突出了主要信息，达到了图像增强的目的。

四、图像数据融合

遥感是以不同空间、时间、波谱、辐射分辨率提供电磁波谱不同谱段的数据。由于成像原理不同和技术条件的限制，任何单一遥感器的遥感数据都不能全面反映目标对象的特征，都具有一定的应用范围和局限性。多种信息源的融合是将多种遥感平台、多时相遥感数据之间以及遥感数据与非遥感数据之间的信息组合匹配的技术。融合后的图像数据将更有利于综合分析。该方法更好地发挥了不同遥感数据源的优势互补，弥补了某一种遥感数据的不足之处，提高了遥感数据的可应用性。在仅用遥感数据难以解决问题的时候，加入非遥感数据进行补充，使更综合的、更深入的分析得以进行，也为进一步应用地理信息系统技术打下基础。

1. 遥感信息融合

遥感信息的融合主要指不同传感器的遥感数据的融合，以及不同时相的遥感数据的融合。

1）不同传感器的遥感数据融合

来自不同传感器的信息源有不同的特点。有的传感器数据有更多的波段，光谱信息丰富，有的传感器数据空间分辨率更高，两者融合既可以提高新图像的空间分辨率又可以保持较丰富的光谱信息，如Landsat/TM数据和SPOT数据的融合。再如，侧视雷达图像可以反映地物的微波反射特性，地物的介电常数越大，微波反射率越高，色调越发白。这种特性对于反映土壤、水体、居民点以及道路等线性地物明显优于陆地卫星影像，将雷达影像与陆地卫星影像融合，既可以反映出可见光、近红外的反射特性，又可以反映出微波的反射特性，有利于综合分析。洪水监测中常因天气影响，无法及时获取多光谱影像，而侧视雷达图像可以全天候获取，将雷达图像与多光谱图像融合，既可以克服云层影响获得洪水信息，又可以通过历史多光谱图像获得水淹区地表特征，在洪水监测中更具实用意义。

由于不同传感器影像所对应的地面范围不同，分辨率不同，地物反射的亮度变化规律不同，为实现融合常常需要对每一种信息源进行预处理。一般都需要经过配准和融合两个步骤，通过配准使不同图像所对应的地物吻合，分辨率一致，再选择适合的融合方法获得融合后的新图像。

2）不同时相的遥感数据融合

在观测地物的类型、位置、轮廓及动态变化时，常需要不同时相遥感数据的融合。多时相数据融合的步骤包括配准、直方图调整和融合。首先，利用几何校正的方法进行位置匹配，完成不同时相遥感数据的配准；其次，将配准后的图像进行直方图匹配，使图像亮度值趋于协调，以便于比较；最后，根据需要突出的变化特征，选择差值、比值、标准方差等适合的融合方法，得到融合了变化特征的新图像，用来研究时间变化所引起的各种动态变化。

2. 遥感与非遥感信息融合

遥感信息来源于地球表面物体对太阳辐射（被动遥感）或人为探测器辐射（主动遥感）的反射，某些波段还具有一定的穿透能力，由此可得到具有一定地表深度的信息。通过不同地物的相关性，还可以间接获得信息，如植被和土壤相关，通过覆盖在土壤上的植被信息，间接地分析出土壤的情况。还可通过不同遥感信息源的优势互补，进行融合增加信息量。尽管如此，在实际应用中，仅通过遥感手段获取信息仍感到不够，不能解决遇到的全部问题，因而将地形、气象、水文等专题信息，行政区划、人口、经济收入等人文与经济信息作为遥感数据的补充，可有助于综合分析问题，发现客观规律。因此，遥感数据与地理数据的融合也是遥感分析过程中不可缺少的手段之一。

遥感数据是以栅格格式记录的，而地面采集的地理数据常呈现出多等级、多量纲的特点，数据格式也多样化。为了使非遥感的地理数据能与遥感数据融合，必须使地理数据可作为遥感数据的一个"波段"，需要经过地理配准、网格化、数据格式统一等一系列处理之后，选择适合的融合方法获取融合结果，用于深入分析。

第五节　遥感图像解译

一、概述

遥感图像是对地物电磁波谱特征的实时记录，包含着地物的光谱特征、空间特征、时间特征等。对于不同地物，这些特征和性质不同，在遥感图像上的表现不一，因而可以根据它们的变化和差异来识别和区分不同的地物。遥感图像的解译就是从遥感图像上获取目标地物信息的过程，通过遥感图像所提供的各种识别目标的特征信息进行分析、推理与判断，最终达到识别目标或现象的目的。但是，遥感图像提供的这些信息并非直接地呈现，而是通过图像上复杂形式的色调、结构及其变化表现出来。为了解译这些信息，必须具备图像解译方面的背景知识：专业知识、地理区域知识和遥感系统知识[9、11]。

专业知识指需要熟悉所解译的学科及相关学科知识，包括对地物成因联系、空间分布规律、时相变化以及地物与其他环境要素间的联系等知识。如遥感地质找矿，首先需要具备地层、构造、蚀变带等与找矿直接相关的地质知识和经验。此外，由于遥感图像记录的是多种信息的综合，而有意义的地质现象常被植被、土壤所覆盖，因而还需要了解植物、土壤等相关知识，并将这些知识有机地联系起来。可见，图像解译人员需要具备应用科学之间较综合的知识。

地理区域知识指区域特点、人文景观等。每个区域均有其独特的区域特征，即地域性，它影响到图像上的图型结构等。因而，图像解译时，解译者对这一地区的了解非常重要。它能帮助直接识别、认识地物或现象。

遥感系统知识是基本的。解译者必须了解遥感图像的生成，不同的遥感器是如何描述景观特征的，它采用何种电磁波谱段，具有多大的空间分辨率，用什么方式记录图像，以及这些因素是如何影响图像，怎样从图像中得到有用信息等。

遥感图像的解译过程可以看作遥感成像过程的逆过程，是从遥感对地面实况的模拟影像中提取遥感信息、反演地面原型的过程。遥感信息的提取主要有两个途径：目视解译和计算机的数字图像处理。对于前者，解译者的知识和经验在识别判读中起着主要作用，但难以实现对海量空间信息的定量化分析；对于后者，尽管它是对遥感原始数据的计算机处理，速度快，数据处理方式灵活多样，但它的整个处理过程多是以人机交互方式进行的，各种处理算法的好与坏离不开人工判读或人的经验与知识的介入。而且它主要利用地物的光谱特征，多是通过训练区或数据的统计分析为基础，对地物空间特征利用不够，难以突出遥感信息所包含的地学内涵，因而对复杂的地理环境要素难以进行有效的综合分析。两种方法各有利弊，两者的结合才更为有效。

遥感图像解译与人们日常的观察习惯有三点不同：一是遥感图像通常为顶视，不同于平常的透视；二是遥感图像常用可见光以外的电磁波段，而大多数人类熟悉的特征在可见光波段内，可以表现得十分不同；三是遥感图像常以一种不熟悉或变化的比例和分辨率描述地球表面。因此，对于初学者需要对照地形图、实地或熟悉的地物观测，以增强立体感和景深印象，纠正视觉误差，积累视图经验。因此，遥感图像的解译过程是个经验积累的过程，需要训练、学习和经验。

二、地物的客观规律与影像信息特征

遥感图像显示的是某一区域特定地理环境的统一体。它是地球表面的大气圈、水圈、岩石圈、生物圈以及社会生态环境的综合反映，也是地质、地貌、水文、土壤、植被、社会生态等的综合反映，还是不同空间分辨率、波谱分辨率、时间分辨率的遥感信息的综合反映。因此，遥感图像所对应的地理环境是一个多层次、多要素且不断运动变化的复杂大系统，其中的各个子系统既互相独立又相互联系。正确认识它们，不仅要根据它们自身的属性，还要根据它们之间的相关性来进行推演[9]。

在地理环境中各要素之间的关系大致有四种类型：（1）规律性现象，它有明确的规律可循，如地带性规律，是由于太阳辐射随纬度分布的规律性造成了沿纬度的水平地带性现象，又由于温度和湿度随地形高度分布的规律性造成了沿高度的垂直地带性现象；又如植被的季相变化等。（2）随机性现象，如天气变化、洪水出现、地质灾害的随机性等。（3）不确定性现象，如农作物生长过程中，水、肥供应适时则可获丰收；反之，缺肥或旱涝，会造成歉收等。（4）模糊性现象，如气候带中间有过渡地带，过渡地带随季节变化而移动，渐变的地带都存在着模糊现象。由于地物客观地存在着上述四种不同关系类型的现象，在遥感图像上也存在着这四种不同类型的现象，这是地表现象的客观规律，也是目视解译及进行地学相关分析推断的依据。

1. 地物影像信息的时空分布变化规律

地物影像信息具有一定的地理坐标位置，受地带性与非地带性因素的影响。如植被、土壤、冰、雪、水受地带性因素影响，有水平分布和垂直分布的规律；岩石、构造不受地带性影响，从寒带到热带都有分布等。但是，地貌既受地带性影响又受非地带性影响，同是花岗岩，在寒冻风化地区形成石海冰缘地貌，在亚热带化学风化地区形成厚层红色风化壳，反映了水分和热量的区域差异。

同一地物不同季节的影像是不同的。水文、植被和土壤含水量等随季节的变化有不同的影像信息特征。如旱季土壤呈浅色调，雨季土壤呈深色调等。在一幅遥感图像上分析地物的季相，不仅需要掌握该季相不同地物解译标志的特点，还要按季相变化规律推断地物的年内变化特征。

2. 地物与地物间的相关规律

地理环境中气候、水文、植被、土壤、地貌、岩性、构造等相互之间都是有联系的。如温带森林带，降水量500～800mm，冬季严寒下雪，夏季多雨；冲积扇前缘可推断地下水的出露带；天然植被以针叶林为主，针叶林下土壤发育为灰化土等。认识地物与地物之间的相关关系，要求解译人员具有较深广的地学知识和实践经验。

地物影像的时空规律与相关关系都可以通过直接或间接解译标志识别。由于影响遥感图像解译的因素很多，这些规律和关系都具有规律性、随机性、不确定性和模糊性的特征；解译标志随着地区的差异和自然景观的不同而变化，绝对稳定的解译标志是不存在的。所以在遥感图像的解译过程中，运用解译标志时，要从区域整体出发，正确使用客观规律和影像信息特征，认识解译标志的同一性和可变性，总结研究区域的解译标志，从复杂多变中归纳出具有相对普遍性和稳定性的解译标志，针对不同性质的现象采用不同的处理方法。

三、遥感图像解译过程

遥感图像的解译过程从发现和识别地物开始，然后对地物进行测量，最后提取信息并进行分析。所以图像解译主要包括图像识别、图像量测、图像分析与专题特征提取三个过程[9、11]。

1. 图像识别

图像识别是根据遥感图像的光谱特征、空间特征、时相特征，逐步进行目标的探测、识别和鉴定的过程，其实质是个分类的过程。这里的所谓"探测"是指首先确定一个目标或特征的客观存在，如图像上某处位置的不规则的暗斑和规则的亮斑等目标。所谓狭义的"识别"是指在更高一层的认识水平上去理解目标或特征，并把它粗略地确定为某个十分普通的、大类别中的一个实体，如确定一个不规则的暗斑为水体，另一个规则的亮斑为植被等。所谓"鉴定"是指进一步根据图像上目标的细微特征，以足够的自信度和准确度，将上述"识别的"的实体，划归为某一种特定的类别。这种"探测"——"识别"——"鉴定"的分类过程就是解译者自信度与准确度不断提高的认识深化过程。事实上，人们就是遵循这样的认识规律去观察、识别周围的事物和现象的。面对复杂的遥感图像，人们不仅能通过色调、形态等去认识、理解它，而且能熟练地运用个人的背景知识、相关信息、多种概念和多学科分析来认识事物和现象，并进一步推导出它们之间的关系。

2. 图像量测

图像量测主要指在一致图像比例尺的基础上，应用图像的几何关系，借助简单工具、设备（如立体镜等）或软件，测量和计算目标物的大小、长度、相对高度等，以获得精确的距离、高度、面积、体积、形状、位置等信息。这方面派生发展为数字摄影测量学。此外，图像量测还包括对光学反射波段图像和光学辐射波段图像的量测。对光学反射波段图像，借助于光度学的知识和特殊设备（如密度计）量测光的密度，即通过测定图像的色调（密度）来估算目标物的亮度；对光学辐射波段图像，应用地物辐射原理和光谱辐射计，量测可见光以外的辐射强度等方面。对各项测量结果进行列表和统计计算，来获得精确的数据和总体概念，提供进一步定量分析和应用。

3. 图像分析与专题特征信息提取

图像分析是指在图像识别、图像量测的基础上，通过综合、分析、归纳，从目标物的相互联系中解译图像或提取专题特征信息，即定性、定量地提取和分析各种信息。图像分析及专题特征信息提取包括特定地物及状态的提取、指标提取、物理量的提取、变化检测等。

（1）特定地物及状态的提取。如通过线性构造、环形构造及构造玫瑰图等的绘制，分析区域的构造格局、构造应力场；通过矿化蚀变带的提取指导找矿等。

（2）物理量的提取。如由遥感立体像对测得高程数据，并派生出坡度、破相、相对高差、地表粗糙度；通过对热红外图像测量的辐射值，推算目标的表面温度、湿度等。

（3）特定指标提取。根据量测、估算的亮度、辐射值，通过数据的各种运算提取有意义的指数，如植被指数、湿度指数等。

（4）变化检测。从多时相遥感信息中检测目标的变化。如河道变迁、城市发展、环境变化等。

四、遥感图像目视解译

图像是人的视觉所能感受到的一种形象化信息。人从外界获取的信息中，80%以上是通过视觉获得的。对于地表空间分布的各种物体与现象，遥感图像包含的信息量远比文字描述更为丰富、直观和完整。遥感图像的解译是从遥感影像特征入手的。遥感图像中目标地物特征是地物电磁辐射差异在遥感影像上的典型反映。按其表现形式的不同，目标地物特征可以概括分为色、形、位三大类。

色指目标地物在遥感影像上的颜色，包括目标地物的色调、颜色和阴影等，色调与颜色反映了影像的物理性质，是地物电磁波能量的记录，而阴影则是地物三维空间特征在影像色调上的反映。

形指目标地物在遥感影像上的形状，这里包括目标地物的形状、纹理、大小、图形等，是色调与颜色的空间排列，反映了影像的几何性质。

位指目标地物在遥感影像上的空间位置，这里包括目标地物分布的空间位置、相关布局等，是色调与颜色的空间排列，反映了影像的空间关系。

遥感图像的解译，依赖于具体应用目的和任务[11]。遥感图像的目视解译就是通过影像的以上特征进行目标识别[18]。任何目的的解译均要通过基本解译要素和具体解译标志来完成。

1. 遥感解译要素

遥感影像特征可具体划分为遥感解译的 8 个基本要素：色调和颜色、阴影、大小、形状、纹理、图案、位置、组合。

（1）色调和颜色（tone and color）指图像的相对明暗程度（相对亮度），在彩色图像上色调表现为颜色。色调是地物反射、辐射能量强弱在影像上的表现。不同属性地物的几何形状、分布范围和规律都可以通过色调差异反映在遥感图像上，因而可以通过色调差异来识别地物。同时，遥感影像色调受多种因素影响，因时因地、因环境而变化，还受到成像条件、传感器等多种因素影响。因此，解译时需要了解影像色调的支配因素。色调一般仅能在同一影像上进行比较。对于多张影像的比较，色调不能作为稳定而可靠的解译标志。

（2）阴影（shadow）指因倾斜照射，地物自身遮挡能源而造成的影像上的暗色调，是地物空间结构特征的反映。阴影可以增强立体感，其形状和轮廓显示了地物的高度和侧面形状，有助于地物识别。但是阴影也会掩盖部分信息，影响阴影区的地物识别。

（3）大小（size）指地物尺寸、面积和体积在图像上的反映。它直观反映地物相对于其他目标的大小。解译时可以根据熟悉的地物建立目标的大小概念，或者根据影像的空间分辨率或比例尺，定量获取目标长度、面积等信息，辅助目标识别。

（4）形状（shape）指地物的外形和轮廓。遥感图像上表现的目标地物形状是顶视平面图。地物形状是重要而明显的地物识别标志，一些地物可以直接根据其特殊的形状加以判定，如公路、河流、冲积扇等。

（5）纹理（texture）指图像的细部结构，表现为图像上色调变化的频率。它是由成群细小具有不同色调、形状的地物多次重复所构成，给视觉造成粗糙或平滑的印象。这些物体往往很小，可能难以在图像上单独识别，是解译细小地物的重要标志。例如根据纹理的差别可以判断海滩上砂粒的粗细程度。对于光谱特征相似的物体往往通过它们纹理差异加以识别，如林地、草地、灌丛等，林地相对粗糙，草地相对细腻平滑。

（6）图案（pattern）即图型结构，指个体目标重复排列的空间形式。它反映地物的空间分布特征。许多目标具有一定的重复关系，构成特殊的组合形式。它可能是自然的，也可能是人为构造的，如住宅区的建筑群、沿海养殖场等。

（7）位置（site）指地理位置，反映地物所处的地点与环境。通过地物所处的空间位置，常常可以间接地推测地物的类别。例如，有些植物只能生长在高山地区，而有些则只能生长在湿地。

（8）相关体（association）又称相关布局、组合，指多个目标地物之间的空间配置。地面物体之间存在着密切的物质与能量上的联系，依据空间布局可以推断目标地物的存在和属性。例如，学校教室与运动操场；山区的小型水电站和水渠，通常水电站位于水渠旁，引用水渠的水发电，这些都是相关体标志。

2. 遥感解译标志

解译标志是指在遥感图像上能具体反映和判别地物或现象的影像特征。根据8个解译要素的综合，结合遥感影像的成像时间、季节、图像种类、研究对象和地理区域等，可以整理出不同目标在该图像上所特有的表现形式，建立识别目标所依据的影像特征——解译标志。

解译标志可分为直接解译标志和间接解译标志。直接解译标志指可以通过图像特征直接判断目标物及其性质的影像标志。形状、大小、色调和颜色等都属于直接解译标志。间接解译标志是指通过与某地物有内在关系的一些现象在影像上反映出来的特征，间接推断某一地物属性及自然现象的标志。如通过运动场的大小，推断学校及规模。

解译标志是随着不同地区、不同时段、不同传感器等多种因素而变化的，绝对稳定的解译标志是不存在的。因此，有些解译标志具有普遍意义，有的则带有地区性。解译标志的可变性和区域性决定了解译标志的局限性。实际应用中，需要通过对典型目标解译标志进行现场比对，并持续总结工作区的解译标志，形成相对稳定的解译标志，判别地物目标。解译标志是解译人员运用多种专业知识和经验建立的遥感目标识别的判据，不仅用于目视解译，也可作为计算机自动解译的训练样本，帮助建立自动判别标准，快速识别地物。

3. 遥感解译的不确定性

遥感图像解译是从遥感图像上获取专题信息的过程，而遥感信息又具有复杂的综合性和相关性。因而遥感解译是一个复杂的过程。

（1）地物波谱特征复杂，它受到多种因素控制，自身也是因时因地在变化着。

（2）自然界存在着大量"同物异谱"与"同谱异物"现象，同一种地物由于地理区位不同、环境影响因素不同等影响，在影像上可以表现形式不一样；而影像上表现形式相同的不一定是同一地物或现象，如竹与甘蔗等，影像特征相同或相似，难以区分。

（3）地物的时空属性和地学规律是错综复杂的，各要素、各类别之间的关系是多种类型的。

因而地物本身存在着不同的复杂关系，这种关系往往掩盖了被研究类别的特征差异，再加上"同物异谱、同谱异物"现象及环境因素的干扰等，使遥感解译具有多解性和不确定性。地物目标的复杂性和遥感图像的多解性使得目视解译标志具有可变性。绝对稳定的解译标志是不存在的，即使是同一地区的解译标志，在相对稳定的情况下，也有变化。除此之外，遥感解译的可靠性还与解译者的专业知识、经验、使用方法及对干扰因素的了解程度等直接相关。为了提高遥感解译的正确性和可靠性，必须补充必要的辅助数据和先验知识，进行遥感综合分析。解译人员需要掌握遥感图像的成像机理和影像特征，认识地物地学规律，了解地面实况，以便从影像提供的大量信息中，去伪存真，降低遥感解译的不确定性。

4. 遥感目视解译方法

遥感影像的目视解译方法是指根据遥感影像目视解译标志和解译经验，识别目标地物的办法与技巧[19]。常用的方法包括直接判读法、对比分析法、逻辑推理法、信息复合法和地学相关分析法。结合油气田生产场地遥感特征，分析不同目视解译方法的适用性。

（1）直接判读法。直接判读法是根据遥感影像的直接解译标志，直接确定目标地物属性与范围的一种方法。当油气田生产场地目标的遥感影像特征简单、突出且明显的情况下，适合采用这种方法，根据建立的直接解译标志识别油气田生产场地。如对于边界清晰的井场目标，可以根据其形状、色调、图型等解译特征直接确定其分布范围。

（2）对比分析法。通过与已知的同类地物作对比分析，或与现场调查区域环境、监测油气田区域环境类似的影像作对比分析，或对空间位置分布作对比分析，或通过不同时相的遥感影像进行对比分析，来识别油气田生产场地及相关生产和环境要素的方法。如对油气田生产活动区范围的识别即采用对比分析法。此方法包括同类地物对比分析法、空间对比分析法和时相动态对比分析法。

（3）信息复合法。利用地形图等专题图与遥感图像复合，根据专题图提供的辅助信息，识别遥感影像中油气田生产目标的方法。如油气田生态环境保护区内的生产场地退出监测可以采用信息复合法。

（4）综合推理法。综合考虑遥感图像多种解译特征，结合地学规律和专业背景知识，运用相关分析和逻辑推理方法，识别某种地物目标的方法。油气田生产场地除了边界清晰的目标外，还包括大量边界模糊、构成复杂的生产场地目标，需要利用综合推理的方法进行识别。

（5）地学相关分析法。根据地理环境中各种地理要素之间的相互依存、相互制约的关系，借助解译人员的专业知识，分析推断油气田生产相关目标的性质、类型、状况与分布的方法。

五、遥感图像计算机分类

自然界的一切地物都具有电磁辐射特性、空间分布特性以及时间变化规律，可以通过不同成像方式的遥感成像过程将地物的特性记录在遥感影像上。遥感图像计算机解译的主要目的是将遥感图像的地学信息获取发展为计算机支持下的遥感图像智能化识别，最终实现遥感图像理解。而遥感图像的计算机分类是计算机解译的基础工作[14]。

遥感图像计算机分类是统计模式识别技术在遥感领域中的具体应用。统计模式识别的关键是提取待识别模式的一组统计特征值，然后按照一定的准则做出判别，从而对数字图像予以识别。遥感图像分类的主要依据是地物的光谱特征，即地物电磁波辐射的多波段测量值，这些测量值可以用作遥感图像分类的原始特征变量。然而，对于一些地物的分类，多波段遥感影像的原始亮度值并不能很好地表达类别特征，需要对遥感图像进行运算处理，以寻找到能更好描述地物类别特征的模式变量，再利用这些特征变量对遥感数字图像进行分类。此外，很多情况下，仅依据地物的光谱特征难以对遥感图像中的每个像元进行准确的分类，还需要结合空间结构特征、时间变化特征等有用的信息，对图像进行更加可靠的分类。

遥感图像分类过程的总目标是将图像中所有的像元自动地进行地物类型的分类，通常有光谱模式识别、空间模式识别和时间模式识别三种识别类型[9]。光谱模式识别是只利用不同波段的光谱亮度值进行像元的自动分类，划分地物类别。空间模式识别是在考虑像元光谱信息的同时，还利用像元和它周围像元之间的空间关系，如图像纹理、特征大小、形状、方向性等，对像元进行分类，它比单纯的像元光谱分类复杂，计算量也大。时间模式识别是在特征鉴别中利用了多时段图像，时间变化引起的光谱和空间特征的变化为地物分类提供非常有用的信息，如对农作物的分类，单一时相的图像，难以区分不同作物，利用不同作物的生长季节差别，则比较容易区分。

遥感图像的计算机分类方法比较丰富，根据数据处理的操作实体不同，可以将遥感图像的分类方法分为两大类：基于像素和面向对象。像素就是图像的单个像元，主要反映空间分辨率单元内获得的遥感信号信息。对象是以像素为基本单元的具有类似像元特征的相邻像素的集合体。早期常用的图像分类方法多是基于遥感像元特征统计的目标识别方法。随着计算机技术的发展，面向对象的影像分析方法引入遥感分类中。近年来，随着高分遥感技术的发展和遥感大数据的发展趋势，人工智能与模式识别技术开始应用于遥感大数据的目标快速识别与提取。

1. 基于像元的图像分类

基于像元的图像分类就是根据一定的规则，针对遥感影像中每个像元，按其光谱特征进行统计分析，将地物划分为不同类别。根据分类过程中人工参与程度分为非监督分类、监督分类及两者结合的混合分类。

非监督分类也叫聚类分析或点群分析，在不知道类别特征的情况下，根据像元间相似度的大小进行归类合并的方法[11]。因此，非监督分类方法不需要掌握研究区内成像地物的任何先验知识，完全依靠图像中不同地物之间的光谱差异进行地物的光谱类别划分，再将光谱类别与实际地物类型一一对应，实现图像的地物分类，如 ISODATA 聚类方法等。

监督分类又称训练分类法，即用被确认类别的样本去识别其他未知类别像元的过程。利用确认类别像元作为训练样本，提取统计特征，得到分类模板，利用分类模板识别相似特征的图像像元，完成图像分类。分类方法主要包括最小距离分类、最大似然分类和波谱角分类等，这些方法都属于传统的基于数理统计的分类方法。

随着技术的不断发展，神经网络分类、支持向量机分类、决策树分类等方法逐渐应用于遥感专题信息的分类提取。这些方法在分类过程中具有更强的自组织性和自适应性、很强的学习能力和联想功能、更好地解决高维数非线性样本训练等特点。相对基于数理统计的分类方法，这些新方法在解决一些复杂的模式识别问题中显示出独特的优势[16]。但是，总体还是基于像元特征的图像分类，不能更好地适应高分辨率遥感图像等数据源的图像分类。

2. 面向对象的图像分类

面向对象技术应用于遥感影像分析始于 20 世纪 70 年代，凯廷（Ketting）和兰德格里伯（Landgrebe）提出了一种基于同质性对象提取的分割算法—ECHO（Extraction and Classification of Homogenous Objects）算法，并将这项技术应用于光谱遥感数据的信息提取[20]。进入 90 年代后，面向对象技术发展迅速，而且随着大量高分辨率遥感数据的出现，传统基于遥感像元的影像信息分类提取方法因过于着眼局部而忽略空间结构信息，严重影响目标识别的准确性，因此，面向对象分析方法被越来越多地应用到遥感图像信息提取中。

面向对象图像分类的基本处理单元是按照一定规则分割形成的影像对象，其中包含丰富的信息，除了色调，还有形状、纹理、空间关系以及不同对象层的信息，可以有效解决遥感影像分类中常见的同物异谱和同谱异物等现象，更能满足高分辨率图像和低对比度图像的分类信息获取要求[16]。

面向对象图像分类主要包括影像分割与信息提取，二者是相互影响的循环过程。基于面向对象的影像分割能够以任意尺度分割图像，并生成影像对象，从而将原始图像转化为在相邻空间上具有相似像素特征的同质区域集合，如图2-14所示，再以分割对象为基本操作单元，获取对象的属性信息，如影像对象的光谱平均值等光谱相关特征参量、大小和形态等空间相关特征参量、类间关系等属性信息等。该方法还可以通过多尺度分割获得同一幅图像在不同空间尺度上的多个分割结果图层，基于不同分割结果提取特征信息。最后，根据目标特征，基于多尺度分割形成的不同结果图层，分别提取目标对象，经过合并生成一个专题分类结果，实现目标自动提取，并获得目标的矢量化表达。

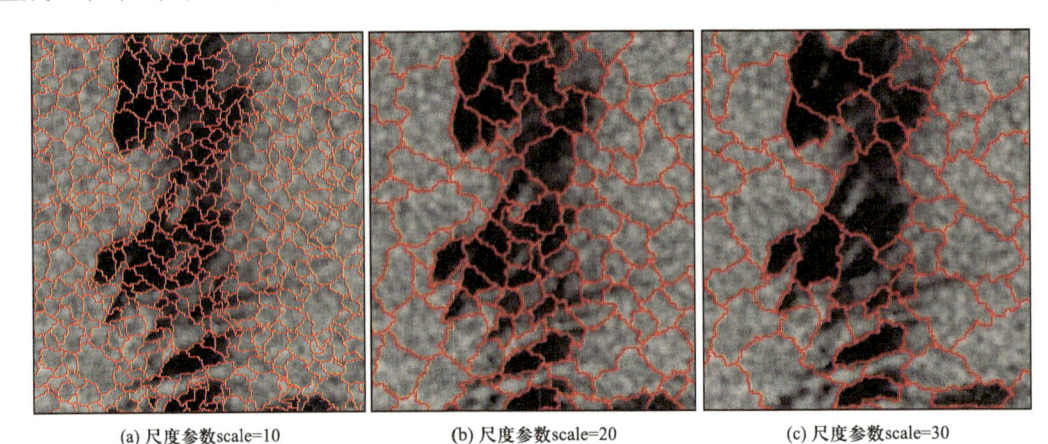

(a) 尺度参数scale=10　　(b) 尺度参数scale=20　　(c) 尺度参数scale=30

图2-14　遥感图像的多尺度分割

由于面向对象的分类方法考虑了空间属性等更多的目标特征信息，越来越多地应用于土地利用等遥感识别与提取中。从影像分析的发展趋势来看，面向对象的影像分析方法改变了人们的常规思维，对传统的基于像元的影像分析方法具有革命性的深远影响。但是该方法对于分类者要求较高，分类者必须了解遥感信息提取机理、地物对象特征及其之间的关系，还需要提高方法的易用性。

第三章 油气田环境遥感

第一节 概 述

环境遥感是在环境科学、地理科学和遥感科学传统理论和方法的基础上发展起来的。广义上讲，环境遥感是指以探测地球表层系统及其动态变化为目的的遥感技术，包括涉及大气、水（包括海洋）、生态环境等遥感活动，是现代遥感技术应用于地球表层系统研究，为地理科学和环境科学研究提供技术支撑的综合性学科。狭义上讲，环境遥感是指利用遥感技术探测和研究环境污染的空间分布、时间尺度、性质、发展动态、影响和危害程度，以便采取环境保护措施或制定生态环境规划的遥感活动，是遥感技术在环境科学研究中的应用[9-10]。

广义上讲，油气田环境遥感是指以探测油气田地表系统及其动态变化为目的的遥感技术，包括涉及油气田区域的大气、水（包括海洋）、生态环境等遥感活动。狭义上讲，油气田环境遥感是指利用遥感技术探测和研究油气田环境污染的空间分布、时间尺度、性质、发展动态、影响和危害程度，以便采取环境保护措施或制订油气田生态环境规划的遥感活动，是遥感技术在油气田环境科学研究中的应用。

一、油气田环境遥感的特点

一个油气项目的全生命周期从勘探、评价、开发、生产直至最终的退出恢复，可能经历几年到几十年，甚至更长的时间。油气田环境遥感具有环境遥感的普遍特征，同时也体现出与油气项目全生命周期内生产活动的相关性，在数据获取上具有多层次、多时相、多功能等特点，在遥感应用方面体现出多源数据处理、多学科综合分析、多维动态监测和多用途的特点[9-10、21]。

1. 多空间尺度性

环境变化的空间尺度不同，需要不同的遥感技术手段。例如，全球性的温室效应、海面上升等，需要利用静止气象卫星图像；大河流域范围的水土流失、洪水灾情等可兼用气象卫星和陆地观测卫星图像；局部地区的工厂污染、海湾赤潮、地震灾情等，需要兼用卫星和航空遥感图像。不同空间尺度的环境特征对地面分辨率的要求不同，详见表3-1[21]。巨型环境特征，如洋流、大陆架等千米级（1000～1500m）宏观现象，选用千米级空间分辨率的卫星数据可以满足需求；大型环境特征，如资源调查、环境质量评价等均属百米级的（80～100m）环境问题，选用陆地卫星系列就可以满足要求；中型环境特征，如作物估产、污染监测、森林火灾预报等，空间尺度约在 50m 以下，属于区域范围的环境问题，一般选用较高空间分辨率的陆地卫星系列完成；小型环境特征如工程建设、城市居住密度等，空间尺度在 5～10m，属地区性环境或环境工程问题，利用航空遥感和高分辨率的卫星系列完成[22]。油气田环境特征的空间尺度涉及大型环境特征、中型环境特征和小型环境特征。

表 3-1 环境特征的地面分辨率要求

环境特征		空间分辨率要求	环境特征		空间分辨率要求
Ⅰ.巨型环境特征	地壳	10km	Ⅲ.中型环境特征	植物群落	50m
	或矿带	2km		土种识别	20m
	大陆架	2km		洪水灾害	50m
	洋流	5km		径流模式	50m
	自然地带	2km		水库水面监测	50m
	生长季节	2km		城市、工业用水	20m
Ⅱ.大型环境特征	区域地理	400m		地热开发	50m
	矿产资源	100m		地球化学性质、过程	50m
	海洋底质	100m		森林火灾预报	50m
	石油普查	1km		森林病害探测	50m
	地热资源	1km		港湾悬浮质运动	50m
	环境质量评价	100m		污染监测	50m
	土壤识别	75m		城区地质研究	50m
	土壤水分	140m		交通道路规划	50m
	土壤保护	75m	Ⅳ.小型环境特征	污染源识别	10m
	灌溉计划	100m		海洋化学	10m
	森林清查	400m		水污染控制	10～21m
	山区植被	200m		港湾动态	10m
	山区土地类型	200m		水库建设	10～50m
	海岸带变化	100m		航行设计	5m
	渔业资源管理与保护	100m		港口工程	10m
Ⅲ.中型环境特征	作物估产	50k		鱼群分布与迁移	10m
	作物长势	25m		城市工业发展规划	10m
	天气状况	20m		城市居住密度分析	10m
	水土保持	50m		城市交通密度分析	5m

2. 多时间尺度性

由于环境变化的时间尺度不同，对遥感信息周期长短的要求不一致，需要遥感数据的时间分辨率不同。超短期的如溃坝、污染事故、森林火灾等，变化周期以小时计，需要卫星与地面遥感监测相结合。短期的如江河洪水等，变化周期以天数计，需要多时相遥感信息的对比分析。中期的如作物长势等，变化按季节计，需要有多年的遥感图像数据和抽样统计分析。长期的如水土流失、河流改道等，变化按年计，除利用遥感图像外，还需要历史文献记录的佐证。超长期的如地壳形变等地质现象，人口迁移等，只能利用遥感图像上的历史痕迹、间接标志，结合年轮、化石等来推断它们的年代，确定它们的空间位移和扩散范围。油气田环境变化主要涉及的时间尺度从超短周期到长周期都存在，其中地质环境变化的时间尺度可能会涉及超长时间周期。

3. 多学科综合性

从研究的对象来说，地理与环境是统一的，但从学科的角度，二者的侧重点及研究方向又存在较大差别。地理科学主要研究人类环境的空间结构与人地关系，环境科学则偏重研究环境污染与生态破坏的控制问题。现代遥感技术应用对现代地理科学和环境科学研究方法的贡献是革命性的。在系统科学理论、计算机技术以及数理模型方法等的支持下，其在地球表层系统研究中的成功应用，使地理科学和环境科学研究逐渐从经验性的定性描述走向相对客观的定量分析[9]。环境遥感横跨遥感科学技术、地理科学与环境科学，充分体现了其综合性和交叉性的学科特点。

油气田环境遥感作为环境遥感的一个分支领域，主要研究油气田这一特定区域内人类环境的空间结构与人地关系，以及环境污染与生态破坏的控制问题。油气田环境遥感是遥感技术在地理科学、石油与天然气地质学和环境科学的研究对象——地球表层系统研究的一个方面，是综合探讨油气田环境演变、人类开发与自然生态之间关系的综合性科学。作为环境遥感的一个新兴的分支领域，在油气田环境这个研究对象的层次、性质、影响因素、变化动态等方面，与环境遥感的其他专门分支都有明显不同。

由于环境变化兼具空间分布和时间序列的特点，油气田环境遥感必须与地理信息系统相结合，利用多时相的遥感图像和数据不断更新地理信息系统，尽量缩短遥感信息迟滞于油气田生态环境变迁动态的时差。遥感技术的应用使人类对自然界的认识不断产生新的飞跃，极大促进人类开发资源和保护环境的科学研究和应用技术的发展。

4. 复杂性

环境科学所研究的以人类为主体的环境是庞大而复杂的多级大系统。环境的各组成成分除了具有本身的特征外，各成分之间都有相互作用，它使系统具有自我调节能力，保持系统本身的稳定和平衡，这种相互作用越复杂，彼此的调节能力就越强，因此环境的结构与功能越复杂，其稳定性越强。环境问题的特点包括人为性、隐蔽性、不确定性与加速性、动态发展性与可变性，在空间分布上又具有区域差异性，这些特点加大了环境问题及环境科学理论与实践的复杂性。油气田环境是各种生态环境要素以及生产要素的复杂混合体，涉及植被、水、土壤、污染源等不同方面，因此，油气田环境遥感涉及相互影响、相互作用的不同对象。由于涉及复杂的非固体油气矿藏开采活动，油气田的环境问题更加复杂。

二、油气田环境遥感的主要任务

环境问题多是复杂而综合的问题。由于多数环境问题与地理空间直接相关，遥感作为一门快速、经济、有效地获取地球表层地物信息的科学和技术成为研究油气田环境问题必不可少的手段。因此，环境遥感在不同时空尺度的环境问题及环境要素的空间分布、演变、迁移、转换等过程中起着举足轻重的作用。无论是研究污染物对环境危害的空间特征，揭示其危害发生的原因，还是研究环境污染对区域环境和人类健康风险影响的时空特征；无论是不同时空尺度下研究污染物及其环境问题的控制和治理，还是监测环境因子污染状况，都离不开环境遥感这门科学技术[10]。

油气田环境遥感的研究和监测对象是油气田内的人类——环境系统，在宏观上是通过遥感为研究油气田区域内人类同环境之间的相互作用关系，揭示油气田开发过程中区域社会经济发展和环境保护协调发展的基本规律提供信息获取的技术手段。在微观上，是通过遥感为研究油气田环境中的各类问题提供分析的依据。这些环境问题包括油气田环境中的物质，尤其是人类活动排放的不同种类和形态的污染物在生态系统或有机体内的迁移、转化和蓄积的过程及其运动规律，并为寻找解决环境问题的最佳方案提供支持。

油气田环境遥感是油气遥感与环境遥感两个遥感应用分支的交叉和集成，主要利用多源、多尺度、多/高光谱和主被动遥感信息，结合地面观测和专题环境模型，对油气田这一特定地理区域环境内的自然环境、生态环境和生产生活环境的格局、现象和过程进行定性、定量、动态的描述和评价，为油气田生产规划、生态建设、环境保护等提供决策信息。

油气田环境遥感的基本任务，从宏观上讲，就是利用遥感这种手段来研究油气田环境的发展规律及其与人类的关系，并为探索两者可持续运行的途径和方法提供依据。具体包括三方面内容：（1）利用遥感技术探讨油气田人类活动持续发展对油气田环境的影响及其环境质量的变化规律，了解油气田环境变化的历史、演化、环境结构及基本特征等，为改善环境和创造新环境提供科学依据；（2）利用遥感技术揭示油气田人类活动同自然环境之间的关系，探索环境变化对人类生存和油气田环境安全的影响，使油气田环境在为人类提供资源的同时，又不遭到破坏，为实现油气田区域人类社会和环境的协调发展提供信息支持；（3）利用遥感技术研究和探讨油气田环境污染管理手段，推进可持续发展，为制订油气田环境管理体制提供指导。

三、油气田环境遥感的监测需求

石油行业属高风险行业。由于石油矿藏深埋地下，地质岩层条件各异，人们对地下地质和石油储集的规律限于技术条件和主观能力，不可能认识得很清楚[5]。在勘探和油田开发阶段都存在着一定的风险。这种风险不仅表现在勘探、开发的风险上，还表现在勘探、开发过程中面临的各种环境风险上。油气开发过程中不可避免地存在地质、工程、污染排放等众多环境风险。一方面，油气生产与工程设施不仅会给周边环境带来风险，另一方面，自身也面临周边自然环境风险带来的威胁，且多位于偏远、自然条件恶劣地区。有效的监测是保护的基础。准确识别油气田范围内的风险源，掌握油气田环境基本特征及其在油气开发过程中变化的时空特征，才能更好支持油气资源开发与油气田环境的可持续发展。

油气田环境监测中传统的地面监测方式监测精度高，覆盖了油气田的重点区域和目标，是油气田环境监测的基础。但是受自然地理条件、工作量等因素限制，监测点位少，与油气田广阔的生产范围相比，还无法及时、准确地对油气田环境状况进行大面积、连续、动态监测，也难以全面、及时、准确反映油气田的区域环境质量状况。因此，油气田环境遥感监测是对传统地面环境监测方式的有益补充。利用遥感开展油气田环境区域动态监测，建立天地一体化的油气田环境监测体系，可以为进一步深入认识、研究和解决油气资源开发过程中的各类环境问题提供更加系统、全面、客观的分析依据。目前比较突出的监测需求主要包括数量众多且分布广泛的油气田环境风险源识别、油气田环境的变化规律以及油气开发人类活动对油气田环境的影响等方面。

1. 油气田环境风险源遥感监测需求

油气田内广泛分布着数量众多的各类环境风险源，这些风险源的区域性快速识别及其时空分布、迁移和演变过程的信息获取难度较大。油气田分布遍及各含油气盆地，区域内的作业区块有的集中分布，有的零散分布。同时，油气生产过程中的每个生产环节、每个生产设施都可能是潜在的环境风险源，如数量众多的井场、站场等各类油气生产场地，既是独立的油气生产单元，也是潜在的风险单元。其中有的场地内包含已知的环境风险源，有的场地内虽然不包含已知的环境风险源，但是作为油气生产场地，面临着高风险的油气开发中可能发生的井喷等意外情况。同时，在油气田产能建设、生产退出等各类油气生产活动过程中，可能形成新的环境风险源，人类活动本身对环境的扰动作用可能诱发很多环境问题。需要利用遥感对广泛性分布、数量众多的油气田环境风险源进行识别与监测，掌握其时空分布、迁移和演变过程，为油气田环境问题的发现和解决提供信息获取的渠道和分析的依据。

2. 油气田生态环境遥感监测需求

油气勘探开发过程对区域自然环境和人文环境会带来影响，影响的环境要素包括地形、生态、土地利用和社会经济等方面，并通过植被、水体、土地利用状态等基础的环境要素体现出来。具体表现在：（1）油气勘探与开发可能会涉及对原来的地形进行改造，使地形趋向平坦或起伏更大；（2）工业化生产建设会改变原有的土地利用状态；（3）油气田内的生产活动和生产者的生活活动会影响原有的区域生态平衡。因此，需要及时、准确地获取油气田区域内的环境要素的基本特征及其动态，从而掌握油气田环境特征及其变化规律,为改善油气田环境和创造新环境提供科学依据。

3. 油气田环境影响遥感监测需求

油气开发人类活动对区域环境的影响是客观存在的。除了正常的油气开发人类活动对自然环境扰动带来的影响,还可能面临突发环境事件给环境带来的影响。由于油气生产的高风险性,一旦突发自然灾害影响正常生产,可能引发污染泄漏等环境事件,油气生产自身也会面临众多可能而带来环境影响的意外情况。因而在油气田的日常生产和管理中,会采取必要的防范措施,加强环境风险防范,降低环境风险。油气田人类活动对环境的影响不仅有负面的影响,也包括正面的影响。需要及时获取油气田区域内的人类活动信息,结合区域环境动态,了解油气田人类活动对环境的影响,通过油气开发过程中不同时空尺度的环境变化规律与人类活动的相关性,揭示油气开发人类活动对油气田环境影响的时空特征,促进油气田环境保护,实现油气田能源开发与生态环境的可持续发展。

第二节 油气田环境遥感进展

环境监测是伴随着环境污染的产生而发展起来的。国内外环境监测的发展经历了以典型污染事故调查监测、以污染源监督性监测和以环境质量监测为主的三个阶段,现阶段表现为以地面监测为主、对地遥感监测为辅的综合性、集成性和立体性监测发展阶段[16]。

遥感技术为人类从外层空间观测地球、监测区域环境变化和研究环境灾害提供了新的技术手段。从遥感应用的发展看,遥感技术首先在地质调查、资源宏观普查等自然资源调查和动态监测上得到应用,然后逐渐扩展到生态环境和环境污染领域。经过近几十年的发展,遥感已经成为各种自然资源调查、环境动态监测以及工程应用中不可缺少的地理空间信息获取、更新和分析的手段,遥感数据也成为必不可少的信息源[9]。

环境遥感的发展经历了孕育阶段(1978年以前)、形成阶段(20世纪80年代)和发展阶段(20世纪90年代)[10]。20世纪90年代开始,环境遥感开始进入新的发展时期,在各个研究领域向纵深发展。一方面,随着遥感技术的发展,环境遥感研究的时间和空间尺度不断扩展,满足了多时空尺度的环境遥感需求,并开始逐步关注环境灾害和生态安全评价。另一方面,遥感传感器不断发展,高光谱仪、合成孔径雷达等针对特定环境对象的传感器使得对地球生态系统的环境遥感监测研究开始进入实质阶段。

人类对油气资源的开发和利用过程对自然地理环境、人文地理环境和生态环境系统的影响,都会直接或间接地在多源、多尺度、主被动遥感影像上得到表达。因此,遥感是监测、管理、分析油气资源开发和利用过程及其生态环境影响最为有效的信息源[23]。油气田环境遥感作为环境遥感的一个应用分支,是对环境遥感监测应用领域的补充。

一、国际油气田环境遥感技术进展

近些年来,随着遥感技术的发展,遥感技术逐渐成为全球对地环境监测中一种重要的技术手段，壳牌、雪佛龙、BP等国际油公司也纷纷将其用于油气开发和利用过程中的环境监测。目前，遥感技术在国外石油环保领域主要运用在生态环境监测、油气设施管理和海上溢油监测等方面。其中，遥感技术由于其信息获取迅速、信息获取成本低、监测面积大等优势被广泛应用于油气资源开发和利用过程中的生态环境监测。从油气田的勘探到投入生产，再到油气田退出，直至后期生态环境恢复过程都会利用遥感进行监测，为环保计划制订、生产计划调整、环境复原方案制订、环境恢复进程评估等提供数据支持。油气开采过程中不可避免会存在地表破坏，固体、液体垃圾生成等问题，这些会极大影响油田原有的景观地貌，从而影响生态环境，通常这种对生态环境的影响不仅贯穿油田整个生命周期，还会持续几年、十几年甚至更长。因此，在环保要求越发严格的今天，各大石油公司也越来越重视油田地表生态的保护和恢复，对生态环境的监测主要集中在环境脆弱区域的油田，如俄罗斯北部、阿拉斯加地区、西非地区等。另外露天开采的油田也是开展景观观测的重要区域，如加拿大艾伯塔油砂开采区。埃克森美孚公司利用遥感数据获取巴布亚新几内亚工作区内的植被及其扰动信息，监测大区域尺度的生物多样性，分析环境影响。壳牌和埃克森美孚公司都将遥感技术用于加拿大油砂开采区的复垦监测，以支持生产退出区的环境恢复工作。

国际卫星遥感相关组织也积极推进遥感技术在油气行业的应用。2014年欧洲航天局组织多个国家开展了一项面向油气行业的地球观测计划——EO4OG计划（Earth Observation for Oil and Gas），旨在推动遥感技术更好地满足油气行业的监测需要。该计划组织了四家专业咨询公司，对全球16个国家的包括对地观测服务提供者、油气企业及相关组织在过去20多年中的遥感应用进行调研，分析了油气行业的遥感技术应用及需求，总结了油气行业的典型应用案例。其中，陆上环境遥感监测主要集中在长期油气活动对环境的影响监测、油气生产后期的恢复监测、油气设施的安全监测以及油气区的环境安全监测等。在委内瑞拉巴斯坎（Bascan）油田，通过遥感获取区域内植被分布及其在一段时间内的扰动状况，监测油气开发过程中的环境动态。在加拿大艾伯塔附近的油砂开采区，通过近10年的遥感监测获取区域内土地覆盖变化和河流自然水面线变化，以了解土地覆盖变化及油砂开采对河流水文功能的影响。

二、国内油气田环境遥感监测进展

从遥感应用范围的发展来看，遥感技术首先从自然资源情况调查和动态监测上得到应用，如地质地理调查和资源宏观普查等，然后才扩展到生态环境、环境污染方面[9]。1972年，美国发射了第一颗陆地资源卫星Landsat 1，1975年和1978年又发射了陆地资源卫星2号和3号。20世纪80年代，中国油气行业利用遥感技术，从调研实验和技术模仿开始，利用陆地资源卫星数据制作国内主要含油气盆地卫星遥感影像图，开展勘探前期区域地质调查，并逐步开展油田环境监测相关研究。胜利油田黄河口岸线变迁的遥感监测始于1982年，一直延续至1992年，10年持续监测取得的黄河口三角洲的变迁预测等研究成果，支持了海油陆采的实施，降低了油田建设投资[24]。进入20世纪90年代后，针对油气田环境监测的遥感应用日益增多，在环境保护区、西部生态脆弱区等不同区域开展了基于土地利用变化的环境变迁监测，将遥感技术应用于油田勘探开发过程中的环境影响评价[25-27]。随着遥感技术的快速发展和环保意识的逐步提高，遥感技术开始大量应用到油气田洪水等自然灾害监测和石油泄漏污染、生产设施安全等方面的监测中[28-32]。

油气资源属于非固体矿藏，相对于固体矿藏生产，具有地面开采区和地下产出区不完全对应的特点，涉及的地上、地下生产区域也更大，而且生产过程复杂。近年来，国家对矿产资源开发区遥感监测的相关技术和规范多针对固体矿产资源，相继启动了一系列国家级的针对固体矿产资源开发区的遥感监测项目，形成了系列技术、标准和规范[33]。2002年开始针对陕西晋城等试验区开展了遥感监测研究[34]，2006年全国163个重点矿区被纳入遥感监测[35]，2013年开展全国生态环境十年变化遥感调查与评估时，专门针对典型的矿产资源开发区进行遥感调查与评估[36]。

三、发展趋势

近年来，随着遥感、计算机和数据处理等相关技术的快速发展，在遥感数据源、监测时效及信息提取等方面的保障能力日益提高，极大促进了油气资源开发区环境遥感监测的技术进步。

1. 遥感观测从单一遥感数据源向多源遥感数据协同观测发展

油气田环境具有多时空尺度的特征，过去由于受遥感数据源的限制，油气田环境监测使用的数据相对单一，难以揭示油气田环境的复杂性。目前全球的对地观测卫星日益丰富，为开展多时空尺度的油气田环境遥感监测提供了数据保障。基于多传感器、多时相、多尺度、主被动遥感数据协同的遥感对地观测体系逐步形成，具备了覆盖油气田的大范围、全天候、多时空尺度的数据获取能力。油气田环境遥感监测技术的研究从基于单一数据源向基于多源协同、多时空尺度遥感数据源发展，对深入揭示油气田环境特征、提高油气田环境监测水平具有重要意义。

2. 遥感监测从静态分析向动态监测发展

卫星遥感技术具有周期性的重访观测能力，对于变化监测具有独特的优越性。过去的变化监测常基于两个或者多个时相，进行不同时间点对比的静态分析，难以揭示油气资源开发长周期中的环境变化动态。随着时间序列遥感数据源的丰富以及时序分析技术的发展，油气田环境监测正在从多时相静态分析向长时序动态监测发展。在油气田生态环境的变化过程、环境风险源的时空迁移过程等方面可以获得更加深入的理解，提高油气田环境监测的分析能力。

3. 遥感图像解译从目视解译向智能化的自动提取发展

随着高分辨数据的广泛应用和日益膨胀的遥感数据源，遥感监测也进入了大数据时代，遥感数据量的急剧增加对石油遥感信息提取技术提出了更高的要求。人类的视觉系统和大脑对图像信息的加工能力构成了出色的信息智能系统，具有非常优秀的海量信息筛选处理能力。目前的油气田遥感影像信息提取以人工解译或半自动解译为主，难以满足高分辨率海量遥感数据的信息快速提取需求。人工智能技术的快速发展为遥感信息的智能化自动提取提供了更广阔的发展空间。利用模式识别技术与人工智能技术相结合，实现对目标地物的智能化自动提取，提高油气田环境监测中的信息提取效率和精度，是油气田环境遥感监测中信息提取技术的发展方向。

第三节　常用的油气田环境遥感卫星数据

自从1960年第一颗气象卫星发射以来，空间对地观测活动一直围绕满足地球资源和环境应用领域，以及预警和侦察等的信息需求，发展相应的技术和遥感卫星系统。1972年7月23日，美国发射了第一颗陆地卫星ERTS，后改称Landsat。该卫星计划发射的系列卫星，直至现在，仍在为全球提供观测数据。世界各国不断研发并发射各类遥感卫星，满足人类对地球的各种观测需求。空间对地观测信息的光谱分辨率、时间分辨率、空间分辨率和辐射分辨率都大幅提高，传感器的工作平台、工作模式更加丰富。一个全天候、多尺度、多角度、全方位、立体的对地观测网络正在形成，具有覆盖全球的大气、海洋以及陆地等地球系统的全面观测能力。中国也发射了大量遥感观测卫星，包括高分系列、环境系列和资源系列等国产遥感卫星，应用于国土资源勘查、环境监测与保护、城市规划、防灾减灾、农作物估产等领域。进入21世纪以来，遥感技术随着遥感传感器、计算机等相关技术的发展，再次迎来新的快速发展期，探测能力进一步提升，推动着遥感技术在油气田环境监测领域的深入应用。

一、Landsat系列卫星

Landsat系列卫星是美国NASA的陆地卫星计划，于1972年发射了第一颗地球资源卫星（Landsat 1），到目前为止，一共发射了9颗卫星。其中，1984年3月1日发射的第5颗卫星Landsat 5在轨运行近29年，是迄今为止运行时间最长的地球观测卫星，提供了最长时间序列且具有一致性的历史影像。Landsat卫星携带的传感器所具有的空间分辨率不断提高，多光谱数据从79m到30m，波段数从Landsat 1的4个波段到Landsat 8和Landsat 9的11个波段，从Landsat 5开始增强型专题地图传感器（ETM+）又增加了15m的全色波段，数据的地物信息反映能力不断增强。Landsat系列卫星很好地满足了全球或区域性相关地学问题的观测需要和研究需要，成为人类进行长期地表层状态及其变化监测研究中最为有效的遥感数据之一，是目前世界范围内应用最广泛的陆地观测卫星[36]。表3-2为Landsat系列卫星的基本参数。携带的传感器不同，卫星遥感数据特性也不同。

表3-2 Landsat系列卫星基本参数

卫星参数	Landsat 1	Landsat 2	Landsat 3	Landsat 4	Landsat 5	Landsat 6	Landsat 7	Landsat 8	Landsat 9
发射日期	1972/7/23	1975/1/22	1978/3/5	1982/7/16	1984/3/1	1993/10/5	1999/4/15	2013/2/11	2021/9/27
卫星高度 km	900	900	900	705	705	发射失败	705	705	705
倾角（°）	99.2	99.2	99.2	98.2	98.2	98.2	98.2	98.2	98.2
经过赤道的时间	9:42a.m.	9:42a.m.	9:42a.m.	9:45a.m.	9:45a.m.	10:00a.m.	10:00a.m.	10:00a.m.	—
重访周期 d	18	18	18	16	16	16	16	16	16
扫幅宽度 km	185	185	185	185	185	185	183	185	—
波段数	4	4	4	7	7	8	8	11	11
机载传感器	MSS	MSS	MSS	MSS、TM	MSS、TM	ETM	ETM+	OLI、TIRS	OLI-2、TIRS-2
波段数	4	4	5	4, 7	4, 7	—	8	9, 2	9, 2
运行情况	1978年退役	1982年退役	1983年退役	2001年退役	2013年退役	发射失败	运行	运行	运行

Landsat 1、Landsat 2、Landsat 3搭载了多光谱成像仪（MSS）传感器，该传感器包含4个波段，数据空间分辨率为68m×83m，通常重采样后的分辨率为57m×57m或60m×60m，其参数见表3-3。

表3-3 MSS传感器参数

传感器	波段号	波长范围，μm	地面分辨率，m×m
MSS	4	0.5~0.6	68m×83m
	5	0.6~0.7	
	6	0.7~0.8	
	7	0.8~1.1	

Landsat 5搭载了专题制图仪（TM）传感器，包含7个波段，波段1~5和波段7的空间分辨率为30m，波段6（热红外波段）的空间分辨率为120m。TM传感器参数见表3-4。

Landsat 7 搭载的增强型专题制图仪（ETM+）是对专题制图仪（TM）的进一步提升，包含 8 个波段，增加了全色波段，其空间分辨率达到 15m，波段 6（热红外波段）的空间分辨率为 60m。ETM+ 传感器参数见表 3-5。

表 3-4 TM 传感器参数

传感器	波段号	波长范围，μm	地面分辨率，m
TM	1	0.45～0.52	30
	2	0.52～0.60	30
	3	0.63～0.69	30
	4	0.76～0.90	30
	5	1.55～1.75	30
	6	10.40～12.50	120
	7	2.08～2.35	30

表 3-5 ETM+ 传感器参数

传感器	波段号	波长范围，μm	地面分辨率，m
ETM+	1	0.45～0.515	30
	2	0.525～0.605	30
	3	0.63～0.69	30
	4	0.7775～0.90	30
	5	1.55～1.75	30
	6	10.4～12.5	60
	7	2.08～2.35	30
	8	0.52～0.9	15

Landsat 8 和 Landsat 9 分别于 2013 年 2 月 11 日和 2021 年 9 月 27 日发射成功，目前由两颗星组成的双星在轨运行，使得数据重访周期可缩短至 8 天。Landsat 8 搭载了陆地成像仪（OLI）和热红外传感器（TIRS），Landsat 9 搭载的 OLI-2 和 TIRS-2 基本是第一代 OLI 和 TIRS 的复制，数据包含 11 个波段，波段 1～7 和波段 9 的空间分辨率为 30m，波段 8（全色波段）的空间分辨率为 15m，波段 10 和波段 11（热红外波段）的空间分辨率为 100m。其参数见表 3-6。

Landsat 陆地卫星计划是运行时间最长的地球观测计划，从 1972 年至今历经半个世纪，获得的对地观测数据被广泛应用于地质勘查、土地利用、灾害监测、环境保护以及农业应用等领域，并用于全球变化的相关研究。

表 3-6 Landsat 8 波段数据

传感器	波段号	波长范围，μm	地面分辨率，m
OLI	1	0.433~0.453	30
	2	0.450~0.515	
	3	0.525~0.600	
	4	0.630~0.680	
OLI	5	0.845~0.885	30
	6	1.560~1.660	
	7	2.1~2.3	
	8	0.50~0.68	15
	9	1.36~1.39	30
TIRS	10	10.6~11.2	100
	11	11.5~12.5	

二、MODIS 数据

MODIS 传感器全称中分辨率成像光谱仪，主要搭载在 Terra 和 Aqua 两颗卫星上，是美国地球观测系统（EOS）计划中用于观测全球生物和物理过程的重要仪器。Terra/MODIS 的升空是中分辨率成像光谱仪的一个重要里程碑，它增强了人类对地球的观测能力[37]，标志着人类对地观测新里程碑的开始。Terra 卫星于 1999 年 12 月 18 日发射成功，是上午星；Aqua 卫星于 2002 年 5 月 4 日发射成功，是下午星。两颗星组合使用，可以每天获得两次观测数据，每一到两日可获取一次全球观测数据，具有很高的数据获取频率，加强了对地球表层陆地、海洋、大气和它们之间相互关系的综合性研究[38]，被广泛应用于农作物估产、陆地植被和气候变化等监测中，适合全球和大区域尺度的实时地球观测和动态监测，对实时地球观测和应急处理有较大的实用价值。

MODIS 数据涉及光谱范围宽、波段多，包括 36 个波段，分布在 0.4~14.4μm 的电磁波谱范围内，其数据的空间分辨率有 250m、500m 和 1000m 三个级别，扫描宽度为 2330km。MODIS 是一个真正的多学科综合仪器，可对高优先级的大气（云及其相关性质）、海洋（洋面温度）以及地表特征（土地覆盖变化、地表温度、植被特性）进行一致的同步观测，对进一步认识整个地球系统中的陆、洋、气过程间的相互作用具有重要意义[21]。MODIS 数据波段分布特征及主要应用领域见表 3-7。

MODIS 数据经过处理后有 44 种产品，产品信息详见表 3-8，面向不同应用。陆地产品包括陆表反射率、陆表温度、陆地覆盖和植被指数等，其中的 MOD13 是经过计算得到的植被指数产品，包括 250m、500m 和 1000m 的 NDVI 和 EVI 数据，是 16 天合成产品。

表 3-7　MODIS 波段分布特征及主要应用领域

波段号	光谱范围, nm	地面分辨率, m	主要用途
1	0.620～0.670	250	陆地/云/气溶胶界限
2	0.841～0.876	250	
3	0.459～0.479	500	陆地/云/气溶胶特性
4	0.545～0.565	500	
5	1.230～1.250	500	
6	1.628～1.652	500	
7	2.105～2.155	500	
8	0.405～0.420	1000	海洋水色/浮游植物/生物地球化学
9	0.438～0.448	1000	
10	0.483～0.493	1000	
11	0.526～0.536	1000	
12	0.546～0.556	1000	
13	0.662～0.672	1000	
14	0.673～0.683	1000	
15	0.743～0.753	1000	
16	0.862～0.877	1000	
17	0.890～0.920	1000	大气水汽
18	0.931～0.941	1000	
19	0.915～0.965	1000	
20	3.660～3.840	1000	陆地表面/云温度
21	3.929～3.989	1000	
22	3.929～3.989	1000	
23	4.020～4.080	1000	
24	4.433～4.498	1000	大气温度
25	4.482～4.549	1000	
26	1.360～1.390	1000	卷云/水汽
27	6.535～6.895	1000	
28	7.175～7.475	1000	
29	8.400～8.700	1000	云特性
30	9.580～9.880	1000	臭氧

续表

波段号	光谱范围，nm	地面分辨率，m	主要用途
31	10.780～11.280	1000	陆地表面/云温度
32	11.770～12.270	1000	
33	13.185～13.485	1000	云顶高度
34	13.485～13.785	1000	
35	13.785～14.085	1000	
36	14.085～14.385	1000	

表 3-8　MODIS 产品

产品代号		产品名称		产品代号	产品名称
Ⅰ 级	MOD 01	Ⅰ A 级	雪和冰	MOD 10	雪覆盖区雪和冰
	MOD 02	Ⅰ B 级定标辐射率		MOD 29	海冰覆盖区雪和冰
	MOD 03	地学位置场		MOD 33	有地图坐标雪覆盖区
大气	MOD 04	气溶胶产品		MOD 42	有地图坐标海冰覆盖区
	MOD 05	总的可降水	海洋	MOD 18	归一化水蒸发辐射率
	MOD 06	云产品		MOD 19	色素浓度
	MOD 07	大气廓线		MOD 20	叶绿素荧光
	MOD 08	格网大气产品		MOD 21	叶绿素色素浓度
	MOD 35	云 MASK		MOD 22	可用于光合作用辐射
陆地	MOD 09	陆地表面反射率		MOD 23	海水悬浮物浓度
	MOD 11	陆地表面温度和辐射率		MOD 24	有机质浓度
	MOD 12	陆地覆盖/陆地覆盖变化		MOD 25	球石粒浓度
	MOD 13	格网植被指数		MOD 26	海水衰减系数
	MOD 14	火情		MOD 27	海洋初级生产力
	MOD 15	LAI 和 FPAR		MOD 28	海面温度
	MOD 16	蒸发量		MOD 31	浮游植被浓度
	MOD 17	净初级生产力和总生产力		MOD 32	海洋定标数据
	MOD 43	陆地 BRDF 和反照率		MOD 36	吸收系数
	MOD 44	植被覆盖转化		MOD 37	海洋气溶胶辐射率
				MOD 39	海水比辐射率

三、Sentinel 系列卫星

Sentinel（哨兵）系列卫星是欧洲"哥白尼"计划中的地球观测卫星系列，属于欧洲全球环境与安全监测系统项目中的一部分。Sentinel 系列卫星计划包括很多卫星任务，每个 Sentinel 卫星任务都由两颗卫星组成，以满足重访和覆盖范围的要求。其中，Sentinel-1 用于陆地和海洋服务的极地轨道全天候全天时雷达成像的任务，Sentinel-2 用于陆地监测的极地轨道多光谱成像任务。

1. Sentinel-1 卫星

Sentinel-1 卫星是欧洲航天局（European Space Agency，ESA）哥白尼计划中第一颗用于环境监测的卫星，是高分辨率合成孔径雷达卫星，包括 A（Sentinel-1A）和 B（Sentinel-1B）两颗卫星，分别于 2014 年 4 月 3 日和 2016 年 4 月 25 日发射。两颗星位于相同的轨道平台，相位相差 180°，单星重访周期为 12d，双星重访周期为 6d，赤道区域重访周期为 3d，极地的重访周期小于 1d。卫星携带 C 频段合成孔径雷达（SAR），可提供单极化（HH、VV）、交叉极化（HV、VH）和双极化（HH+HV，VV+VH）雷达数据，数据空间分辨率最高 5m，幅宽达到 400km。由于数据接收不受天气影响，具有全天时、全天候成像能力。Sentinel-1 卫星主要服务于海上核心服务、陆地监测以及应急监测领域，主要包括海冰区和北极环境监测、海洋环境监测、陆地表面运动风险监测以及水资源、土壤等动态变化。

Sentinel-1 卫星具有四种工作模式：干涉宽幅模式（IW，Interferometric Wide swath mode）、超宽幅模式（EW，Extra Wide swath mode）、波模式（WV，Wave mode）和条带图模式（SM，Stripmap mode）。IW 模式主要用于稳定获取 250km 幅宽的长时序地表覆盖数据，高精度定轨精度，以便更好支持干涉应用，主要利用 VV+VH 极化对陆地成像；WV 模式只提供单极化，主要利用 VV 极化对开放海域成像；EW 模式主要用于海洋、极地等区域的船运交通、溢油和海冰监测，幅宽 400km；SM 模式用于特殊情况下的重大应急事件成像，可提供 5m 分辨率成像数据。卫星成像模式主要参数见表 3-9。

表 3-9 Sentinel-1 合成孔径雷达成像模式

工作模式	极化方式	幅宽，km	单视分辨率，m（距离向）×m（方位向）	入射角范围（°）
条带模式	HH-HV, VV-VH	>80	5×5	20~45
干涉宽幅模式		>250	5×20	29~46
超宽幅模式		>400	40×40	19~47
波模式	HH, VV	20×20 （100km 间距）	5×5	22~35 35~38

2. Sentinel-2 卫星

Sentinel-2 卫星是高分辨率多光谱宽幅成像卫星，包括 A（Sentinel-2A）和 B（Sentinel-2B）两颗卫星，分别于 2015 年 6 月 23 日和 2017 年 3 月 7 日发射成功。两颗卫星相位相差 180°，携带多光谱成像仪（MSI），包含 13 个光谱谱段，成像幅宽达 290km，具有不同的地面分辨率，包括 10m、20m 和 60m，单星重访周期 10d，双星重访周期 5d。Sentinel-2 数据是目前唯一在植被红边光谱范围含有三个波段的光学卫星数据，对监测植被健康信息非常有效。Sentinel-2 主要支持陆地监测，包括植被、土壤和水覆盖，以及内陆水路及海岸区域等。Sentinel-2A 和 Sentinel-2B 数据的波段参数见表 3-10。

表 3-10 Sentinel-2A/2B 数据的波段参数

波段号	类型	S2A 中心波长 nm	S2A 波段宽度 nm	S2B 中心波长 nm	S2B 波段宽度 nm	地面分辨率 m
1	海岸/气溶胶	442.7	20	442.3	20	60
2	蓝	492.7	65	492.3	65	10
3	绿	559.8	35	558.9	35	10
4	红	664.6	30	664.9	31	10
5	植被红边	704.1	14	703.8	15	20
6	植被红边	740.5	14	739.1	13	20
7	植被红边	782.8	19	779.7	19	20
8	近红外	832.8	105	832.9	104	10
8a	植被红边	864.7	21	864.0	21	20
9	水蒸气	945.1	19	943.2	20	60
10	短波红外	1373.5	29	1376.9	29	60
11	短波红外	1613.7	90	1610.4	94	20
12	短波红外	2202.4	174	2185.7	184	20

四、SPOT 系列卫星

SPOT 是法国空间研究中心（CNES）研制的对地观测系统，从 1986 年开始至今已经发射了 7 颗卫星。SPOT-1、SPOT-2、SPOT-3 携带 2 台高分辨率可见光成像装置，可获取 10m 分辨率的全色遥感图像以及 20m 分辨率的 3 个多光谱波段遥感图像，扫描带宽 60km，轨道重访周期 26d，传感器具有倾斜观测能力，可横向摆动 27°，提高数据采集能力，多颗卫星组合使用，重复观测能力一般 3~5d，部分地区达到 1d。同时，两台成像装置使卫星具有立体观测能力，便于进行立体测图，生成高精度的DEM。1998年3月份发射的SPOT-4和2002年5月份发射的SPOT-5搭载了新型传感器，增加了短波红外谱段，细化调整了原有多光谱谱段，全色波段的分辨率最高可达2.5m。SPOT-6、SPOT-7分别于2012年9月份和2014年6月份发射，可获取1.5m分辨率的全色遥感图像以及6m分辨率的多光谱波段遥感图像，搭载的传感器相比SPOT-4、SPOT-5又有了较大的改进。数据的波段参数见表3-11。目前SPOT-1、SPOT-2、SPOT-3和SPOT-4已经退出商业运行。

表3-11 SPOT-6/7数据的波段参数

波段号	类型	波谱范围，μm	地面分辨率，m
Pan	全色	0.455~0.745	1.5
1	蓝	0.455~0.525	6
2	绿	0.53~0.59	
3	红	0.625~0.695	
4	近红外	0.76~0.89	

五、GF-1、GF-2卫星

中国高分系列卫星是依据国家高分辨率对地观测系统专项规划的高分辨率对地观测的系列卫星，于2010年全面启动。目前，已广泛用于水利和林业资源监测、国土调查与应用、城市和交通精细化管理以及海洋和气候气象观测等重点领域。专项包含多颗卫星，其中的高分一号（GF-1）和高分二号（GF-2）卫星是高分专项中最早发射的两颗卫星。

1. GF-1卫星

GF-1卫星于2013年4月26日发射成功，搭载了一台2m空间分辨率全色相机、一台8m空间分辨率多光谱相机和四台16m分辨率多光谱相机。2m和8m分辨率成像幅宽60km，16m分辨率成像幅宽800km，卫星的侧摆成像能力可以实现重访周期4d，具有高时间分辨率的宽覆盖遥感成像能力。GF-1卫星已经广泛应用于国家生态环境、灾害等的监测中。GF-1卫星传感器参数见表3-12。

2. GF-2卫星

GF-2卫星于2014年8月19日成功发射，是中国自主研制的首颗空间分辨率优于1m的民用光学遥感卫星，搭载了两台高分辨率1m全色和4m多光谱相机，星下点空间分辨率可达0.8m，幅宽45km，具有亚米级空间分辨率、高定位精度和快速姿态机动能力，可以大幅宽成像，±35°的侧摆成像能力，可以实现任意地区重访周期不大于5d。GF-2已经广泛应用于国家的国土资源调查中，并服务于交通运输、城乡建设、林业等部门。

2019年11月13日GF-7号成功发射,全色和多光谱范围相同,增加了立体测图功能,两颗星组合使用,可以提高卫星重访能力。表3-13列出了GF-2数据的主要波段参数。

表3-12 GF-1卫星传感器参数

传感器	波段号	类型	波谱范围,μm	地面分辨率,m	幅宽,km
全色相机	Pan	全色	0.45~0.90	2	60
8m多光谱相机	1	蓝	0.45~0.52	8	60
	2	绿	0.52~0.59		
	3	红	0.63~0.69		
	4	近红外	0.77~0.89		
16m多光谱相机	1	蓝	0.45~0.52	16	800
	2	绿	0.52~0.59		
	3	红	0.63~0.69		
	4	近红外	0.77~0.89		

表3-13 GF-2数据的波段参数

传感器	波段号	类型	波谱范围,μm	地面分辨率,m	幅宽,km
全色相机	Pan	全色	0.45~0.90	1	45（两台相机组合）
多光谱相机	1	蓝	0.45~0.52	4	
	2	绿	0.52~0.59		
	3	红	0.63~0.69		
	4	近红外	0.77~0.89		

第四节 油气田典型地物目标

油气田是以油气资源开发活动为主,并混合生活区人类活动的特定区域环境。相对纯粹地质意义上的油气田,现实中的油气田内油气生产活动与人类日常生活活动往往交织在一起,区域内常同时包含着油气生产区和生活区。油气田的生活区已经不仅仅是为油气田人员提供休息的生活区域,而是逐渐发展成为一个自然地理区域上的人类生活聚居区。

针对油气田典型地物目标的遥感识别与提取是油气田环境遥感研究的基本任务之一,在油气田生产活动跟踪、环境特征描述、环境动态分析、环境保护规划及制图等领域有着广泛的应用。油气田典型目标地物主要包括植被、水体、井场、站场、生产废弃物存放设施等。遥感识别时除了利用遥感影像分析方法之外,还要考虑油气生产自身的特征,结合油气生产规律研究典型地物的遥感识别与提取。实际监测中多针对单一的典型地物目标进行提取和识别。

一、油气田植被

植被在油气田占有很大的比例，具有固碳释氧、调节气候、涵养水源、防风固沙等功能，对维护油气田生态安全、保护生态环境具有不可替代的作用。植被的发育与一定的气候、地貌、土壤条件相适应，受多种因素控制，对地理环境的依赖性最大，对其他因素的变化反映也最敏感[11]。这种对环境的敏感性使得植被的变化可以被看作自然环境在演变过程中所遗留的痕迹，已经成为衡量区域生态环境质量的一个重要指标。

不同植被覆盖状况的油气田绿地是油气田生态系统的重要组成部分，也是油气田环境质量的指示标志之一。油气田区域涉及大量的生产活动与工程建设，将原有植被或非植被覆盖区转化为工矿用地。其中，生活场地建设除了涉及土地占用，也伴随着人工绿化地的增加，如城镇绿化、农用地等，油气生产区也会有保护性的生产区绿化等人工新增绿化地。因此，油气田绿地总是处于持续的动态变化过程中，不仅有减少，也有增加。通过了解油气田植被覆盖的分布及其演变动态，可以及时发现环境隐患，为油气田环境保护的措施制订与规划提供依据。

油气田地域分布广泛，利用遥感数据提取油气田植被覆盖信息可以为油气田绿地调查、地面生态规划提供科学的支持数据。植被遥感从植被的识别、分类、制图到专题信息的提取与表达方式，相关研究由来已久，提出了很多种植被指数，随着遥感研究的逐步深入，向更加实用化、定量化发展。虽然植被的遥感提取常受卫星成像条件和天气影响，面临大区域检测时遥感数据时相难以统一等问题，但是遥感提取的客观性和宏观性为油气田绿地环境的定性、定量分析提供了重要的观测手段。

二、油气田水体

陆表水域是油气田区域水循环的主要组成部分之一，其空间分布在一定程度上反映该区域水资源的储存、利用状况，而其波动或变化体现着气候变化、地表过程及人类活动对于水循环、物质迁移及生态系统变化的影响。

油气田水体是油气田环境的另一个重要指示指标。石油开采过程中会涉及大量生产用水，也会有大量生产排出液，这些生产排出液中除了开采过程中的生产污水，还有开采过程中来自地下深层的油田水的排出。油气生产活动对区域水环境带来的扰动会影响陆表水域的时空特征。因此，全面实时掌握陆表水域的时空分布特征，持续监测其动态变化，是促进油气田水资源合理利用、油气田生态环境健康自我诊断和维护区域水环境可持续发展的一项重要基础工作。

油气田陆表水域分布广，季节性波动大，区域差异性显著。卫星遥感可以为陆表水的宏观、多频次、快速监测提供观测手段。利用遥感影像提取水体信息，已经成为目前水资源调查、水资源宏观监测和湿地保护的重要手段，在水体目标的识别与提取中得到广泛应用。油气田水体的遥感提取可以为油气田水环境调查分析提供信息支持，是维护油气田水环境可持续发展的重要监测手段。

三、油气田井场

油气田井场是钻井采油采气的工作场地，是油气田生产场地最主要的表现形式之一。每个井场可以看作一个小型的生产单元，井场内可能包含不同类型的井设施。根据油气开采类型、生产阶段、生产目的等情况的不同，井的类型也有所不同，如采油井、采气井、探井、注水井、注气井和开发井等。一个井场内可能只有一口井，也可能包含多口井，主要依据生产的需要。油气田内分布数量众多的井场，一个具有一定生产规模的油田，井场可能是最主要的生产建设用地。

井场建设与区域地质条件、生产工艺、开采类型、区域环境条件等多种因素相关。油气田井场的空间分布及其变化动态，体现了油气田在自然地理空间实体内的油气开采状况和监测周期内的生产活动动态。同时，油气田内的井场数量众多、分布分散，每个井场既是生产单元，也可能是环境的风险单元，面临因风吹雨淋、设备老化等带来的跑冒滴漏等环境风险，需要日常维护，生产退出井场也需要进行合理化利用恢复管理。因此，油气田井场信息不仅有助于生产管理，对降低环境风险管控也具有重要意义。

利用多时相遥感信息获取油气田井场的时空特征，有助于更加客观、全面地理解油气田现阶段的生产活动，支持环境风险防控。井场的遥感提取方法研究包括利用主、被动遥感技术进行识别；同时，随着高分辨率遥感技术的发展，井场的识别精度越来越高。但是由于井场在不同建设阶段、不同开采类型、不同环境背景，甚至不同管理方式下，都会表现出不同的遥感特征。因此，井场的遥感识别更需要基于对油气生产技术及应用场景的深刻认识，结合遥感特征和油气田背景知识，利用直接和间接的遥感特征，对目标进行准确判释。

四、油气田站场

油气田内各分散井生产的石油、天然气等需要集中起来，经过收集、处理和输送等集输过程，才能最终被运往用户终端。油气开采过程中，会建设配套的各类地面站场，以完成生产调节、油气集输与处理等功能。站场因作用不同可以划分为不同的类别，油气生产区内分布多种类型的站场，如计量站、集输站、转油站、采出水处理站、联合场站等。井场与站场之间、站场与站场之间会通过一定的工艺彼此相连，相连的管道可能埋藏在地下，也可能铺设于地表，都根据生产的具体需要来建设。站场数量一般小于井场数量，与井场一样，作为独立的生产单元，其中的设施也需要定期维护，在保证生产的同时，也存在环境的风险。掌握油气田内的场站分布信息，对于油气田环境风险管控也是必需的。

油气田站场的分布虽然分散，但是与井场具有一定的关联性，是油气田区域内的一种典型生产目标。每个站场都承担着一定的生产功能，并穿插分布于井场之间，属于一类重要的生产场地。与其他生产设施一样，无论对生产管理还是环境风险管理都很重要。

站场因作用不同，地面建设表现出的遥感特征可能存在差异，但是不同地域、不同生产类型、不同开采方式情况下的站场之间可能存在共通性，仅依据遥感特征有时难以准确判断不同油气生产区站场的作用。因此，遥感识别中常常将站场作为一类生产目标，不明确区分具体作用。另外，作为生产场地进行遥感识别，其空间分布仍然对生产管理、风险隐患排查、地面扰动控制等具有指示意义。油气田站场类型的遥感识别需要结合油气生产背景、环境背景、与其他目标的空间相关性等其他相关信息，进行遥感综合性分析。

五、油气田生产排放存放场

油气生产过程中伴随大量生产排放，需要大量的生产排放处理和存放场地，便于集中处理或存放。这些生产排放包括液体、固体或半液半固形式的废弃物，如废弃钻井液、矿化度采出水、各类生产用液、含油污染物等。油气开采过程中会建设大量的专门场地或利用专门的设施存放这些排放物，如应急池、钻井液池、干化池等，都是用于临时或固定存放这些生产排放废弃物的专门场地，再经统一运输，并进行集中管理。生产排放废弃物经过处理后会再次投入生产进行二次利用，或者进行资源化再利用，或者最终达标排放。油气田生产有严格的环保管理要求，这些存放设施及场地会按照管理要求建设，并及时清理。

相对于生产场地，这些生产排放废弃物的存放场地可能是风险更高的环境隐患，其分布与生产场地具有一定的空间相关性。由于油气田工作区多分布在偏远地方，需要投入大量人力物力进行管理。油气田生产排放存放场地的空间分布及其变化反映了油气生产排放废弃物的存放现状与治理情况。对生产排放存放和集中治理过程中的各类存放场地进行可靠的监测，有助于油气生产排放废弃物及时治理和清运的监督管理，可以加强油气田生产排放治理过程中的环境风险管控。

油气田生产排放存放场作为一类风险源，遥感技术为其识别、动态监测、生产排放治理活动分析等提供了一种大区域空间观测手段，可用于环保管理的定性定量分析。油气资源勘探开发生产过程中的废弃物排放虽然有严格的管理规定，但存放场地的地面表现形式及空间构成模式，与油气生产特点、所处的地域环境都具有较高的相关性，不同油气田之间的目标特征差异性比较大，一般一个油气田内部的目标具有一定的相似性特征。因此，生产排放存放场是油气田的一类典型地物目标，需要结合油气田生产实际，建立针对性的遥感判识标准，进行准确识别。

六、其他环境要素

油气田环境内，除了包含井场、站场等数量较大的油气生产地物目标外，还有其他专门针对油气田开发需求建设的地物目标，作为油气田生产环境要素，共同影响油气田环境，如油气田道路、管道等。

1. 油气田道路

一个油气田从开发之初，就会建设大量的生产道路，用于保证生产建设的顺利开展和生产过程中的日常运维。从最基本的生产单元井场、站场到生产排放的集中存放场，都会有油气田道路连接。与油气田生产目标相连接的道路基本都是油气田修建的生产道路。生产道路包括碎石下垫面、黏土下垫面、沥青下垫面等不同材质的道路。生产道路由于长期的工程运输，且有的地处偏远，有效路面宽度会逐渐不均匀，需要持续的维护。因此，油气田生产道路与城镇人类生活区的道路不同，在遥感图像中表现出不完全一致的影像特征，但由于道路的线性特征，仍然可以依据其形态和连接的终端目标进行识别。油气田道路是油气田基础建设的重要内容，有时也是油气生产目标的遥感判别标准之一。

遥感识别油气田道路主要利用道路的几何特征、空间拓扑关系、辐射特征等，基于中、低空间分辨率遥感数据提取。由于其具有明显的线性特征，有时利用相对于道路宽度来说空间分辨率低一些的遥感数据也可以识别。但是，油气田内的生产道路，尤其是连接井场等终端小型生产单元的生产道路，因为地处偏僻，易受周边环境影响，多利用高空间分辨率遥感数据提取。

2. 油气田管道

油气田区域内分布大量生产管道，连接生产井场和站场，用于各类介质的传送。其中，少量油气田管道位于地表，大部分埋设于油气生产区地下。油气集输管道是油气田最主要的油气运输方式之一，油气管道受传送介质影响，管壁会经历腐蚀作用，加上管道材质的自然老化周期，需要定期维护更换，属于油气田的线性环境风险源。由于油气田集输管道多埋藏于地下，难以利用遥感手段直接判别，可结合管道传送介质的特点，从管道上方地表的温度异常、植被异常、土壤异常等间接指标帮助判别。油气田地表会分布少量管道，有的是因生产需要而建设的工艺管道，如稠油热采中的热蒸汽注入管线，有的是由于跨越水域分布区等，可以利用遥感手段识别。

第四章 油气田绿地遥感监测

第一节 概 述

油气田绿地是油气生产工业区内绿化植被的统称,根据其成因主要包括自然生长绿地、生产区的保护性种植绿地和生活区绿化地等植被覆盖区,是油气田生态系统的重要组成部分,在改善油气田生态环境方面起着积极的作用,已成为衡量油气田生态环境质量的一个重要指标。油气田绿地的划分还没有统一的标准,不同部门根据各自工作目的,采用适应的土地分类体系[39-40]。油气田绿地作为油气田用地分类系统中的一个要素,其分类有自身特点。《生态环境状况评价技术规范》(HJ 192—2015)将土地利用类型划分为林地、草地、水域湿地、耕地、建设用地和未利用地六大类。考虑油气田内各种植物性覆盖对区域环境的贡献及生态环境多样性的要求,将林地、草地和耕地作为油气田绿地遥感监测范围。准确快速地调查油气田植被覆盖现状和绿化水平对油气田生态环境保护非常必要。

在油气生产区的工业化进程中,不可避免地面临施工建设及生产带来的环境问题。地震测线部署施工时需要开辟测线,会破坏地表植被,建设施工时重型机械及施工车辆的碾压会影响表层植被生长,生产场地平整需要清除地表原有植被。这些生产活动会降低植被生长能力,使地表的植被覆盖率下降。地表植被的缺失又会降低植被对土壤的保持能力,一旦遇到降雨天气,雨水的冲刷会造成水土流失,加剧地表的沙漠化程度,影响区域生态环境安全和油气田安全生产。油气开发对植被的影响也是分阶段的。原生植被在遭到破坏的第一个生长周期影响最大;随着施工结束,一些影响因素会随之消失。除生产场地之外,一些建设用地会退出,植被会逐渐恢复。但对于脆弱生态系统区域,植被恢复可能会需要比较漫长的时间,如果是大面积破坏,自我恢复时间可能会更加漫长,甚至有可能难以恢复。同时,生产过程中也难以完全避免落地油、废弃钻井液、生产废液、废气等对植被生长的影响。因此,需要加强油气田绿地的监测,来观察油气生产对环境的影响,及时发现环境隐患,并有效利用油气田土地资源,实现油气田绿地的合理布局,优化油气田绿地结构,提高植被的生态效益,为油气田地面规划、绿地结构优化及低碳生产提供科学管理的依据。

油气田多位于荒凉地区,自然条件恶劣,且不同油气田所处自然地理环境差异巨大,区域内的绿化程度和绿化条件存在巨大差异。一方面,不同油气田分布地域广泛,跨多类型的生态系统,需要统一的提取标准,便于对油气田绿地资源进行统一分析与管理;另一方面,同一油气田内部的各个作业区又非常分散,地域上往往不连片,占地规模大小不一。绿地监测除了满足长周期区域环境影响的监测需求之外,有时又需要随着生产进程及时监测，以观察关键生产类型或生产环节的环境扰动作用，为绿色生产规划的制订提供依据。传统的绿化调查主要通过地面调查方式完成，面临统计数据受人为影响较大、实地调查难度大等因素导致的精度较低问题，且难以反映区域的趋势变化情况。

遥感技术克服了传统地面调查方式的限制，具有大尺度、动态观测的特点[41]，不仅能客观、准确地测算绿地面积，而且对植被覆盖情况及其空间分布格局具有良好的呈现能力，使得研究人类活动和高温、降水等自然环境事件对区域植被的影响成为可能。不同空间尺度的遥感观测数据可以实现不同区域尺度的植被监测，为油气田开展多尺度的绿地覆盖特征监测提供技术手段。

第二节 植物遥感原理

植被是环境的重要组成要素，是地球表层内重要的再生资源，作为环境变化中最活跃的影响因素和指示因子，是气候和人文因素对环境影响的敏感指标，也是反映区域生态环境的重要标志。利用遥感影像确定植被的分布、类型、长势等信息，可以为油气田在环境监测、生物多样性保护等方面提供信息支撑。植物的光谱特征可以使其在遥感影像上与其他地物有效地加以区别，不同的植物又有其自身的波谱特征，为植被类型、长势及生物量估算提供依据。

一、植物的光谱特征

健康绿色植物的波谱曲线特征明显，如图 4-1 所示[19]。在可见光谱段内，植物的光谱特性主要受叶的各种色素的支配，其中叶绿素起着最重要的作用。植物的光合作用仅利用太阳光中的可见光部分，叶片中的叶绿素会吸收其中的蓝光、红光及少部分绿光，在蓝波段和红波段形成两个吸收谷，而在绿波段形成反射峰，因而植被呈现为绿色。其波

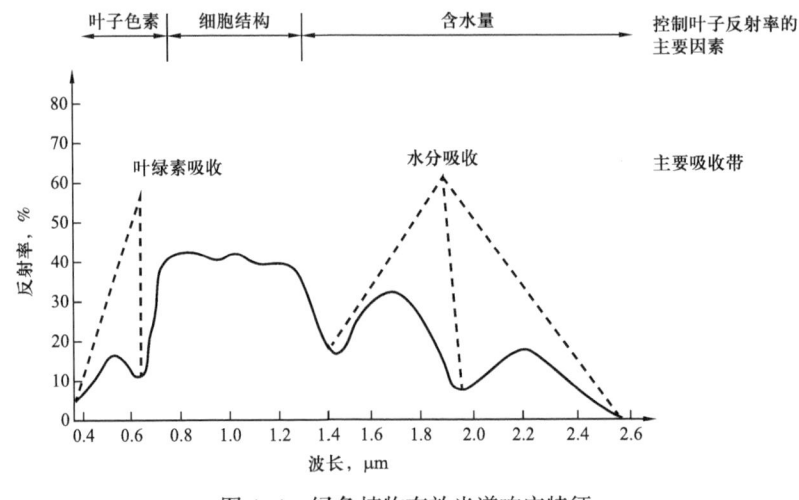

图 4-1 绿色植物有效光谱响应特征

谱曲线在可见光的 0.55μm 附近有一个反射率在 10%~20% 之间的小反射峰，在 0.45μm 和 0.65μm 附近有两个明显的吸收谷。在近红外谱段内，植物的光谱特征主要取决于叶片内部的细胞结构，由于叶片细胞结构不同导致的多重反射在 0.7~0.8μm 反射率急剧增高，并在 0.8~1.3μm 之间形成一个反射率可达 40% 或更大的反射峰。在短波红外谱段内，由于植物叶子的水分含量，植物的光谱特性受水吸收带控制，在 1.45μm、1.95μm、2.6~2.7μm 处有三个吸收谷。

二、植物光谱的影响因素

植物的光谱特性受多种因素影响。不同的植物类别，其叶子的色素含量、细胞结构、含水量均有不同，即使同一植物，随着植物的生长、发育、疏密，或受大气污染、病虫害等环境胁迫，上述特征也会发生变化，从而都会影响植被的光谱特性。这些变化在近红外波段引起的反射变化更加明显，常用于植被与非植被的区别、植被类型的识别和植被长势监测等。

图 4-2 显示了健康绿色植被、干死或枯萎植被，以及裸土的典型光谱反射特征[11]。健康植被在近红外波段（0.7~1.1μm）反射 40%~50% 的能量，在可见光范围内（0.4~0.7μm）只反射 10%~20% 的能量。而枯萎或干死植被由于叶绿素含量减少，在可见光波段反射的能量比健康植被高，在近红外波段又相对低。裸土的反射率通常在可见光范围内高于健康植被，低于枯萎植被；在近红外波段则明显低于健康植被。三条曲线在不同波段上形状的差异是许多植被指数构造的基础。

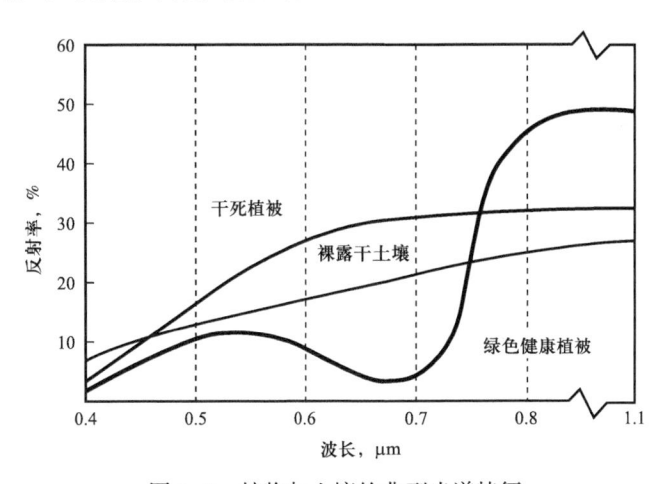

图 4-2 植物与土壤的典型光谱特征

植物覆盖程度对植物的光谱曲线也会产生影响。当植物叶子的密度不大，不能形成对地面的全覆盖时，传感器接收的反射光不仅是植物本身的光谱信息，而且还包含部分下垫面的反射光，是二者的叠加。

综上所述，遥感图像中的植被信息主要通过绿色植物叶子和植被冠层的光谱特性及其差异、变化来反映。植被的光谱特性在可见光、近红外和短波红外谱段受到叶子叶绿素含量、叶片细胞结构和叶片细胞内水分含量的控制,表现出植被要素的不同特征。随着植被遥感研究向更加实用化、定量化方向的发展,提出了大量植被指数模型,开展生物量估算和植被制图等多方面研究及应用,不断提高植物遥感的精度。

第三节 植被指数

不同光谱通道获得的植被信息与植被的不同要素或者某种状态有各种不同的相关性。仅依据单波段的数据分析提取植被信息有局限性。因此,往往选用多光谱遥感数据经分析运算(加、减、乘、除等线性或非线性组合方式)后,产生某些对植被长势、生物量等具有一定指示意义的数值,即"植被指数"。它用一种简单有效的形式实现对植物状态信息的表达,以定性和定量地评价植被覆盖、生长活力及生物量等。植被指数是无量纲的,通常选用对绿色植物强吸收的可见光红波段和对绿色植物高反射的近红外波段。这两个波段不仅是植物光谱特性的最典型波段,而且对植物的光谱响应截然相反,可以通过数学方法增强植被信息,抑制非植被信号,来增强或揭示隐含的植物信息。

一、植被指数的种类

由于植被光谱受植物自身、土壤背景、环境条件、大气状况等因素的影响,植被指数常具有明显的地域性和时效性特征。设计植被指数的目的是希望建立一种经验的或半经验的、强有力的、对地球上所有生物群体都适用的植被观测量[23]。目前,国内外学者针对不同的需要发展了大量不同的植被指数[42-48]。

1. 比值植被指数 RVI

比值植被指数(RVI)是提出最早的植被指数,利用可见光红波段与近红外波段的比值表达两者反射率之间的差异,表达如式(4-1):

$$RVI = \frac{DN_{NIR}}{DN_R} \quad \text{或} \quad RVI = \frac{\rho_{NIR}}{\rho_R} \quad (4-1)$$

式中,RVI 为比值植被指数;DN_{NIR}、DN_R 分别为近红外波段和红光波段的灰度值;ρ_{NIR}、ρ_R 分别为近红外波段和红光波段的地表反射率。

比值植被指数增强了植被与土壤背景之间的辐射差异,可以提供植被反射的重要信息,广泛用于估算和监测绿色植物生物量。在植被高密度覆盖的情况下,对植被十分敏感,与生物量相关性最好。当植被覆盖度低于 50% 时,分辨能力显著下降,对大气状况较为敏感。因此,最好利用经大气校正的数据或已转换为反射率的波段数据计算 RVI。

2. 归一化植被指数(NDVI)

归一化植被指数是将比值植被指数经非线性归一化处理后得到的归一化差值植被指数

NDVI，值域为 [-1, 1]，表达如式（4-2）：

$$\text{NDVI} = \frac{\text{DN}_{\text{NIR}} - \text{DN}_{\text{R}}}{\text{DN}_{\text{NIR}} + \text{DN}_{\text{R}}} \quad 或 \quad \text{NDVI} = \frac{\rho_{\text{NIR}} - \rho_{\text{R}}}{\rho_{\text{NIR}} + \rho_{\text{R}}} \quad (4-2)$$

NDVI 的归一化处理可以消除大部分与遥感器标定、太阳高度角、地形、云/阴影和大气条件有关的辐照度条件变化的影响，增强了对植被的响应能力。

NDVI 是植被遥感中应用最为广泛的植被指数。许多研究表明 NDVI 与植被覆盖度、绿色生物量等植被参数具有相关性，是植被生长状态及植被覆盖度的最佳指示因子，NDVI 的时间变化曲线可以反映季节和人为活动的变化，还对第一生产力（NPP）、碳固留过程、大气 CO_2 浓度随时空变化等很多环境变化过程敏感。因此，NDVI 被认为是监测地区或全球植被和生态环境变化的有效指标[11、15]。同时，云、水、雪在可见光波段比在近红外波段具有更高的反射作用，NDVI 为负值；岩石、裸土在两波段具有相似的反射作用，NDVI 值近于 0；有植被覆盖地表的 NDVI 为正值，并随着植被覆盖度的增大而增大。几种典型的地面覆盖类型在 NDVI 图像区分鲜明，植被信息得到有效突出，适用于大尺度植被动态监测。

由于 NDVI 是近红外和红光波段的非线性拉伸，导致其值对高植被区的敏感性较低。实验研究表明，当植被覆盖度小于 15% 时，植被可以被检测出来，但难以指示区域的植物生物量；当植被覆盖度在 25%～80% 时，NDVI 值随植物量的增加呈线性迅速增加；当植被覆盖度大于 80% 时，对植被检测灵敏度下降。因此，植被遥感中的 NDVI 应用可以根据植被监测目的的不同，选择适合的数据处理方法。

3. 缨帽变换中的绿度植被指数（GVI）

为了减少土壤背景的干扰，也广泛采用光谱数值的缨帽变换技术（TC—tasseled Cap）。缨帽变换是一种特殊的主成分分析，其旋转后坐标轴不是指向主成分方向，而是指向与地面景物有密切关系的方向，特别是与植物生长过程和土壤有关。

考思（Kauth）和托马斯（Thomas）在利用 Landsat MSS 数据研究农作物生长时发现图像灰度值在农作物生长过程中表现出一种特殊的连续性规律，基于此提出了缨帽变换，通过对多维光谱通道进行线性变换和多为空间的旋转，将植物、土壤信息投影到多维空间的一个平面上，使植被与土壤特征分离，其转换系数是相对传感器而固定的，因此，结果可用于图像间的相互对比分析。Kauth 和 Thomas 提出的缨帽变化是以 MSS 各波段的辐射亮度值作为变量，经线性变化后得到了土壤亮度、绿度、黄度和噪声四个分量，转换如式（4-3）[49]。

$$\begin{aligned}
\text{TC}_1 &= +0.433\text{MSS4} + 0.632\text{MSS5} + 0.586\text{MSS6} + 0.264\text{MSS7} \\
\text{TC}_2 &= -0.290\text{MSS4} - 0.562\text{MSS5} + 0.600\text{MSS6} + 0.491\text{MSS7} \\
\text{TC}_3 &= -0.829\text{MSS4} + 0.522\text{MSS5} - 0.039\text{MSS6} + 0.194\text{MSS7} \\
\text{TC}_4 &= +0.233\text{MSS4} + 0.012\text{MSS5} - 0.543\text{MSS6} + 0.810\text{MSS7}
\end{aligned} \quad (4-3)$$

虽然这四个分量没有直接的物理意义，但信息与地面景物相关联。其中第一分量 TC_1 表征"土壤亮度"，反映土壤信息；第二分量 TC_2 表征"绿度"，与绿色植被长势、覆盖度等信息直接相关；第三分量 TC_3 表征"黄度"，无确定意义，在二维光谱坐标空间中位于 TC_1 和 TC_2 的右侧；第四分量没有景观意义，主要为噪声。第一、二分量通常集中了 95% 或更多的信息。

对于 Landsat TM 数据而言，由于可见光—红外区间有 6 个波段数据，包含更加丰富的植被信息，缨帽变换后的前三个分量主要反映土壤亮度、绿度和湿度特征，转换系数也发生变化。缨帽变换可以比较好地分离土壤和植被信息，排除或减弱土壤背景对植物光谱或植被指数的影响。目前，针对 Landsat 系列卫星传感器的转换系数相对比较完善。

4. 其他植被指数

除上述植被指数外，还有其他类型植被指数。为了减少大气对 NDVI 的影响，发展了抗大气植被指数 ARVI，对大气的敏感性比 NDVI 减小约 1/4，但应用中的可操作性受到一定限制。为了减少土壤背景的干扰，通过增加土壤调节系数等方法构建了去除土壤背景影响的植被指数，如 SAVI、TSAVI、MSAVI 等。利用近红外波段与可见光红波段数据之差的差值植被指数（DVI），虽然应用不如 NDVI 等广泛，但是其值对土壤背景的变化极为敏感，有利于植被生态环境的监测，又称环境植被指数（EVI）。不同类型的植被指数在实际应用中的优势不同，因此需要针对具体应用场景选择适合的植被指数。

二、植被指数的影响因素

植被指数对植被遥感分析非常重要，但植被指数的提取受到多种因素的影响，除了土壤背景的影响外，还包括物候期、大气效应、太阳高度角与方位角、地形及遥感器等。应用时需要考虑这些影响作用，有针对性地合理应用。

植被在生长周期中，其生理、外形和结构会发生变化，叶片的叶绿素含量、细胞结构和含水量都不断变化，具有明显的季相节律和物候变化，光谱特性也相应变化，遥感可以监测到植被的这种变化规律。也正因此，在植被指数提取和植被遥感分析中，遥感数据时相的选择非常重要。需要针对不同的应用目的，选择与其相适应的季节或物候期的遥感数据，基于提取的植被指数开展分析。如农作物遥感估产需要选择对应物候期的植被指数，植被的季节性变化规律选择不同季节的植被指数等。

大气对组成植被指数的可见光红光与近红外波段有不同的衰减作用，会降低两个波段的对比度，使卫星遥感的植被指数减小。但是这种衰减作用对卫星植被指数所包含的植被长势和覆盖度等信息没有带来严重的干扰。在宏观植被长势的动态监测中，不一定要消除大气的衰减影响，对于农作物估产等则需要考虑大气的衰减影响。

此外，太阳高度角、方位角及观察角的不同和植被表面结构的非均匀性以及表面反射辐射的各向异性特征，给植被指数值带来不确定性，影响不同时相植被指数的对比分析。地形起伏地区的阴影效应也会掩盖部分植被信息，引起植被指数的变化。因而，需要对遥感数据进行辐射校正等预处理，针对性地选择适合的植被指数，以保证大尺度植被遥感动态监测的可靠性，定量遥感中需要对植被指数进行更加精细的校正。

第四节 油气田绿地遥感调查

油气田绿地包括天然植物群落和人工植物群落，天然植物群落主要指区域内原有的自然生长植被，人工植物群落主要包括生产区内的保护性种植绿地和生活区内的城镇绿化地。

一、油气田绿地的特征

植被的生长受多种因素控制，对地理环境的依赖性最大。油气田绿地受油气田所处地域环境和油气活动影响，在分布、构成及地表覆盖等方面与其他区域环境绿地特征不尽相同。

1. 分布的广泛性

中国油气田具有广泛性分散分布的特点，根据区域地质条件不同，油气田内部常存在很多占地面积较小、分布独立且彼此不相连的生产作业区。因此，油气田生产区虽然涉及区域广，但其绿地调查又不同于常规的大尺度空间监测，需要考虑面向所有油气田和面向单个油气生产作业区等不同空间尺度的遥感调查。

2. 分布的不均匀性

中国是世界上生态交错区分布面积最广、脆弱生态类型最多、生态脆弱性表现最为明显的国家之一。这些地区大多经济相对不发达，区域生态环境变化明显，也是生态保护的重点区。中国西部大部分省区位于生态环境脆弱区，其中分布着大量油气资源开发区，如柴达木盆地、准噶尔盆地等。油气田区域因干旱气候、土壤贫瘠、高原缺氧等特点，植物生长受限，植物群落的生产和积累过程缓慢，植被分布稀疏，分布相对固定，区域内的人类活动也相对较少。而中国东北松辽盆地因气候条件适宜，土壤水分和养分条件较好，油气田植被发育，并具有较强的再生能力，区域内生态环境宜居，人类活动相对多，植被茂密。鄂尔多斯盆地的植被分布具有从东南向西北逐渐由林地向草地过渡的生态交错特征，虽然区域环境的脆弱性相对西部地区好，但植被的再生能力又与中国东部平原区相差较多，油气田绿地分布更易受环境和人类活动影响而发生波动。

3. **植被覆盖以天然植物群落为主，人工植物群落为辅**

由于油气田多位于偏远地域，在油气田勘查开采工作区内，不是全部区域都有油气开发活动，主要的生产活动区可能集中分布在部分区域。多数油气田区域内的绿地以自然生长的植被覆盖区为主，人工植被覆盖区所占面积相对少。目前中国涉及退出的油气生产区域相对较少，多数还在生产运行期内，还未涉及大规模的退出恢复。

4. 植被覆盖程度差异大，以中、低植被覆盖区为主

中国的油气田位于国内各大沉积盆地，分布遍及全国，油气田绿地涉及植被覆盖类型丰富，涵盖草地、林地、耕地以及各种人工景观绿地。不同油气田地表植被覆盖程度存在较大差异，分布在中国中西部地区的油气田面积相对更多，油气田绿地以中、低植被覆盖为主。

二、常见的油气田绿地提取方法

植被是全球变化的指示器，对油气田环境的变化同样具有指示性意义。最初的植被信息提取主要依靠人力实地调查，遥感技术为植被提取提供了新手段。植被遥感信息具有广泛的用途，不同植被类型在光谱特征、空间分布特征、纹理特征等方面存在差异，可以利用植被的光谱特性，结合影像特征进行不同植物类型的区分、植物生长状况的提取、大面积农作物的估产和遥感植被解译的相关应用。目前，植被遥感信息已广泛应用于植物的生态健康状况调查、大范围的植被及其动态变化制图、城市绿化调查与生态环境评价、草场资源调查、林业资源调查等不同领域。围绕植被遥感信息的提取方法开展了大量相关研究。早期的植被遥感信息提取中，小尺度植被信息提取多采用目视解译方法，精度高，适用于小范围信息提取；中、大尺度植被信息提取常采用监督分类方法，有时也采用非监督分类法，或者结合使用，来提高分类精度。随着遥感传感器空间分辨率和光谱分辨率逐步提升，遥感全覆盖、高时效的优势明显增强，通过结合多源辅助信息和多源多时相遥感数据等多维信息，开展基于专家知识及相关辅助信息的植被遥感信息提取方法研究，进一步提高植被信息的提取精度。由于中高分辨率遥感数据日益丰富，机器学习等人工智能方法在植被遥感信息的精细化分类识别中发挥了重要作用。

油气田绿地因其分布的广泛性、不均匀性及覆盖程度的不均匀性等特点，监测时更多关注油气生产区地表植被覆盖及其动态。植被遥感信息提取是植被覆盖遥感调查和动态监测的基础，也是油气田绿地遥感调查的主要内容。基于遥感的植被覆盖专题信息提取按照基本处理单元的不同可以分为基于像素级的分类提取和面向对象的分类提取。而植被指数作为描述植被覆盖状况的重要参数可能参与到不同的提取方法，也可以依据植被指数提取绿地专题信息。

（1）基于像素级分类的油气田绿地提取。像素级分类以遥感影像的像元为基本处理单元，对每个像元按照某种规则划分不同的类别。遥感图像分类时需要受限选取特征样本经过训练提取特征，然后选择分类器进行分类。这种方法的分类结果对选取的特征样本具有一定的依赖性。

（2）基于面向对象的油气田绿地提取。面向对象的遥感信息提取通过对图像分割得到由同质像元构成的对象，以该对象作为基本的分析单元，提取对象的属性特征，包括颜色、规模、形态、空间关系等，结合多尺度图像分割，按照一定的分类规则提取专题信息。这种方法对图像的分割尺度和属性特征具有依赖性，更适合高分辨率图像的分类提取[50]。

（3）基于植被指数的油气田绿地提取。依据遥感提取的植被指数，通过对植被指数的阈值设定，提取绿地信息。植被指数是植被遥感信息提取中应用最为广泛的指标，适用于大范围的趋势性统计监测。

实际应用中，依据遥感植被指数提取油气田绿地往往具有更强的可操作性和普适性。目前的遥感产品中，植被指数产品作为其中的一类重要产品，被广泛应用于全球等大区域尺度的遥感分析。因此，油气田绿地提取中常采用植被指数，NDVI是其中应用较多的植被指数。

三、油气田绿地动态遥感调查技术

随着生态环境问题的日益突出，植物遥感从主要了解局地植物状况和类型，发展到围绕生态环境进行大尺度植被的动态监测及植物状况与相关环境因素的关系研究。油气田绿地遥感监测的主要目的是获取油气田植被覆盖绿地的基本状况及其变化动态，为分析油气田生态环境状况及其与油气生产之间的相关性提供植被维度的信息支持。因此，围绕油气田环境进行大范围的植被动态监测，将遥感得到的信息进行量化，结合空间特征，定性或定量地描述油气田绿地的基本状况及其变化，发现存在的问题，维护油气田绿地生态安全，是油气田绿地遥感监测的主要任务。

由于植被发育受水分、温度和光照等环境因素影响，油气田绿地是一种呈现明显的地域性和季节性变化特征的基础环境要素。其变化既有数量的变化，也有质量的变化，并存在量变到质变的发展变化规律，加上易受人类活动影响，存在占用、修复等不同情况，油气田绿地动态是一个复杂的变化过程。油气田绿地状况的描述需要一定的表征依据，并且具有一定的普适性。

1. 油气田绿地遥感监测指标的选取原则

油气田绿地的遥感监测指标应该能够直接或间接地反映油气田绿地的基本状况及其变化；同时，这些指标本身具有有效性与合理性。因此，油气田绿地遥感监测指标的选取遵循目标导向、定性定量指标结合和实用性的原则。

（1）目标导向。围绕油气田绿地遥感监测目的，遥感监测指标应该目标明确、精练、针对性强，能够切实反映油气田绿地的基本信息。由于油气田绿地的分布涉及地域广，植被覆盖差异大，为便于油气田绿地细的统一管理，遵循统一的遥感监测原则，选取统一的监测指标，指标对油气田绿地具有普适性的反映能力。

（2）定性定量指标结合。充分利用遥感数据对空间信息、宏观区域信息的反映能力，从规模、空间分布、生长状态等多个方面，设立定性、定量监测指标，既全面又概要地描述油气田绿地。

（3）实用性。监测指标的提取方法简单，在保证客观、全面的原则下，尽可能简化。同时，需要考虑指标的可获取性。针对油气田遥感监测数据的收集受天气影响、历史资料系统性不足等实际情况影像，指标建立时要充分考虑油气田区域的实际情况，兼顾遥感监测数据可获取的工作条件。

2. 油气田绿地监测分析单元的选择

油气田绿地遥感监测分析的单元通常包括三种：单个油气田、所有油气田和其他评价单元。三种分析单元从不同层面反映油气田绿地的状况，可以分开，也可以相互补充。

基于单个油气田的监测分析可以获得一个油气田内的绿地状况，用于油气田内绿地环境及其与油气生产活动关系的监测分析，适合中尺度范围的遥感监测分析。

基于所有油气田的监测分析可以获得不同油气田的绿地状况，用于面向所有油气田的绿地动态监测与分析，发现风险，适合大尺度范围的遥感监测分析。

基于其他评价单元的监测分析是根据特定的监测需要，以行政区、流域等为监测分析单元获得单元内的绿地状况。根据监测要求，选择适合的遥感监测尺度，也可多尺度结合监测。

3. 油气田绿地覆盖的遥感提取与评价分级

油气田绿地遥感监测以植被覆盖状况的信息获取为主，不强调植被生物量等参数的定量反演。利用归一化植被指数 NDVI 作为油气田绿地提取及覆盖状况分级的基础分析指标。

1）油气田绿地的提取

NDVI 是植物生长状态以及植被空间分布密度的最佳指示因子，与植被覆盖密度呈线性相关，值域范围为 [-1~1]，值越大反映植被覆盖密度越高。依据 NDVI 提取植被信息时，会设定经验阈值 a，当 NDVI>a 时，提取为植被区；否则，提取为非植被区。

针对特殊地域的油气田，如四川盆地，采取 NDVI 最大值合成方法提取绿地信息。四川盆地由于常年受云雨天气影响，有效的遥感数据获取难度大。常通过对一段时间内遥感数据提取的 NDVI 结果进行最大值合成，提取油气田绿地信息。由于四川盆地气候湿润，植被发育，一年四季中植被覆盖的变化相对小，对绿地遥感提取结果的影响比较小。

2）油气田植被覆盖状况的评价分级

根据 NDVI 值对油气田绿地覆盖状况进行分级，分为 8 个等级，具体见表 4-1，代表植被覆盖程度的不同，便于油气田植被覆盖状况的分析。在具有多年的油气田绿地监测结果的条件下，可以对年度油气田绿地环境状况的变化进行对比。

表 4-1 油气田绿地覆盖程度分级

NDVI变化值	(0, 0.125]	(0.125, 0.25]	(0.25, 0.375]	(0.375, 0.5]	(0.5, 0.625]	(0.625, 0.75]	(0.75, 0.875]	(0.875, 1]
分级	1	2	3	4	5	6	7	8
描述	低植被覆盖		中植被覆盖		中高植被覆盖		高植被覆盖	

4. 遥感数据选取

油气田尺度的绿地遥感调查以中、低分辨率遥感数据为主，高精度遥感数据主要针对具体局部区域的精细化监测要求。低分辨率遥感数据主要用于油气田及其周边区域的大尺度绿地监测，中分辨率遥感数据主要用于油气田内的绿地监测。由于油气田往往分散分布、不连片，低分辨率的遥感数据有时难以满足油气田绿地调查的精度要求，中分辨率遥感数据也可用于大尺度油气田绿地监测。低分辨率卫星遥感数据主要利用 MODIS 数据；中分辨率卫星遥感数据主要利用 Landsat 系列数据，也可选择其他中分辨率遥感数据，但需要考虑数据的历史覆盖情况。数据的同一性有利于对比分析。

油气田绿地调查的遥感数据选取遵循以下原则：（1）年度内绿地调查的卫星遥感数据，优先选取植被生长季的数据，一般为6月份至9月份期间，南方区域可以适当放宽；（2）监测周期内没有合格的有效数据，可以通过对年度内不同时相遥感数据的合成使用，或利用相邻年份的数据补充；（3）空间位置相邻或不同年度的遥感调查数据，尽量选择相近月份的数据；（4）对于数据质量，只要监测区域内的云覆盖不影响 NDVI 提取，就可以采用。

第五节 应用实例

不同规模油气田的地理范围不同，涉及遥感监测的空间尺度不同。同时，不同尺度的植被变化及空间格局也存在时空差异，给油气田绿地动态及其与生产过程的关系分析带来影响。因此，开展不同尺度的油气田绿地遥感监测，不仅可以满足不同规模油气田的监测需求，还有助于揭示不同时空条件下油气田绿地动态与油气开发之间的相关性。

这里是以鄂尔多斯盆地为例开展绿地调查的遥感应用。鄂尔多斯盆地跨内蒙古自治区、陕西省、宁夏回族自治区、甘肃省和山西省五个省份，盆地有大量的油气资源开发区，监测区位于鄂尔多斯盆地北部内蒙古自治区内，北部为黄河流经地区，如图4-3所示。区域内从西北向东南逐渐由沙漠、草原向丘陵区过渡，位于干旱—半干旱地带，降水少，蒸发强烈，生态环境脆弱，人类活动和气候变化容易引起环境变化，油气开发人类活动区主要位于南部区域。利用遥感监测区域内绿地覆盖状况及其变化，制作植被覆盖分布图，评估绿地覆盖的分布、面积及其变化，了解油气生产过程中的绿地环境变化规律，获得油气田绿地覆盖的定性和定量表征。遥感应用中，选择 Landsat 和 MODIS 数据开展不同尺度的绿地遥感监测，分析区域绿地覆盖变化动态。

图 4-3 鄂尔多斯盆地北部监测区遥感影像

一、大尺度油气田绿地动态监测与制图

利用低分辨率卫星遥感数据具有稳定的高时间分辨率的特点,基于长时间序列的遥感数据,通过对比区域绿地在植被生长季的年间变化特征,分析区域绿地生态环境的变化趋势。选用250m分辨率的MODIS全球NDVI植被指数16d合成产品MOD13Q1数据,为了排除大气、云等干扰,利用当月相邻两期16d合成NDVI产品中的最大值,作为当月的NDVI值,得到月NDVI数据,以植被生长季节的8月作为参照月份,计算获取2000—2016年间每年8月份的NDVI结果数据,分析包含油气田及其周边区域的绿地覆盖年间变化动态及其在空间上的特征表现,并生成植被覆盖图,基于定量统计分析绿地覆盖状况。监测分析流程如下:

(1)遥感数据预处理。MODIS植被指数产品需要经过格式转换、地理配准、镶嵌、裁切等预处理后,再对预处理后的产品数据进行NDVI真实值转换,利用当月两期数据的最大值处理获得月度NDVI结果数据。

(2)绿地提取与分级评价。基于NDVI提取绿地覆盖,运用图像分割技术,采用阈值方法对提取的绿地NDVI图像进行空间分割,分割端点的设置参考见表4-1,将图像分割为8级。

(3)植被覆盖分布图生成及统计。利用不同年份NDVI分级结果获得一套不同植被覆盖程度空间分布图,反映不同植被覆盖程度绿地的空间分布格局,定量统计不同植被覆盖绿地面积,获得年间绿地覆盖信息。

(4)绿地动态变化分析。利用2000—2016年间绿地覆盖的连续变化动态,分析绿地覆盖的时空特征;基于2000年、2005年、2010年和2015年NDVI,提取相邻年份之间的绿地变化信息,利用NDVI的年间变异系数分级评价结果,分析不同植被覆盖程度绿地的变化幅度及其空间分布特征。

1. 基于遥感统计的绿地动态监测

利用2000—2016年间8月份NDVI分级结果定量统计不同植被覆盖状况的绿地面积,将绿地的植被覆盖程度分为低、中、中高、高四级,其对应的NDVI分级范围分别为1~2、3~4、5~6、7~8,不同植被覆盖状况绿地面积及其绿地占比统计结果见表4-2,面积统计如图4-4所示。

表4-2 基于MODIS的2000—2016年研究区不同植被覆盖状况绿地面积及占比

年份	统计参数	低植被覆盖	中植被覆盖	中高植被覆盖	高植被覆盖
2000	面积,km^2	51118.44	42647.56	4365.63	63.81
	占比,%	52.06	43.43	4.45	0.06
2001	面积,km^2	54169.63	36531.06	4549.44	210.06
	占比,%	56.75	38.27	4.77	0.22

续表

年份	统计参数	低植被覆盖	中植被覆盖	中高植被覆盖	高植被覆盖
2002	面积,km^2	27993.00	62566.69	8252.31	237.57
	占比,%	28.26	63.17	8.33	0.24
2003	面积,km^2	34970.44	57770.76	6708.31	369.56
	占比,%	35.03	57.88	6.72	0.37
2004	面积,km^2	32970.56	57877.19	8653.31	360.19
	占比,%	33.02	57.96	8.67	0.36
2005	面积,km^2	40354.81	50684.38	7327.19	148.88
	占比,%	40.96	51.45	7.44	0.15
2006	面积,km^2	35484.50	55796.06	7135.57	261.13
	占比,%	35.96	56.54	7.23	0.26
2007	面积,km^2	26646.69	64838.13	8394.50	367.94
	占比,%	26.58	64.68	8.37	0.37
2008	面积,km^2	26807.13	64229.56	8941.44	470.94
	占比,%	26.69	63.94	8.90	0.47
2009	面积,km^2	30595.69	59153.81	10610.94	142.75
	占比,%	30.44	58.86	10.56	0.14
2010	面积,km^2	31771.63	58202.88	10558.56	145.56
	占比,%	31.56	57.81	10.49	0.14
2011	面积,km^2	38376.57	49598.94	12150.81	163.25
	占比,%	38.27	49.46	12.12	0.16
2012	面积,km^2	16340.06	65366.88	18825.75	630.00
	占比,%	16.15	64.62	18.61	0.62
2013	面积,km^2	21123.37	60837.44	19007.00	389.19
	占比,%	20.84	60.02	18.75	0.38
2014	面积,km^2	29325.94	56516.94	14794.18	490.13
	占比,%	29.00	55.89	14.63	0.48
2015	面积,km^2	41816.44	47424.69	11390.81	510.69
	占比,%	41.34	46.89	11.26	0.50
2016	面积,km^2	18950.56	62244.44	19599.88	594.19
	占比,%	18.69	61.39	19.33	0.59

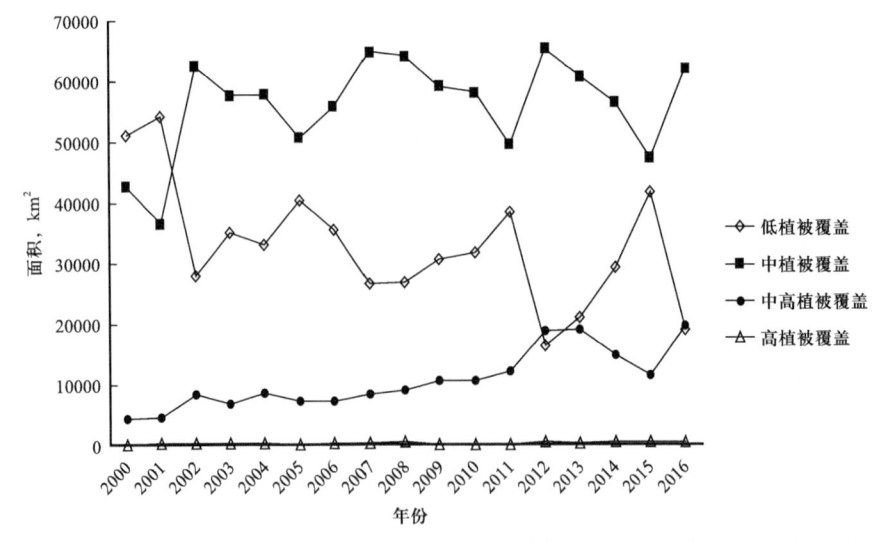

图 4-4 基于 MODIS 的 2000—2016 年研究区不同植被覆盖状况绿地面积统计图

区域内绿地以中、低植被覆盖为主，区域内中、低植被覆盖绿地面积总占比均高于 80%，其中，中植被覆盖的绿地面积总体相对更多，低植被覆盖和中植被覆盖的绿地面积呈现出相互转化的周期性波动规律。绿地植被覆盖状况有小幅改善的趋势，中高及以上植被覆盖绿地面积呈缓慢上升趋势，从 2000 年的不到 5% 增加到 2016 年的接近 20%，从 2009 年开始，二者占比开始稳定高于 10%。受遥感监测数据空间分辨率低及云雨天气等因素影响，基于遥感监测的定量统计可能会存在一定程度偏差，但是持续遥感观测获得的对大区域变化趋势的反映能力是客观的。

2. 基于空间分布的绿地动态监测

1）年间植被覆盖状况

通过对比 2000 年、2005 年、2010 年和 2015 年 8 月份不同植被覆盖状况绿地的空间分布特征，分析 2000—2015 年间绿地覆盖的变化动态，四期遥感监测的绿地空间分布结果如图 4-5 所示，红色为无植被区。区域内不同植被覆盖状况绿地的空间分布格局总体稳定，无植被区主要分布在西北部沙漠区，分布范围呈缩小的趋势。植被覆盖较好的区域集中分布在区域北部沿黄河流域区和区域东南部区域。其中，东南部区域绿地的植被覆盖状况表现出由低向高逐渐改善的变化特征峰，并呈现从东南向西北逐步扩大的空间分布趋势。中部主要为干旱草原区，绿地的植被覆盖状况表现出年度间的反复波动性。

利用 2000 年、2005 年、2010 年和 2015 年 NDVI 结果，提取相邻两期 NDVI 的变化信息，NDVI 值的升高或降低反映绿地植被覆盖状况的改善或退化，结果如图 4-6 所示。可以看出，区域植被覆盖状况的改善和退化区在空间上均表现为区域性的集中分布特征，在长时间周期内表现为区域性的反复变化特征。

(a) 2000年　　　　　　　　　　(b) 2005年

(c) 2010年　　　　　　　　　　(d) 2015年

NDVI分级　0 1 2 3 4 5 6 7 8

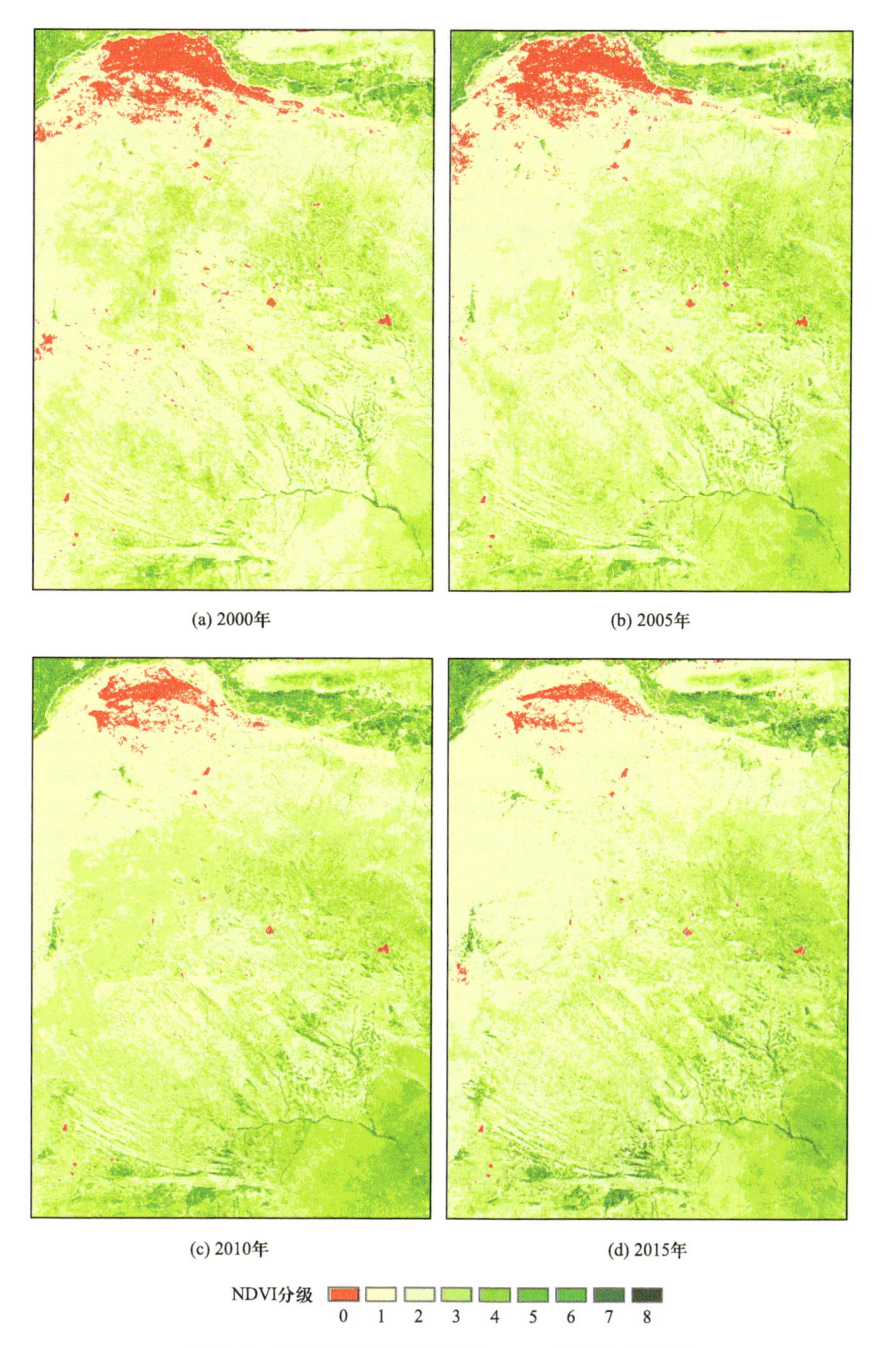

图 4-5　基于 MODIS 的年度 NDVI 分级空间分布

　　基于三期 NDVI 变化结果提取 2000—2015 年间的持续变化状态，包括绿地植被覆盖状况持续改善、持续退化和波动性变化三种情况，其空间分布如图 4-7 所示。区域内大部分绿地的植被覆盖状况都处于年度间的反复波动变化中，植被覆盖持续改善的绿地主要集中分布在区域南部，自东向西展布，其间零散分布小范围植被覆盖持续退化的绿地区。

(a) 2000—2005年　　　　(b) 2005—2010年　　　　(c) 2010—2015年

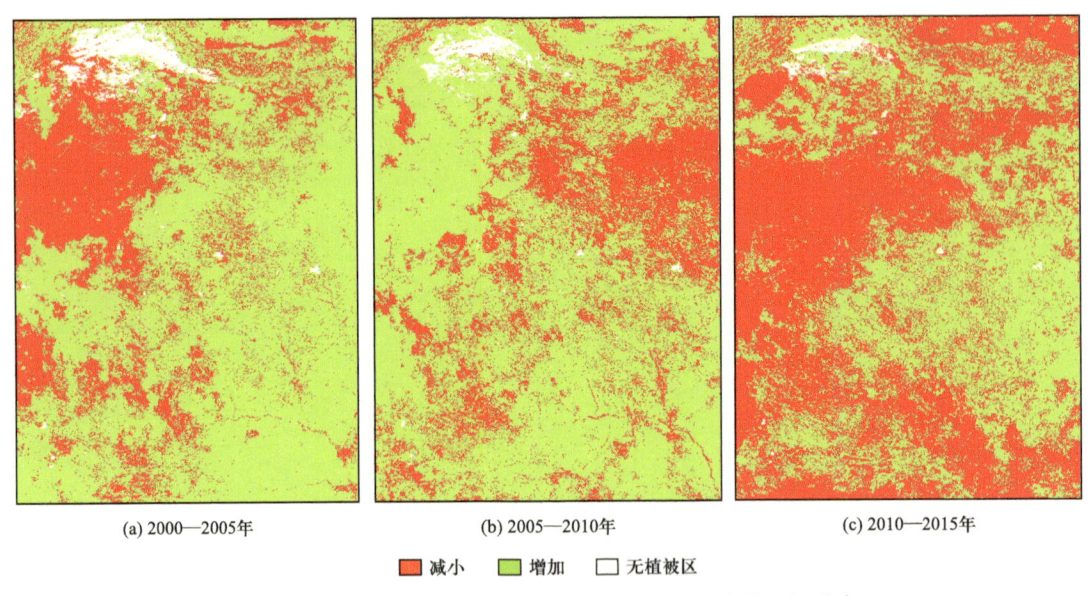

■ 减小　■ 增加　□ 无植被区

图 4-6　基于 MODIS 的研究区每五年间 NDVI 变化空间分布

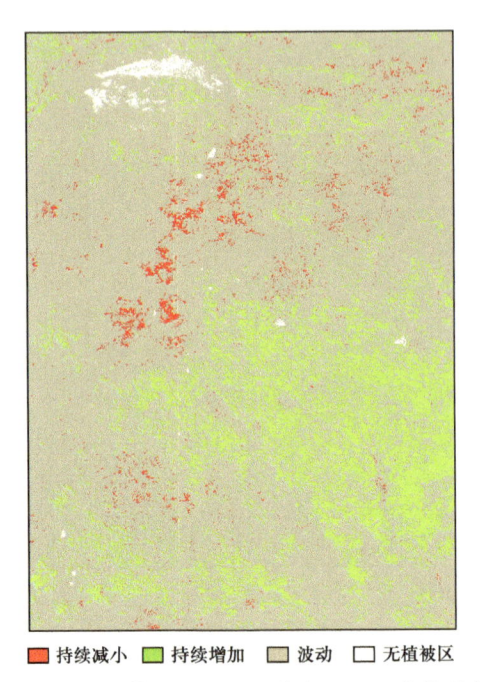

■ 持续减小　■ 持续增加　■ 波动　□ 无植被区

图 4-7　基于 MODIS 的 2000—2015 年间 NDVI 变化动态空间分布

2）NDVI 年变异系数

计算 2000 年、2005 年、2010 年和 2015 年四个年份 NDVI 植被指数的变异系数，将变异系数分为 9 级，根据变异程度高低分为低、较低、中、较高、高五个等级，统计不同变异程度区域面积及其占比，分析绿地植被覆盖状况的变异性，详见表 4-3，NDVI 变异系数的分级空间分布如图 4-8 所示。区域内绿地植被覆盖程度年度间变异性总体维持在低水平，区域面积占比超过95%，植被覆盖状况变异系数在植被覆盖状况最低的区域北部地区变化较大。总体来看，监测区2000—2015年植被覆盖状况的年变异系数较低，处于总体的稳定状态。

表4-3 基于2000年、2005年、2010年和2015年的NDVI变异系数分级及统计表

NDVI 变异系数	(0, 0.2]	(0.2, 0.4]	(0.4, 0.6]	(0.6, 0.8]	(0.8, 1.0]	(1.0, 1.2]	(1.2, 1.4]	(1.4, 1.6]	(>1.6)
变异系数分级	1	2	3	4	5	6	7	8	9
变异程度	低		较低		中		较高		高
面积，km²	97416.56		2540.00		1576.00		7.94		851.38
占比，%	95.14		2.48		1.54		0.01		0.83

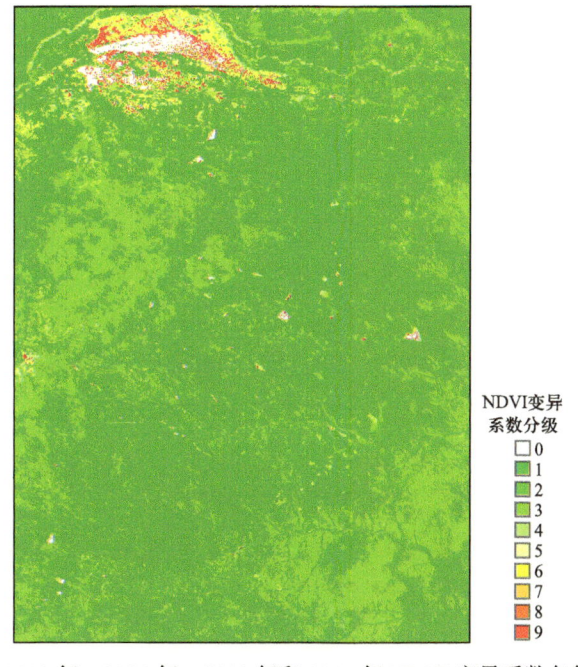

图4-8 2000年、2005年、2010年和2015年NDVI变异系数各等级分布

二、中尺度油气田绿地动态监测与制图

利用中分辨率卫星遥感数据具有适中的地物目标识别能力和近半个世纪的对地观测记录的特点，获得油气田所在区域绿地覆盖及变化过程的更详细描述。应用多时相Landsat数据获取植被覆盖制图和植被动态分析，揭示植被绿化地的进退和年间变化规律及其空间分布特征。

多光谱Landsat 5/7/8数据的空间分辨率为30m，相比MODIS数据，空间分辨率大幅提高，绿地覆盖的空间描述更加细致。但空间分辨率提高的同时，数据覆盖范围变小，数

据重访周期相对低分辨率遥感数据更长，Landsat 卫星重访周期为 16d。基于中尺度遥感数据对较大区域进行监测可能面临数据接收时相难以统一的问题，可以通过多颗卫星的组合使用来缩短同一地区的重访周期，但不同传感器的遥感数据之间存在数据同化的问题，对比分析时需要考虑。Landsat 系列遥感数据会按照一定的地理范围进行分幅，用以区分全球各区域对应的 Landsat 系列卫星影像。为了便于使用时的遥感影像定位和查询，利用轨道号对遥感影像编号，轨道号主要由 Path 和 Row 两部分组成，path 是卫星影像在经度方向上的位置，可称为条带号，row 是卫星影像在纬度上的位置，可称为行编号，每幅影像对应的 Path-Row 编号和地理空间位置固定，覆盖范围 185km×185km。中尺度遥感监测适合面向区域尺度，获得相对较高精度的监测结果。

研究区完整覆盖范围涉及 7 景 Landsat 遥感数据，分幅如图 4-9 所示。受云雨天气影响，一期完整覆盖研究区的 7 景数据可能包括不同的成像时间。因此，基于中尺度遥感数据开展长时序监测的难度更大，时序遥感数据集构建复杂且重要。监测分析流程如下：

（1）遥感数据筛选。主要收集植物生长季节 7 月份至 9 月份期间的数据。以相同条带 Path 覆盖区为单位，分别针对 Path127、Path128、Path129 建立了 3 个时序数据集，用于对研究区的长周期遥感监测。其中，以 Path128 数据覆盖范围为例，进行绿地动态的遥感监测统计分析，其时序数据集包括 1991 年 8 月 23 日、2002 年 8 月 29 日、2007 年 8 月 3 日、2010 年 8 月 27 日、2013 年 8 月 3 日和 2015 年 8 月 25 日 6 个时相的遥感数据，并选取 1991 年、2002 年、2010 年和 2015 年四期数据进行绿地覆盖状况的变化趋势分析，Path127 时序数据集包括 1994 年 8 月 24 日、2000 年 8 月 24 日、2007 年 8 月 12 日、2011 年 8 月 7 日和 2014 年 8 月 15 日五期数据，Path129 时序数据集包括 1991 年 8 月 30 日、1995 年 9 月 10 日、2000 年 9 月 7 日、2004 年 8 月 17 日和 2015 年 9 月 1 日五期数据。

（2）遥感数据预处理。Landsat 数据经过格式转换、多波段合成、大气校正、辐射校正、镶嵌、地理配准等预处理后，得到多波段遥感图像。

（3）绿地提取及绿地覆盖制图。利用 NDVI 归一化植被指数提取绿地，经图像分割后得到植被覆盖状况分级评价结果，制作绿地覆盖分布图。

（4）绿地覆盖分析。以研究区内 Path128 数据覆盖区为例开展绿地覆盖分析，获取覆盖区内绿地覆盖的时空特征，对绿地覆盖状况进行定量统计，并与对应年份的 MODIS 分析结果进行对比。

（5）绿地覆盖变化趋势分析。基于构建的 Path127、Path128、Path129 三个时序数据集，分别提取对应区域的绿地覆盖状况变化趋势，得到合成的全区绿地覆盖变化趋势空间分布图，分析区域内绿地环境的时空变化特征。

1. 基于遥感统计的绿地动态监测

针对图 4-9 中 Path128 轨区域，不同时相 Landsat 数据提取的不同植被覆盖状况绿地面积及其占比统计见表 4-4，不同植被覆盖状况的绿地面积占比变化如图 4-10 所示。区域内绿地以中、低植被覆盖为主，占比绿地面积超过85%，绿地覆盖状况的变化主要表现为低植被覆盖与中植被覆盖绿地的相互转化。

相比1991年，区域内绿地的植被覆盖状况呈现改善趋势，中植被覆盖的绿地面积表现为总体的增加趋势，低植被覆盖绿地的面积总体减少。中高及以上植被覆盖绿地面积占比较少，不同年度间的面积保持相对稳定性，与中植被覆盖绿地面积具有相近的变化规律，体现了植被生长季的总体变化规律。中、低植被覆盖的绿地面积的波动性变化与不同年度降水、气温等气候条件的差异性和遥感监测数据时相不完全一致带来的植被物候期差异等自然因素相关，植被生长季的明显季相节律和物候变化特征对绿地植被覆盖状况的转化具有影响作用。油气田绿地遥感监测中数据时相的选择十分重要，要尽量降低植被物候期的影响。遥感对植被变化的反映是综合的和宏观的，需要结合气候、土地、管理等自然因素和人类控制因素对遥感监测结果加以综合分析，以便获得更全面的理解，客观分析油气生产活动对绿地环境的影响。

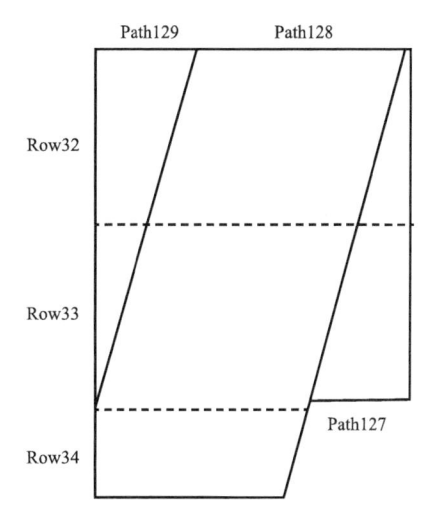

图 4-9 研究区 Landsat 数据分幅覆盖示意图

表 4-4 基于 Landsat 的研究区不同植被覆盖状况绿地面积及占比

日期	统计参数	低植被覆盖	中植被覆盖	中高植被覆盖	高植被覆盖
1991 年 8 月 23 日	面积，km²	51708.36	12170.21	2156.27	374.20
	占比，%	77.86	18.33	3.25	0.56
2002 年 8 月 29 日	面积，km²	29701.82	28236.21	6971.30	1585.79
	占比，%	44.67	42.46	10.48	2.38
2007 年 8 月 3 日	面积，km²	40734.14	21526.53	3225.83	885.70
	占比，%	61.37	32.43	4.86	1.33
2010 年 8 月 27 日	面积，km²	32437.11	28284.42	4662.34	1079.88
	占比，%	48.80	42.56	7.01	1.62
2013 年 8 月 3 日	面积，km²	23511.59	34516.08	6739.70	1559.05
	占比，%	35.45	52.04	10.16	2.35
2015 年 8 月 25 日	面积，km²	37165.54	23862.62	3786.80	1538.14
	占比，%	56.01	35.96	5.71	2.32

2. 不同尺度遥感监测绿地空间特征

与基于 MODIS 数据开展的大尺度绿地遥感监测结果相比，基于 Landsat 数据提取的不同植被覆盖状况的绿地空间分布格局与大尺度遥感监测结果保持总体的一致性，对局部区域的细节反映能力更强。2015 年 8 月 Landsat 和 MODIS 提取的 NDVI 分级分布如图 4-11 所示，2015 年 8 月 Landsat 和 MODIS 提取的 NDVI 分级分布放大显示如图 4-12 所示。基于不同空间分辨率的遥感监测从不同空间尺度上反映出绿地覆盖的时空特征，二者的结合有助于更全面地追踪生态系统绿地植被覆盖演变的历史印记。

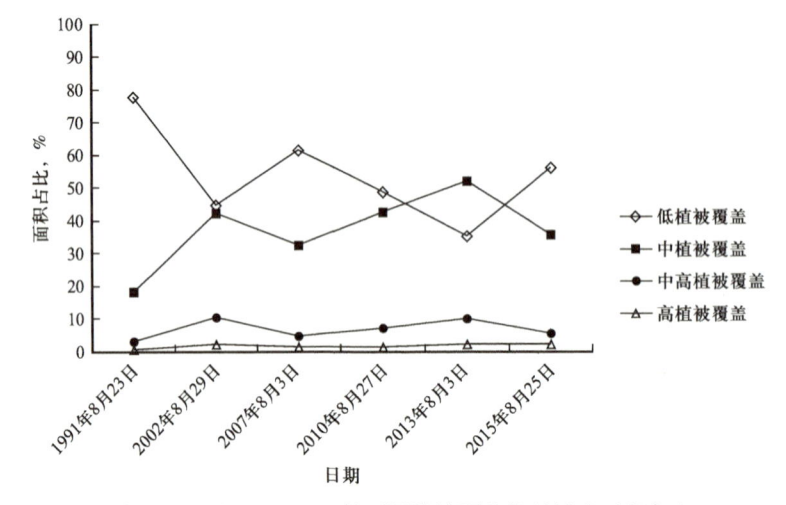

图 4-10 基于 Landsat 的不同植被覆盖状况绿地面积占比

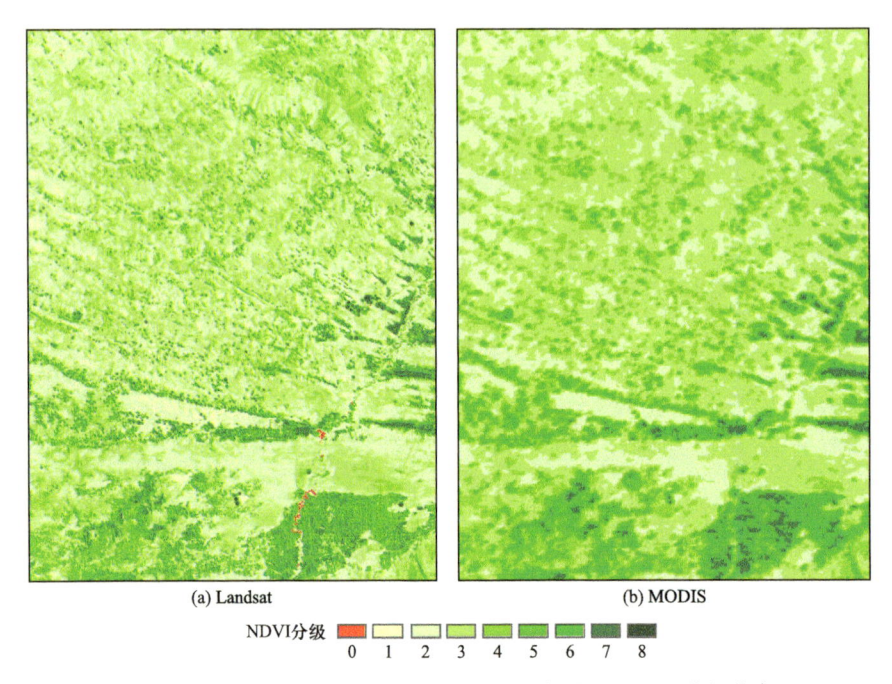

图 4-11 2015 年 8 月 Landsat 和 MODIS 提取的 NDVI 分级分布

(a) Landsat　　　　　　　　　　　　(b) MODIS

NDVI分级　　0　1　2　3　4　5　6　7　8

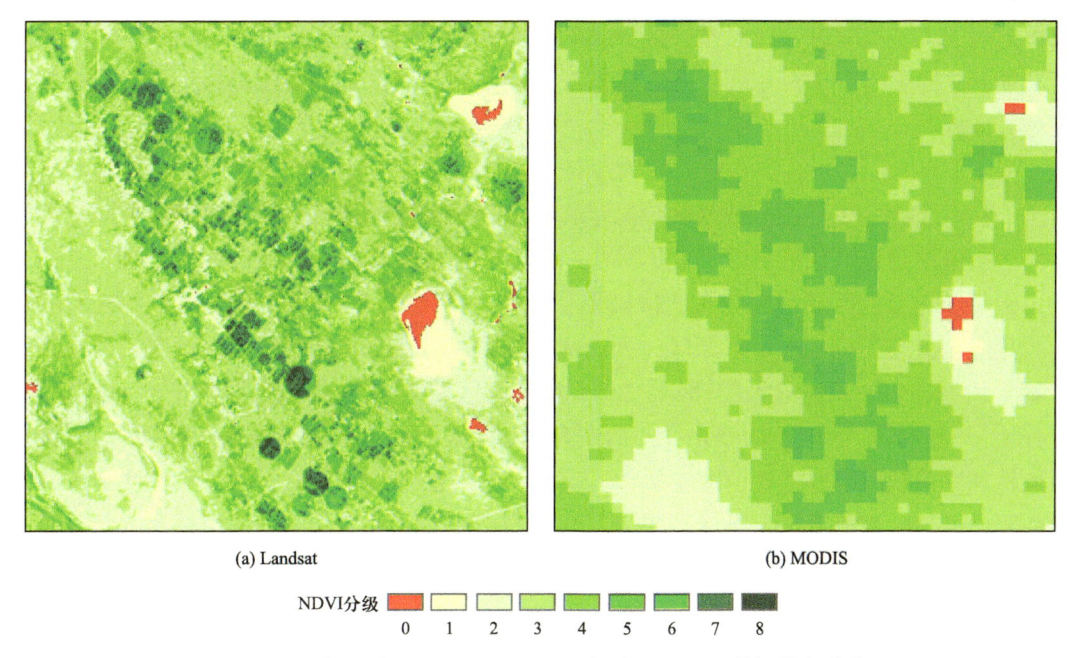

图 4-12　2015 年 8 月 Landsat 和 MODIS 提取的 NDVI 分级分布放大显示

3. 绿地覆盖状况变化趋势分析

完整覆盖研究区涉及 Path127、Path128 和 Path129 三轨 Landsat 数据，为了获取基于 Landsat 的绿地植被覆盖状况变化趋势，分别针对三轨 Landsat 数据建立了三个时序数据集。Path127 时序数据集选取了从 1994 年至 2014 年期间的 5 期遥感数据，Path128 时序数据集选取了从 1991 年至 2015 年期间的 4 期遥感数据，Path129 时序数据集选取了从 1991 年至 2015 年期间的 5 期遥感数据。利用一元线性回归方法分别提取每个时序数据集的植被覆盖状况变化趋势，合成获得研究区的植被覆盖变化趋势。

通过一元线性回归计算时序数据集中的 NDVI 随时间变化的斜率 k，获取植被覆盖变化趋势，计算如式（4-4）。

$$k = \frac{\sum_{i=1}^{n}(x_i - \bar{x})(y_i - \bar{y})}{\sum_{i=1}^{n}(x_i - \bar{x})^2} \qquad (4-4)$$

式中，k 表示植被覆盖随时间变化的趋势；x_i 和 y_i 分别表示遥感数据获取年份和对应年份的 NDVI 值；$\bar{x}$ 和 $\bar{y}$ 分别表示时序遥感数据集中数据接收年份的平均值和 NDVI 平均值，i 是时序遥感数据序号，n 是时序遥感数据集中所包括数据时相的数量。k 表示植被覆盖状况随时间的变化趋势，当 $k>0$ 时，植被覆盖状况改善，值越大，改善程度越大；当 $k<0$ 时，植被覆盖状况退化，值越小，退化程度越大。k 值反映了 NDVI 的变化趋势，通过阈值设定，划分植被改善或退化的程度。一般情况下，时序周期越长，整体的一致性变化趋势的变化幅度会相对更小，因而不同时序长度变化趋势的阈值节点设置会存在差异，需要

根据提取的 k 值值域进行针对性的划分。对于相同时序长度提取的 k 值可以采用相同的阈值设置，这样更有利于对相同时序长度情况下的不同时序区间的变化趋势进行阶段性的结果对比分析。

基于 Landsat 数据提取的研究区内绿地植被覆盖状况变化趋势如图 4-13 所示。区域内西部和东北部区域存在植被覆盖状况呈轻微退化趋势的绿地区，通过遥感影像对比，东北部区域植被明显退化区是由于数据接收时受云层覆盖的影响，图像的去云处理带来的干扰，云阴影北部的区域存在轻微的植被退化现象，如图 4-14 所示。研究区西部区域的植被明显退化区主要位于干旱草原区，如图 4-15 所示，1992 年遥感影像显示区域内地表为自然生长状态，未见明显人类印记，2015 年时该区域有明显的人类活动印记，表现为经过分块管理的绿地区域，如图 4-15 所示。东南部植被改善区域如图 4-16 所示，区域内绿地植被覆盖状况呈普遍性的改善趋势，其间零散分布小型植被退化区，植被明显改善区域和明显退化区都能看见人类活动印记。总体来看，研究区南部绿地的植被覆盖状况呈总体的向好趋势。

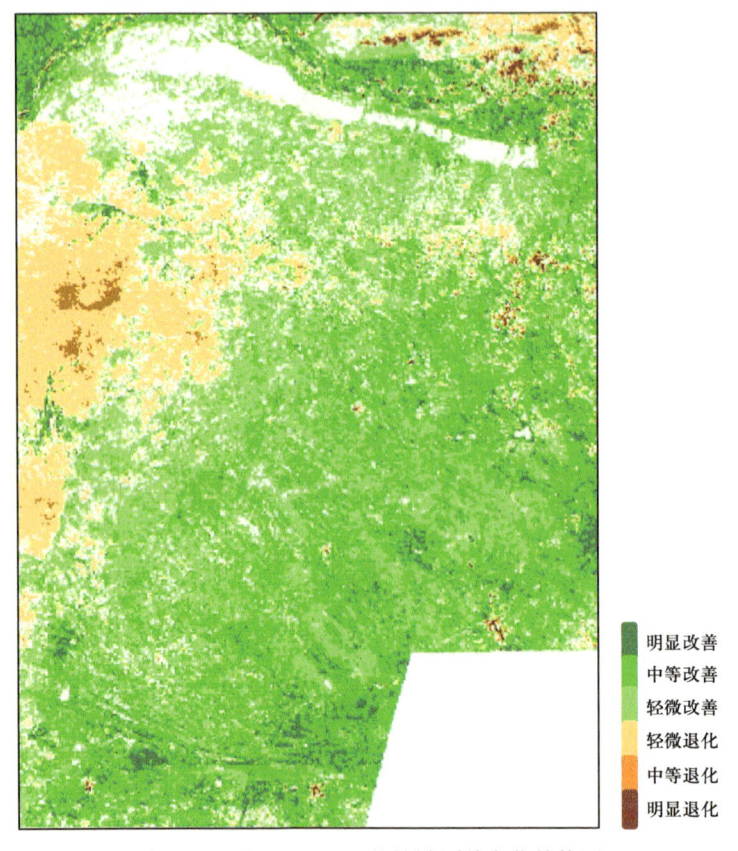

图 4-13 基于 Landsat 的植被覆盖变化趋势图

由此可见，生态系统绿地覆盖的明显改变区往往能看到人类活动的印记。绿地作为区域生态环境的一类重要环境要素，对分析油气田生态环境质量具有指示意义。

第四章 油气田绿地遥感监测

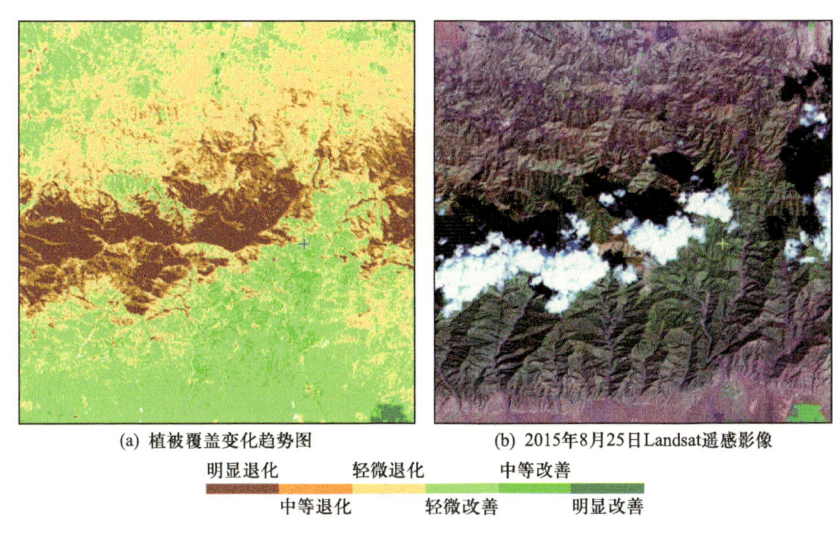

(a) 植被覆盖变化趋势图　　(b) 2015年8月25日Landsat遥感影像

明显退化　轻微退化　中等改善
中等退化　轻微改善　明显改善

图 4-14　北部植被覆盖退化区遥感特征

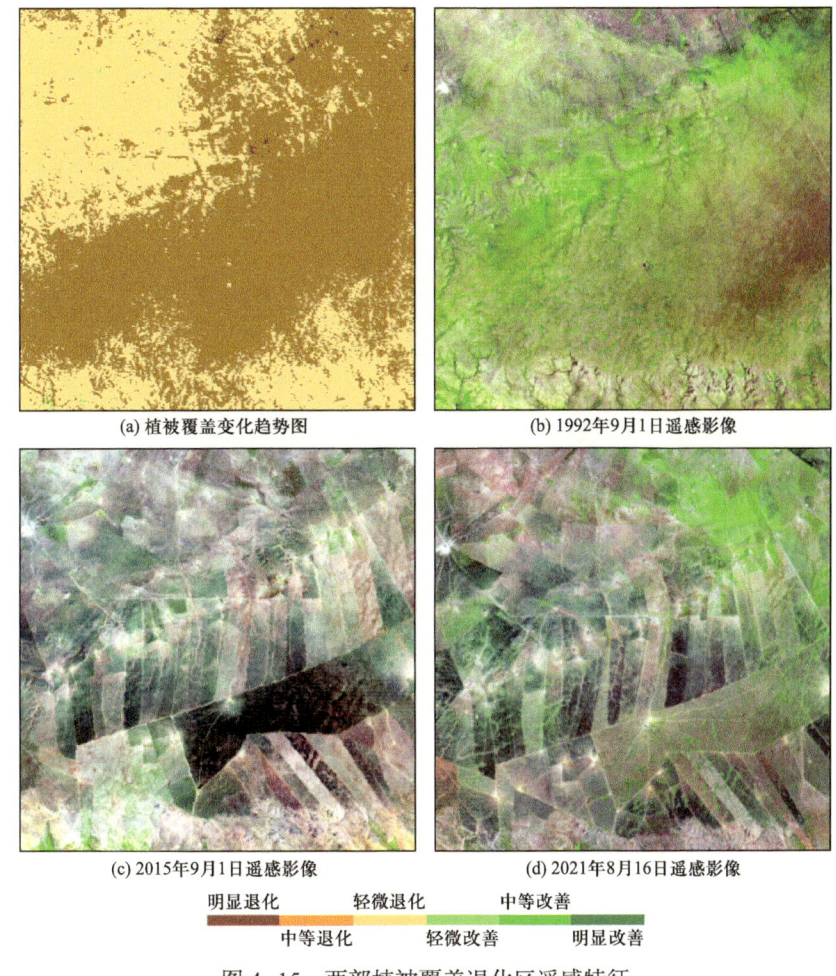

(a) 植被覆盖变化趋势图　　(b) 1992年9月1日遥感影像

(c) 2015年9月1日遥感影像　　(d) 2021年8月16日遥感影像

明显退化　轻微退化　中等改善
中等退化　轻微改善　明显改善

图 4-15　西部植被覆盖退化区遥感特征

— 97 —

(a) 植被覆盖变化趋势图

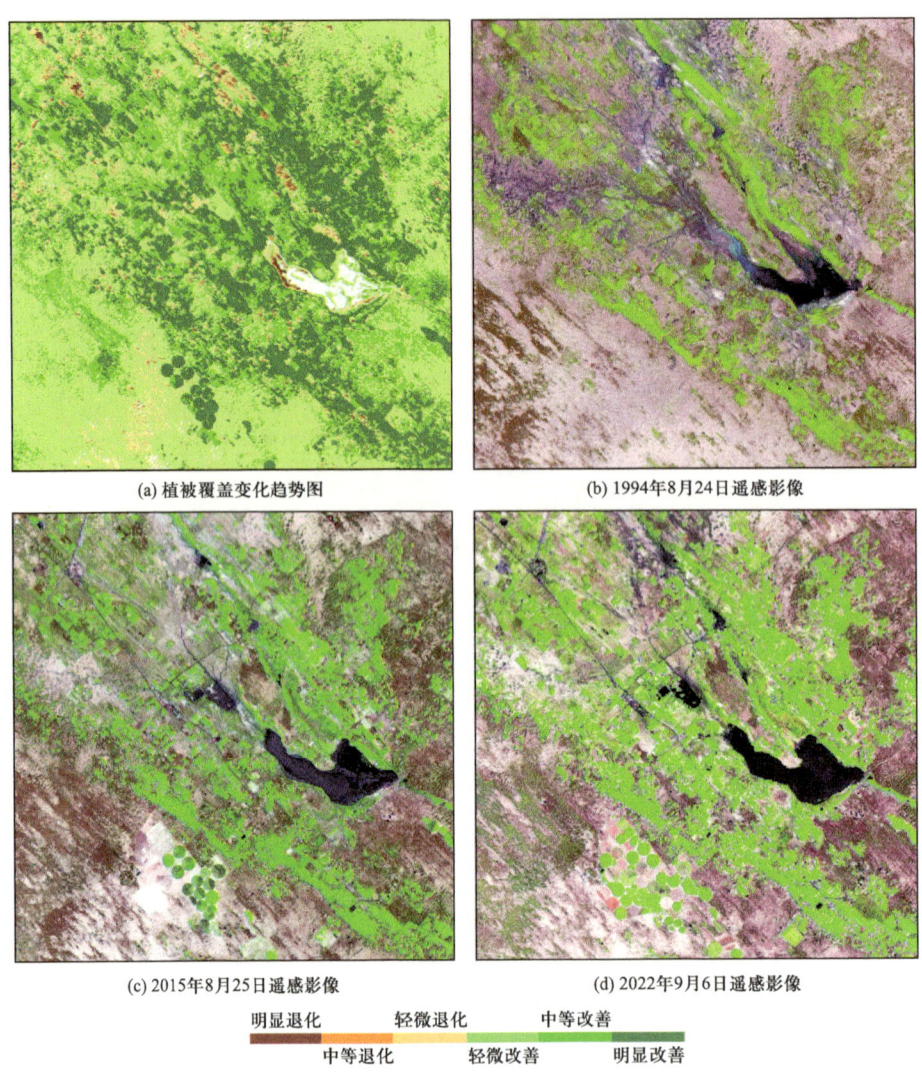

(b) 1994年8月24日遥感影像

(c) 2015年8月25日遥感影像

(d) 2022年9月6日遥感影像

明显退化　　轻微退化　　中等改善
中等退化　　轻微改善　　明显改善

图 4-16　东南部植被覆盖改善区遥感特征

第五章 油气田水体遥感监测

第一节 概 述

　　油气田水体是油气生产工业区内各类水体的统称。考虑油气生产特点，油气田区域内涉及的水体可分为自然水体（如流经油气田的江河、湖泊等）、人工水体（如人工沟渠、水库、公园水域等）和油气生产废液（如矿化度水体、压裂液等）。自然水体和人工水体总体都属于地表天然水体，具有自然水体的基本特征，其空间变化动态是油气田生态环境的重要反映指标之一。油气生产废液主要是油气开发和生产过程中的各种生产用液和排放的各类产出液，处置不当可能会引发环境问题。陆表水体是区域水循环的主要组成部分之一，其空间分布在一定程度上可以反映该区域水资源的储存、利用状况，而其波动或变化体现着气候变化、地表过程及人类活动对于水循环、物质迁移及生态系统变化的影响。监测油气田陆表水域的时空特征，对促进油气田生产与水资源环境的和谐和可持续发展非常必要。

　　油气资源的开发与生产过程需要大量用水，如钻井液、压裂液、注水开采等，作为生产用液用于油气开发与生产。同时，也会产生大量的生产排出液，这些排出液包括注入地下的生产用液经作业环节后而排出的生产废液，还包括大量随油气生产而释放出来的来自地下深层的高矿化度水体。生产用液经生产作业后形成的生产废液，所含成分复杂，其中部分生产废油为含油废液，通常经专门处理，统一管理。此外，各类油气田污染物如果进入自然水体，会造成自然水体污染，油气开发过程中由于生产建设带来的地面扰动会影响陆表水域的分布格局。这些影响作用可以通过区域陆表水域的时空动态得以体现。传统的油气田水环境监测主要通过设置水环境监测断面来监测重点点位的水环境质量，受现场采样点数量限制，难以反映水资源环境的区域变化趋势。遥感技术突破了传统方法的限制，不仅能够准确判定和测算水域覆盖面积，监测时空变化，为油气田水资源环境的大范围监测提供观测手段，而且对大面积的水污染快速动态监测、水淹区监测等都具有良好的效果，为快速制定科学、准确、合理的应急方案提供技术支撑。随着遥感技术的不断发展，遥感数据的时间、空间和光谱分辨率越来越高，监测频次和数据精度也逐步提高，使油气田水域信息提取更加准确，为油气田水资源环境的调查提供保障，支持油气田环境动态分析。

　　基于遥感的油气田水体监测主要针对陆表水域和生产废液。油气田陆表水域的监测对象包括河流、湖泊、水库等，通过对油气田陆表水域的全覆盖、持续观测，获取全区陆表水域面积及空间分布的变化动态，为油气田水资源环境保护与规划提供依据。其中，针对汛期油气田安全生产保障的水情应急监测是油气田水体遥感快速监测的主要应用。油气田生产废液的类型多样，目前重点针对矿化度水体和含石油烃生产废液开展了基于光谱特征的遥感分析，为基于卫星遥感的信息提取提供依据。

第二节　水体遥感原理

地球表面开放水体约占全球面积的74%，其中海洋面积最大，约占95%。人类可利用的主要水资源包括地下水在内的河流、湖泊等，仅占地球水体面积的0.4%[11]。水体动态变化监测非常重要。地球水环境处于不断变化之中，从水体状态、物质组成到时空分布都具有可变性和差异化的特征。需要针对不同的水体环境，采用适合的遥感观测方法。不同地物因其物质结构和组成成分不同，具有不同的电磁波谱特征。与其他环境因子相比，水体具有较为明显的辐射特征。天然水体在$0.4\sim1.1\mu m$区间的电磁波反射率明显低于其他地物，在遥感图像上常常表现为暗色调；在近红外波段的反射率比可见光波段更低；不同的水体在可见光波段的反射率有较为明显的不同，如随泥沙含量的增加而增强[9]。这也是水体遥感识别和水质遥感监测的基础。工业生产废液往往由于污染物影响水气界面的热交换，引起液体表面温度异常，可以利用热红外遥感观测温度的变化。对于汛期等特殊天气期间，由于云雨天气影响，无法获取有效的多光谱遥感影像，需要利用雷达遥感的全天时、全天候能力监测水体的分布。因此，水体的遥感监测需要借助多源遥感手段，结合实际观测资料和地理信息数据，通过相关计算分析，获得对区域水体的定性、定量遥感信息。

一、水环境概述

1. 水环境及特征

水环境是由地球表层水圈所构成的环境，它包括在一定时间内水的数量、空间分布、运动状态、化学组成、水生生物种群和水体的物理性质。例如，河流、湖泊、水库及近岸海域，都是与人类关系密切的水环境。水环境按其范围大小，可分为区域水环境、全球水环境。对一个特定区域的水环境，又可分为地表水环境和地下水环境。地表水环境包括河流、湖泊、水库、池塘、沼泽等。地下水环境包括泉水、浅层地下水、深层地下水等。了解水环境基本特征是开展油气田水体环境遥感监测的基础。

水环境具有明显的变化特征。水体的状态随着温度和压力的变化从固态、液态到气态发生变化，通常的水环境是指水的液体状态。不同水体的物质组成其差异很大，如海水的含盐量很高、黄河水中悬浮物含量高等。地球表层水体的时空分布极不均匀，南北半球和东西半球之间的差异非常明显。中国陆地水体的时空分布也不均衡，在地区分布上，长江及其以南地区的水资源量占全国总量的80%，黄淮海流域水资源量仅占8%；在时间分布上，大部分地区冬季少雨，春季多旱，夏秋多雨、多洪涝，东南部各省6—9月份降水量占全年降水量的 60%~70%，北方黄、淮、海、松辽流域 6—9 月份的降水量一般占全年总降水量的 85%。水资源分配不均，造成中国不同地区水环境差异巨大。同时，水具有可循环性，除了可以在不同的状态之间转化，不同的水体之间还存在不断的循环与交换，在循环过程中实现气候调节、大气交换的环境效应。因此，水环境是反映区域生态环境质量的一个重要指标。

2. 水体污染及类型

天然水都不是纯净的。水在循环过程中，与大气、土壤、岩石等接触，溶解和聚集了各种气体、离子以及源于矿物或生物体内的各种胶体物质。这些物质悬浮、分散和溶解在水中，相互作用，共同决定了天然水的特性。天然水的物理性质主要表现为温度、味道、颜色、浑浊度、悬浮物质等。在水环境污染中，更强调水体的概念。水体包括水中的悬浮物、溶解物质、底泥和水生生物等完整的生态系统或完整的综合自然体。一些污染可能会从水中转移到底泥中，虽然水可能未受污染，但水体可能受到了污染，成为次生污染源。

当污染物进入河流、湖泊或地下水等水体后，其含量超过水体的自净能力时，会造成水体污染。水体污染源按照污染物的来源可分为自然污染源和人为污染源两大类[9]。自然污染源是指自然界本身的地球化学异常所释放的物质给水体造成的污染，如高矿化度地下水带来的污染。这种污染具有长期、连续作用的特点，发生的区域范围比较有限。人为污染源是指由人类活动形成的污染源，类型复杂，也是环境保护与防治的重点，按人类活动方式可分为工业、农业、交通、生活等污染源；按排放污染物的种类不同，可分为有机、无机、热、放射性等污染源，以及同时排放多种污染物的混合污染源；按空间分布方式，可分为点源和非点源。水污染点源是指以点状形式排放而使水体造成污染的发生源。一般工业污染源和生活污染源产生的工业废水和生活污水，经处理后的排放口是重要的污染点源，其排放规律随排放口的排放规律而变化。水污染非点源又称水污染面源，是指以面积形式分布和排放的污染物而造成的水体污染发生源。例如，降雨、洪水等造成的污染物外溢而使污染水体进入河流等形成的污染就是非点源水体污染。非点源水体污染具有发生随机、形成复杂、来源广泛和影响的持续性等特点，监测难度大。

油气田水体主要包括河流、湖泊等自然水体和油气生产过程中产生的各类生产废液。其中，油气生产废液既包含高矿化度水体这种自然污染水体，也包含人类油气生产活动形成的污染水体。因此，对于油气田水体的遥感监测来说既要开展面向油气田生产废液等的污染水体监测，也要开展面向油气田及其周边区域的陆表自然水体监测，从而掌握油气田水资源环境动态，促进油气田水环境风险管控能力的提升。

二、水体的光谱特征

水的光谱特征主要由水体的物质组成决定，同时又受水体状态的影响。在可见光波段 0.6μm 之前，水的吸收较少，反射率较低，光大量透射。其中，水面反射率约 5%，并随着太阳高度角的变化呈 3%~10% 不等的变化；水体可见光反射包含水表面反射、水体底部物质反射及水中悬浮物质反射三方面的贡献。对于清水，在蓝—绿光波段反射率为 4%～5%。0.6μm 以外的红光部分反射率下降到 2%～3%，在近红外、短波红外部分几乎吸收全部的入射能量，因此水体在这两个波段的反射能量很小。这一特征与植被和土壤光谱形成十分明显的差异，因而常利用红外波段来识别水体[51]。图 5-1 反映了水体的光谱递减规律，由于水在红外波段对光的强吸收，水体的光谱特征集中表现在可见光在水体中的辐射传输过程[52]。这些过程以及水体最终表现出的光谱特征由水面的入射辐射、水的光学性质、表面粗糙度、日照角度与观测角度、气—水界面的相对折射率以及某些情况下涉及的水底反射光等多种因素决定。

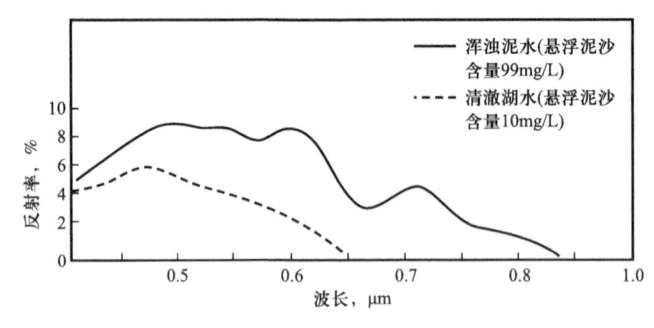

图 5-1 水体的反射光谱特征

电磁波与水体相互作用的辐射传输过程如图 5-2 所示。入射光照射到达水面，少部分被水面表面反射回空中，大部分会入射到水体。入射到水体的光，又大部分被水体吸收，部分被水中泥沙、藻类等悬浮物反射，少部分透射到水底，被水底吸收和反射。被悬浮物和水底反射的辐射，部分会返回水面，折射回到空中。[19]因此，遥感传感器接收到的辐射包括水面反射光、悬浮物反射光、水底反射光和天空散射光。由于不同水体的水面性质、水体中悬浮物的性质和含量、水深和水底特性等不同，造成传感器接收到的反射光谱特征存在差异，为遥感探测水体提供了基础。

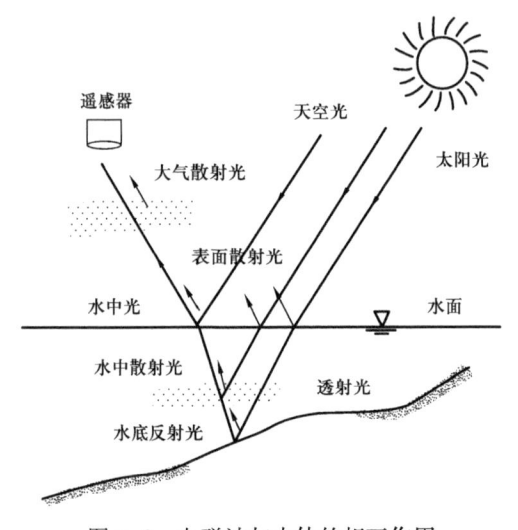

图 5-2 电磁波与水体的相互作用

水体的散射与反射主要出现在一定深度的水体中，称为体散射。水体的光谱特性（即水色）主要表现为体散射而非表面散射。水体的光谱性质包含了一定深度水体的信息，且这个深度及反映的光谱特性是随时空而变化的。水体的光谱特性主要决定于水体中浮游生物含量（叶绿素浓度）、悬浮固体含量（浑浊度大小）、营养物含量（黄色物质、溶解有机盐、盐度指标）以及其他污染物、水底形态、水深等因素。大量研究表明，叶绿素、悬浮固体等主要水色要素的垂直分布并非均匀的，水体中的水分子和细小悬浮质（粒径远小于波长）造成大部分短波光的瑞利散射，因此较清的水或深水体呈蓝色或蓝绿色。

另外，离开水面的辐射部分，除了水中散射光的向上部分外，还应包含在水中叶绿素经光合作用所发出的荧光。水面入射光谱中，仅有可见光（0.45～0.76μm）才透射入水，其他的入射光或被大气吸收或被水体表层吸收。蓝光（0.4～0.5μm）谱段水的透射性最好，对于清洁水体可达几十米[11]。

一般来说，对于可见光遥感，波长0.43～0.65μm为测量水中叶绿素含量的最佳波段；0.58～0.68μm对水中泥沙反映最敏感，是水体浑浊度遥感监测的最佳波段[11]；超过了0.75μm，水体几乎成为全吸收体，近红外遥感影像上的清澈水体呈黑色，可用于区分水陆界限，确定地面有无水体覆盖。

三、水体的热特征

理论上，自然界任何温度高于绝对零度（0K 或 −273℃）的物体都不断地向外辐射电磁波，其辐射能量的强度和波谱分布位置是物质类型和温度的函数，因为这种辐射依赖于温度，称为热辐射。热是物质的内部能量，地球表面的物质，主要吸收太阳辐射能，然后再发射，其强度既取决于太阳能持续时间和强度的昼夜及年度周期变化，又取决于地表性质。同时，地表物质也可能接受地球内部的地热能，这种热辐射具有明显的区域性特征。

在热红外区间内，存在着3～5μm和8～14μm两个大气窗口。8～14μm热红外谱段的大气窗口，不仅集中了大多数地表特征的辐射峰值波长，而且不同物体的发射率随着物质类型的不同有着较大的差异，主要用于调查地表一般物体的热辐射特性，如地热调查、城市热岛、海洋油污染等。3～5μm的短波红外谱段常用于捕捉高温信息，进行森林火灾、活火山等高温目标的识别与监测。

热红外遥感是通过遥感手段感应地面物体发射热辐射能的差异而探测目标特征。热红外遥感图像记录地物的热辐射特性，它依赖于地物的昼夜热辐射能量而成像，因而不受日照条件的限制，可以在白天、夜间成像。热图像是地物辐射温度的分布图像，它用黑白色调的变化来描述地面景观的热反差，图像色调深浅与温度分布相对应。由于不同物体间的温度或辐射特征存在差异，可以根据图像上的色差所反映的温差来识别物体。一般情况下，热图像上的浅色调表示表面温度高的强辐射体，深色调表示表面温度低的弱辐射体。热红外遥感图像的空间分辨率一般低于可见光—近红外遥感图像，应用时需要考虑非同温像元的混合像元影响。

水体具有比热大、热惯量大的特点，对红外几乎全部吸收，自身辐射发射率高，水体内部以热对流方式传输热量，使水体表面温度较为均一，空间变化小，昼夜温差小。白天，水体将太阳辐射能大量地吸收存储，增温比陆地慢，在遥感影像上表现为热红外波段辐射低，呈暗色调。在夜间，水温比周围地物温度高，发射辐射强，在热红外影像上呈高辐射区，为浅色调。因此，夜间热红外影像可用于寻找温泉。根据热红外传感器的温度定标，可在热红外影像上反演出水体的温度。图5-3显示水体与陆地日间成像的卫星热红外遥感图像，上午10:35的图像，水体区域温度相对低，与周边农田区域接近，附近城市区域地表温度明显相对高。

(a) 多光谱影像b753　　　　　　　　　　　(b) 热红外影像b10

图 5-3　上午 10:35 水体与陆地的 Landsat 8 遥感影像

四、水体的微波辐射特征

微波是波长 0.001～1m 的电磁波，远大于可见光—红外（0.38～15μm）波长。地面物质的微波反射、发射与它们对可见光或热红外的反射、发射无直接关系。因此，微波观测为人们提供了一个完全不同于光和热的地球观测视角。

雷达系统属于主动遥感，它不依赖于太阳光，而是主动发射已知的微波信号，再接收这些信号与地面相互作用后的回波反射信号，通过对两种信号的探测频率和极化位移等进行比较，生成地表数字图像或模拟图像，因与太阳照射无关，可以昼夜全天时工作。同时，微波的波长比可见光—红外波长要长得多，所以它的散射要比可见光—红外波段小得多，具有较强的穿透能力，能够穿过浓厚的云层和一定程度的雨区，在任何条件下全天候地工作。在水体监测中，常用于海洋、洪涝灾害调查等方面的应用。

水体的微波辐射特征更多针对海洋。海洋的微波辐射取决于两个主要因素：一是海面及一定深度的复介电常数，它反映了海水的电学性质，由表层物质组成及温度所决定。因而海洋微波遥感可以测得海面及水面下一定深度的温度和含盐度等信息；二是海面粗糙度，是海面至一定深度内的几何形状结构。

遥感信息是电磁波与大气—地表复杂系统相互作用的结果。微波与目标的相互作用也存在散射、透射、发射等物理过程。微波与水体的相互作用过程中,微波的散射作用以表面散射为主,散射面的粗糙度一般可分为光滑表面和粗糙表面。对于光滑表面目标,如图 5-4(a)所示,入射雷达波能量与表面相互作用后形成两束平面波:一束为表面向上的反射波,与法线的夹角和入射角相同,与入射方向相反;另一束为表面向下的折射波或透射波。对于粗糙表面,如图 5-4(b)所示,入射能量与表面相互作用后,形成漫散射,会向各个方向反射[11]。一般情况下,平静水体表面粗糙度较微波的波长而言,属于光滑表面,由于对入射雷达波的镜面反射作用,使雷达图像因接收到弱的后向散射回波信号而形成暗区特征;当水体表面因风浪等原因形成粗糙面时,雷达图像会接收到更强的后向散射回波,而具有更加明亮的图像特征。

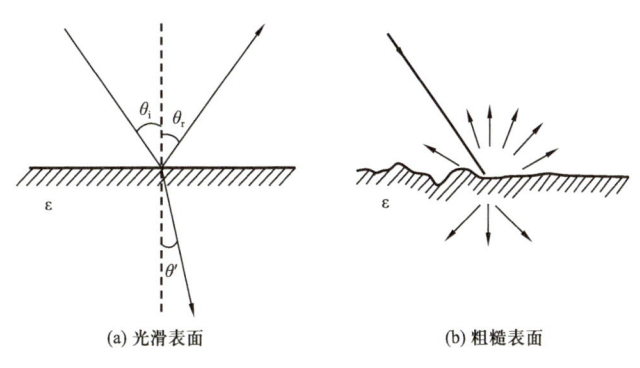

(a) 光滑表面　　(b) 粗糙表面

图 5-4　不同的表面散射

内陆河流、湖泊等水体,受周边陆地和岸体的调制作用,水体表面相对平坦,在侧视雷达影像中,水体呈暗色特征,而陆地表面粗糙度相对大,呈亮色特征,有利于水陆边界的遥感探测。在洪涝灾害遥感监测中,针对洪水期间多云雨天气,光学遥感影像难以获得有效成像数据,利用雷达影像来确定洪水淹没的范围也是有效的手段。云雾天气的多光谱遥感影像与雷达遥感影像如图 5-5 所示。

(a) 多光谱遥感影像　　(b) 雷达遥感影像

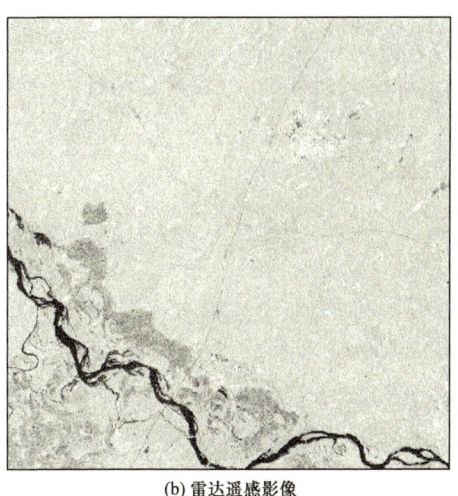

图 5-5　云雾天气的多光谱遥感影像与雷达遥感影像

第三节　油气田陆表水域遥感监测

遥感监测的油气田陆表水域主要针对河流、湖泊等陆表水体。通过遥感观测获得油气田区域内及其周边大尺度空间区域的陆表水资源状况，基于陆表水域的时空动态监测油气田水环境，为油气田水环境保护提供监测的手段和决策依据。

一、油气田陆表水域特征

中国不同地区陆地水体时空分布的巨大差异带来了油气田陆表水域分布的不均衡性，区域陆表水域空间分布格局相差非常大。松辽盆地平原区的油气田水资源相对丰富，区内河流水系发育，湖泊众多，分布大片湿地，因地处温带湿润、半湿润气候区，夏季时间短且多雨，水量颇丰；冬季时间长且多雪。降雨量高峰集中分布在7—9月份。鄂尔多斯盆地北部草原区自西到东依次分布草原化荒漠区、荒漠化草原区和典型草原区[53]，南部以黄土高原区为主，属典型的温带干旱—半干旱气候，降水稀少，蒸发强烈，盆地内地下水补给主要来源于大气降水，最终以黄河及其支流作为地下水的排泄基准面，区域内降水普遍偏小，降水季节集中，最大降水在7、8月份，水资源时空分布不均、年内分配不均，盆地内北部和南部区域都分布油气开发区。塔里木盆地、准噶尔盆地、柴达木盆地等含油气盆地内的油气田多位于戈壁、沙漠及高原区，气候干旱，降水稀少，陆表水资源匮乏。

油气田陆表水域中所含城市水体非常少，更多为河流、湖泊等天然水体。油气田在建设之初多远离城镇聚居区分布，虽然随着油气田开发，区域内的人居环境得以改善，并逐步发展，但是多数油气田生产区分散分布于地理条件相对复杂的不宜人类生活的区域。

油气开发活动给区域水资源环境带来扰动作用。油气能源开发的人类生产活动涉及大量对区域原有自然环境的改造行为，这是自然资源开发利用过程的必由之路。油气开发中的各类地面建设活动、大量生产性用水和大量生产产出液的生成会给区域内的水循环过程带来一定程度的影响。正如区域环境的显著性改变总会发现人类活动的印记，油气田陆表水域的变化可以从一个方面反映长期的地下油气资源开发活动对区域水环境的影响。

二、油气田陆表水域的遥感提取

水是一种重要的资源，在油气田生产和人员生活等方面发挥着重要作用。快速、准确地获取水体信息及其分布对油气田水资源管理、规划发展、灾害评估等方面具有重要意义。基于遥感影像快速提取水体信息，已经成为水资源调查、水资源宏观监测和湿地保护等的重要手段，并得到了广泛的应用。随着遥感技术的发展，逐渐发展了利用光学影像、雷达影像等不同遥感手段的水体遥感提取方法，能够更快地提取广域范围内各类油气田水体的面积及其动态变化等信息，实现时间维度上水环境的长期、动态监测。

1. 基于光学遥感影像的水体目标提取

基于光学遥感影像的水体提取主要是利用水体在不同波段上与其他地物之间的光谱差异来进行目标提取。水体遥感信息识别提取的关键是水体信息的增强和非水体混淆信息的排除，在突出水体信息的图像增强处理基础上，采用适合的快速提取方法，如阈值法、决策树分类法、面向对象分类法或深度学习等人工智能方法等专题信息提取方法，快速提取水体目标[54-57]。水体的遥感提取方法针对水体所在区域及水体性质等特征的不同而有所不同，目前已经提出了多种水体指数，或者利用单波段阈值法、谱间分析方法等对水体进行提取。

单波段阈值法是利用水体在近红外波段反射率较低，易与其他地物区分的特点，选取单一红外波段，反复试验，确定区分水体与其他地物的阈值来提取水体。其方法简便易行，常用于水体的试验性提取。但因单波段光谱信息有限，目标识别中更易受其他地物目标干扰，多将其作为对比试验或特定时相和区域条件下的水体提取方法。

谱间关系法主要通过分析地物在遥感影像的原始波段，或者由原始波段转换得到的特征波段的光谱特征曲线，找出水体与背景地物之间的波谱特征变化规律，利用谱间关系构建逻辑判别表达式来提取水体。此类方法多针对 Landsat、Spot 等特定卫星传感器的遥感数据开发设计。谱间关系法的水体识别精度相对单波段法有所提高，能一定程度抑制阴影和建筑物的影像，但波段的选取和阈值的设定过程需要经过反复对比，难以排除裸地等混合信息。

与植被指数类似，在水体的遥感提取中，会利用水体的光谱特性建立水体指数，以提取遥感图像中的水体目标。根据水体的反射光谱特征，水体在可见光绿波段表现为反射峰，在红外和近红外光谱区间表现为吸收谷。同时，水体与植被、城市和土壤等主要地物类型之间的光谱反射率在可见光和近红外波段存在相对显著的差异。麦克菲特斯（Mcfeeters）提出归一化差值水体指数 NDWI，其计算如式（5-1）[56]：

$$\text{NDWI} = (\rho_{\text{Green}} - \rho_{\text{NIR}}) / (\rho_{\text{Green}} + \rho_{\text{NIR}}) \tag{5-1}$$

式中，NDWI 为归一化差值水体指数；ρ_{Green} 和 ρ_{NIR} 分别为绿光波段和近红外波段的反射率。

徐涵秋（Xu H）在 NDWI 的基础上，对水体指数的波长组合进行了修改，提出了改进的归一化差值水体指数 MNDWI，其计算如式（5-2）[57]：

$$\text{MNDWI} = (\rho_{\text{Green}} - \rho_{\text{MIR}}) / (\rho_{\text{Green}} + \rho_{\text{MIR}}) \tag{5-2}$$

式中，MNDWI 为改进的归一化差值水体指数；ρ_{Green} 为绿光波段的反射率；ρ_{MIR} 为中红外波段的反射率。

利用上述水体指数提取水体时，需要设定经验阈值。由于遥感影像受不同成像条件等因素影响，水体提取时需要针对不同的遥感影像调整阈值设定。由于不同的背景信息对水体提取的影响不同，一种水体指数可能不能很好地适应所有的现实应用场景。研究学者还提出了 RNDWI、NWI 等水体指数，以适应不同背景的水体提取。

针对基于单一阈值的指数法提取水体时面临阈值不确定的问题，实际应用中，也考虑利用多参数联合约束的方法提取水体，来减小阈值设定的不确定性。如缨帽变换中的湿度分量对土壤湿度最为敏感，是较好的水体信息识别的特征波段之一，而植被指数是植被的特征波段，可以有效区别地表植被目标。通过多指数的联合阈值设定，降低水体提取过程对阈值设定的敏感性。

油气田水体目标的遥感提取需要针对油气田陆表水域的特点，从数据源选取、图像增强处理、水体提取模型构建等方面，通过对比分析，选取适合的遥感数据源和提取方法模型，实现油气田陆表水域的快速、准确提取。

2. 基于雷达遥感影像的水体目标提取

随着合成孔径雷达（SAR）遥感技术的发展，雷达遥感因具有全天时、全天候的成像能力，是目前洪涝灾害水情监测的重要技术手段之一。水体与陆地的表面粗糙度明显不同，雷达图像中水体的后向散射系数相对较低，在图像中二者呈明显的色调差异，光滑水面形成的低后向散射回波使雷达影像中的水体显示为暗区（图 5-6）。因此基于雷达遥感影像的水体提取是提取水陆边界的有力手段。然而，由于雷达遥感是通过光滑水体表面形成的弱后向散射回波来识别水体，其他具有光滑表面特征的地物目标可能会形成类似的图像暗斑特征，因此，雷达遥感的水体提取会存在伪目标的误提取情况，对于内陆封闭型的细小水体识别具有一定的干扰作用。水体提取时，还需要考虑多种因素，结合相关辅助信息，提高水体识别的可靠性。

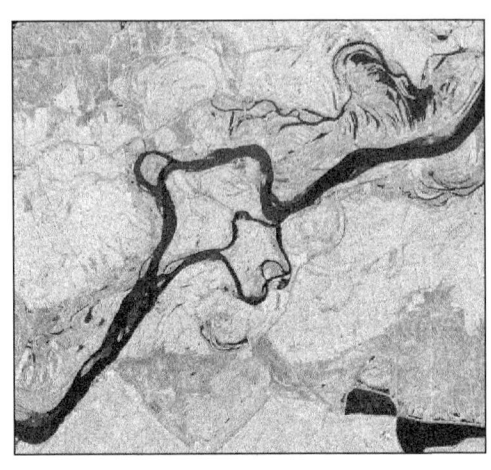

(a) 雷达遥感影像　　　　　　　　　　(b) 水系提取

图 5-6　雷达遥感影像中的水系

由于雷达图像在成像机理、图像特性等方面与光学遥感图像有很大的不同，因而在图像处理方法上也存在许多差异，如特殊的辐射和几何校正、去斑点噪声等，以及通过小波等算法提取纹理特征等。利用单极化的雷达遥感影像，对预处理后的图像经阈值分割提取水体边界是最常用的水体提取方法，如图5-6所示，也常用面向对象等自动提取方法对水体进行快速提取。尤其针对内陆河流、湖泊等封闭型流动水体，由于周边的陆地目标调制，水体表面相对于雷达波长都表现为光滑表面，水体提取结果更加可靠，精确的水陆边界信息可结合相关辅助信息，进行精确的修正，去除沿岸养殖池内的水体等非自然水体水陆边界的干扰信息，获得更加准确的水陆边界信息。

油气田陆表水域多数为内陆河湖、水库等水体，只有少数油气田生产区涉及更加复杂的沿海岸带水陆边界提取，陆表自然水域分布总体稳定，受油气生产活动影响的水域波动以缓慢渐变为主，且都可根据生产活动痕迹进行可追溯的分析。可以通过雷达遥感进行连续观测，并结合历史数据分析，来应对突发或紧急气象条件下的水情监测，以准确掌握水情的有效信息。

三、油气田水域变化遥感监测

油气田水域遥感监测的目的主要是通过遥感监测了解油气田水域的现状及动态变化，为分析油气田生态环境状况及其与油气生产之间的相关性提供依据，并通过水域分布的变化趋势为油气田绿色生产中的科学用水和科学排放提供支持。因此，油气田陆表水域的遥感监测主要围绕油气田及其周边区域进行大范围的水域动态监测，量化遥感观测获取的信息，结合空间分布特征，定性或定量地描述油气田水域的基本状况及其变化，维护油气田水资源环境的生态安全。

受区域气象条件和自然地理特征等因素影响，不同地域油气田水域表现出明显的地域性和季节性特征。同时，受人类油气生产、生活活动的影响，区域陆表水域会经历水库修建、取水坑用水等永久性或临时性的不同人类活动作用，其变化规律体现了多因素综合作用的结果，是油气生产活动对区域生态环境影响的一个反映指标。因此，油气田水域状况的遥感监测需要明确监测的可对比性和普适性原则。

1. 遥感监测指标的选取原则

油气田水域的遥感监测指标应该能够直接有效反映油气田水域的基本状况及其变化，且定性、定量指标结合，并遵循具有面向广泛性分散区域监测的可实施性和有效性原则。油气田水域变化的遥感监测包括常规监测和应急监测两种情况。常规遥感监测主要面向大区域尺度、长时间周期的陆表水域的分布状况，开展以趋势获取为主的动态监测。应急遥感监测主要面向汛期位于洪水易发区等环境敏感区域的油气生产区开展水情应急监测，主要监测水情的变化动态及其对油气生产区的影响。针对不同的监测目的，采用的遥感数据源、遥感监测频率、遥感监测指标和遥感监测要素都会有所不同。由于应急监测往往是常规监测要求的高度集中化体现，这里主要针对油气田水域常规遥感监测的要求来分析监测指标的选取。

油气田水域的遥感监测指标应该明确、简练，并遵循统一的遥感监测原则，结合遥感监测中遥感数据业务化收集的可行性，选取统一的监测指标，包含空间分布、水体面积等定性、定量指标。监测指标的提取方法尽量简单、统一，针对水体提取的不确定性，在保证提取结果的客观性和准确性的原则下，尽可能减少人为修正的主观性影响。由于油气田生产区多分布在偏远区域，大区域尺度的水域提取结果受城市干扰的影响相对小，对城市、地形阴影、云阴影等显著性的干扰因素带来的提取误差，通过人工干预给予修正，对于遗漏的超小型水域不进行人工干预，而是按照统一的水域提取标准，基于获取的大区域尺度油气田水域动态，分析油气田的陆表水环境。因此，油气田水域提取时更倾向选择提取过程对人为主观性依赖更小的遥感方法获得水域边界信息，实现快速、客观、科学的油气田水域变化趋势分析。

2. 遥感监测要素

1）水体界线的确定

根据水体对近红外和红外区间光谱强吸收和雷达波在光滑表面后向散射回波急速衰减的特点，利用光学遥感图像或雷达遥感图像可以获得水体边界信息，测量水面面积。针对监测水体的规模，选择对应空间分辨率的遥感图像提取水体。水体提取的精度与遥感图像的空间分辨率相关，空间分辨率越高，则提取精度越高。基于不同空间分辨率提取的水体结果都具有应用的价值，分别对应着区域大尺度宏观分析和局部精细分析的不同监测需求。对于局部区域的洪水监测，尽可能利用空间分辨率高的遥感影像，以保证水淹区及其影响范围的准确评估。对于大尺度的油气田水域动态监测，利用中分辨率的遥感数据更有利于快速获取水域分布，提取精度可以满足大尺度区域评估的宏观监测需要。

2）水域变化

陆表水域具有面积大、变化快、形态独特的特点，演变过程中多能在原地保留一定的湿度和形态，在遥感图像上图斑清晰，较易辨识。遥感图像在监测水域动态方面具有独特的优势，可以详细记录水域的空间展布形态，有利于水域演变的空间定位和定量研究，通过水域动态信息的获取，宏观再现水域的演变模式。自然环境变迁中，地表水系的变迁最为明显。一个区域的环境变迁与该区域的水域演变具有密切的联系。自然水体在遥感图像中表现出的形迹除了反映水域本身的特征外，还可以结合水域分布的地理规律及其发展特点，间接反映出其他相关环境要素的作用对于分析油气田生产活动与区域水域变化的相关性。

油气田水域变化的常规监测主要针对油气田生产周期内河流、湖泊等水域的演变。利用不同年份的卫星遥感影像，通过对比提取的水体信息在空间分布及面积的变化，分析油气田生产过程中陆表水域的变化情况，包括自然变化规律、异常变化的区域、与油气生产区的相关性和变化的过程等并进行定量统计，获得表明空间分布状况的变化水体制图。汛期油气田内的水域变化监测则是利用洪水前、期间和之后的不同时相遥感数据提取的水域分布，结合油气生产设施分布等信息，通过对比分析水淹区范围、受到影响的油气生产区范围及生产设施，为应急决策提供依据。

3. 遥感提取

油气田陆表水域的遥感监测对象主要包括油气田河流、湖泊、水库、水田、池塘等。考虑水田属于一种人工湿地，能够发挥自然湿地的部分生态功能。在水域提取时没有做去除处理，而是按照水田的种植生长规律，尊重遥感监测结果。水田区域地表类型的变化可以通过遥感持续监测得以体现，结合中国油气田生产区的分布特点，包含水田的油气田相对少，可以从一个方面更加客观地用于不同油气田水域环境的对比分析。

1）油气田水域的提取

油气田面积大、跨多生态系统分布，区域内地貌类型多样，水体提取的背景环境差异性大。水域提取时联合 NDVI 和湿度信息，并结合均值滤波和边缘检测，更有效地提取水体信息。油气田水体提取包括联合指数提取、滤波、边缘补偿和人工修正四个过程。

首先，利用 NDVI 归一化植被指数和缨帽变换湿度分量作为水体提取的联合指数，通过双阈值设定提取水体信息，联合关系表达式为：

$$\text{Water} = \begin{cases} \text{NDVI} < k_1 \\ \text{Wetness} > k_2 \end{cases} \quad (5-3)$$

式中，Water 为提取水体；NDVI 为植被指数；Wetness 为缨帽变换的湿度分量；k_1 和 k_2 为阈值，油气田水体的提取采用固定的阈值设置。

然后，利用均值滤波去除提取水体中的斑点噪声干扰，这些噪声干扰因素并不是真正的噪声，多数是被提取出来的像元级小型目标，自然水域的分布具有一定的空间连续性和空间延展性，而水体提取中难以完全消除城市建筑阴影、含水性土壤等因素的影响，通过滤波降噪的方法可以去除部分干扰，其中也不排除像元级的孤立水域，因规模微小，不会影响油气田水域的宏观趋势统计与分析。

再利用边缘提取的方法对降噪处理后的水体信息进行边缘提取，并与降噪后的水体信息相加，补偿因降噪处理损失的水域信息，获得最终的油气田水域信息提取结果。

最后，通过人工修正去除地形阴影、云等引起的误提取目标，对漏检的水域不进行补充。油气田水域提取时，通过牺牲像元级微小水域的提取精度，提高水体提取标准的同一性和对比分析的客观性。

2）定量监测指标

油气田陆表水域的定量监测指标包括陆表水域面积和水域率。以油气田为单位的水域率定义为油气田范围内的陆表水域面积占油气田面积的比率。统计分析单元参考油气田绿地的监测分析单元，包括三种：单个油气田、所有油气田和其他评价单元。根据监测分析的需要，采用对应的分析单元定量统计水域信息，分别从不同尺度反映油气田水域状况，分析时可以根据需要进行有机的结合。

4. 遥感监测数据

根据遥感监测的区域尺度不同，油气田陆表水域的遥感监测数据可以采用不同的空间分辨率，即中分辨率遥感数据和高分辨率遥感数据。中分辨率遥感数据主要用于油气田及其周边区域的水域监测；高分辨率遥感数据主要针对油气生产区局部区域的精细水情监测和应急水情监测，针对汛期多云、雨天气的气象条件和数据快速获取的需求，数据收集时也包括不同分辨率遥感数据，满足汛期水域快速变化的监测需求。

中分辨率卫星遥感数据源日益丰富，且具有几十年长时间周期的数据积累，是水体提取研究的主要遥感数据源。油气田的开发时间可能从几年到几十年不等，常采用中分辨率遥感数据作为油气田尺度陆表水域常规监测的基础数据源，并根据需要补充雷达遥感数据等适合的中分辨率遥感数据，以保持监测数据的完整性。油气田水域常规监测中的遥感数据选取遵循以下原则：（1）年度内水域调查的卫星遥感数据，优先选取 6—9 月份期间的数据；（2）如果监测区内没有完全合格的数据，可以选取年度内其他时相遥感数据补充；（3）空间位置相邻的遥感调查数据，尽量选择相近月份的数据；（4）常规监测以年度监测为基础监测周期，根据监测需求进行针对性调整。

应急监测多针对局部区域，以高分辨率遥感数据为主，中分辨率遥感数据为辅，收集任何可获取的中、高分辨率遥感数据，满足水体快速提取的数据需要。同时，收集应急发生之前的背景遥感数据，并在应急期之后保持一定时间的数据跟踪收集，为应急决策和后期评估提供数据保障。

第四节 油气田生产废水遥感监测

油气田水环境遥感监测不仅要关注自然水域动态，还要关注生产废水的存在状况。在油气生产过程中，有大量生产废水产生，会集中存放或运输到集中处理场站统一处理，集中存放治理点需要及时清理，避免意外泄漏情况的发生。由于生产环节众多，生产场地数量巨大，油气生产、清洗等过程都可能产生生产废水。如果不慎排入地表水或渗入地下水之中，会对水资源环境带来影响[58]。因其排放量大和对环境影响的高后果性，也是油气田环保治理和管理的重点。高矿化度油田水和含油污水是其中两类主要的生产废水。需要加强油气田生产废水的相关监测，提升环境风险防控能力。用常规地面管理的方法对这些风险源进行整体监测，往往面临进入条件受限等诸多困难。

遥感技术能够快速、同步监测大范围水环境质量及其动态变化。根据光谱测定，造成水体污染的生活污水、工业废水等受污染水体，其光谱反射特征与洁净水体有较明显的差异。遥感方法在监测精度上通常低于常规地面监测方法，但利用遥感技术研究水环境具有区域性、动态性和同步性等优势，从而促使水环境质量监测和研究从点状向面状发展[10]。理论上，遥感传感器记录的是地物电磁波反射特性的强弱变化及空间变化。因此，只有较大程度直接或间接影响了水体的电磁波辐射性质的水环境化学物质发生变化，才有可能通过遥感技术得以探测。通过建立水环境化学现象与遥感图像的色调之间的对应关系，建立解译标志，利用遥感图像的色调特征定性分析水环境的化学现象，并根据实际测量和遥感成像获得的观测数据定量分析水环境化学现象的电磁波辐射特征。不同性质的污染水体在遥感影像上体现出不同的特征，对应的遥感影像地面分辨率、光谱波段和遥感数据获取周期也不同。

各类废水都有其独特的特点。目前，利用遥感技术研究的各种水污染主要包括富营养化、悬浮泥沙、石油污染、废水污染和热污染等几种类型。不同性质水污染在遥感影像上表现出不同的特征（表5-1）[9]。高矿化度的油田水和含油污水因其特定的产生过程，对其形成及遥感特征有待进行深入分析。

表5-1 水污染的遥感影像特征

污染类型	生态环境变化	遥感影像特征
富营养化	富有生物含量高	在彩色红外图像上呈红褐色或紫红色
悬浮泥沙	水体浑浊	在彩色红外图像上呈淡蓝、灰白色调，浑浊水流与清水交界处成羽状水舌
石油污染	油膜覆盖水面	在紫外、可见光、近红外、微波图像上呈浅暗色调，在热红外图像上呈深色调，为不规则斑块状
废水污染	水色水质发生变化	单一性质的工业废水随所含物质的不同色调而有差异，城市污水及各种混合废水在彩色红外影像上呈黑色
热污染	水温升高	在白天的热红外图像上呈白色或白色羽毛状，也称羽状水流

一、油气田生产废水特征

油气田生产废水既是被污染的水体，也是可以污染其他水体的污染源。根据水体污染源的分类原则，油气田中的高矿化度油田水属于自然污染水体，含石油烃的生产废水属于人为污染水体。

矿化度水体在油气田生产中是普遍存在的。油气开采过程中伴随释放大量的来自地下深层的油田水，即油气田范围内直接与油（气）层连通的地下水。它是油气田地下水的一部分，并与油、气组成统一的流体系统，以不同形式与油、气共存于储集岩石的孔隙中。由于长期同油气接触，其性质在某些方面与天然水有所区别，因而具有重要的勘探意义。油田水埋藏于地下深处，处于停滞状态，缺乏循环交替，受高温、高压条件作用，通常具有高矿化度的特征。浅层的渗入水因多来源于降雨时渗入浅层孔隙、岩层中的水，矿化度相对低，对高矿化度的地下水可以起到淡化作用。淡化作用在靠近不整合面下的油（气）层水中表现特别明显。不同油气田的油田水矿化度会有所不同。

油气开采过程中，会产生大量的含油污水。这些含油污水主要来自开发建设期的试油废水、生产运行期的场站含油污水和原油处理产生的含油污水等。由于油气生产中的含油废水中多含有高浓度的石油烃，生产区内会建设集中处理场站对废水进行集中治理，回收其中的含油物质。同时，也会建设配套的各类存放池，用于临时或应急情况下的废水存放，防止外溢。各类含油废水被传送至周边站场采出水处理系统，经处理后回注地下，或作为生产用水再次循环使用，不回注的部分经处理达标排放。

目前，国际油公司对采油（气）废水大多采取回注的方式。中国油气田也普遍采用回注方式，将处理后的废水回注地层，既可以保持地层产能压力，也可以减少地表排放。随着油气田开发的持续进行，与储油（气）层中采出油（气）伴随的大量水体中，不仅包括地层中的天然水，还包括为保持产能压力而回注到储油（气）层中的水。在中国多数油田开发都开始进入中后期，采油过程原油含水率越来越高，所含水分必须进行分离处理，分离出来的废水量也越来越高。油气田水环境监测压力越来越大。

油气田内矿化度水体和含油废水的各类存放设施和集中处理站场作为区域内的环境风险点源，是油气田环保管理的重点。但生产过程中意外泄漏的发生和极端天气的频发给油气田水环境保护提出更高的监测要求。加强两种典型油气田废水的遥感特征分析，为油气田污染废水监测提供更多的认识维度，有助于更深入地分析油气田水域的变化动态。

二、油田水遥感特征分析

1. 油田水的矿化度

矿化度是指单位体积水中所含各种离子、分子和化合物的总量，通常称作水的总矿化度。天然水根据矿化度不同可分为淡水（矿化度<1000mg/L）、微咸水（矿化度1000~3000mg/L）、咸水（矿化度3000~10000mg/L）、盐水（矿化度10000~50000mg/L）和卤水（矿化度>50000mg/L）。地表的河水、湖水等大多是淡水，矿化度一般为几百毫克/升。海水的总矿化度较高，可达35000mg/L。与油气有关的水一般都具有高矿化度的特征。多数海相油田水的总矿化度在50000~60000mg/L以上，最大可达640000mg/L以上。而陆相油田水的矿化度要低得多，一般为5000~30000mg/L，高者可达30000~80000mg/L，如酒泉老君庙油田水。但是，无论是海相还是陆相，也都存在相对低矿化度的油田水，如委内瑞拉夸仑夸尔油田水，矿化度仅为2300mg/L，平均值为1400mg/L[2]。可见由于地质条件不同，油田水的矿化度具有很大的差异。

根据水的化学组成不同，油田水可以分为不同的类型。按照广泛采用的苏林分类法，油田水可以分为四种类型：硫酸钠型（Na_2SO_4）、碳酸氢钠型（$NaHCO_3$）、氯化镁型（$MgCl_2$）和氯化钙型（$CaCl_2$）。其中，硫酸钠型和碳酸氢钠型属于大陆成因水，氯化镁型属于海洋的成因水，氯化钙型属于深部密闭环境下的成因水[3]。

2. 矿化度水体的遥感技术现状

目前，内陆水体矿化度的遥感研究主要针对具有一定规模的盐湖。盐湖蕴含丰富的盐类资源，对干旱与半干旱区水环境的变化具有指示性意义。国内外学者应用遥感对盐湖的信息识别、水量、盐湖动态、生态环境变化等开展了大量的研究。在盐湖水体识别中，其光谱特性是遥感探测的基础。盐湖水体的光谱反射是多种因素共同影响的综合效应，其特征主要由盐分矿物组成、水分、悬浮物等因素决定。学者们已经在不同条件下测定了单一盐分水体或混合盐分水体的光谱，得出了一些盐湖光谱特征的认识。不同矿化度卤水在光谱特征上没有明显的诊断吸收峰[59-60]；高矿化度卤水的反射率明显高于淡水，不同矿化度卤水的反射率不同，反射率与矿化度基本上呈正比关系等。其中，欧马西（Ormaci）等在对土耳其安纳托利亚盐湖的研究中，通过基于 Landsat 5 TM 的星地同步观测，分析认为在卫星数据中，近红外波段是区别盐和水的最优波段[61]。上述遥感研究为盐湖水体识别及水质参数浓度的估测提供了参考依据。

水体表面矿化度反演大体可分为直接反演和间接反演两种。直接反演是通过矿化度特殊的波谱特性，利用各种分析模型建立矿化度和波谱信息之间的关系，反演水体表面矿化度。间接反演是通过水体矿化度与某些水体物质的关系，间接建立矿化度反演模型。国内研究人员利用卫星遥感开展了大量的盐湖信息提取研究。刘英等利用 MERIS 数据，通过利用黄色物质和盐度的关系间接反演了博斯腾湖不同区域的盐度情况，得出光学遥感在低盐度的内陆湖泊反演比较困难[62]。姜红等利用 MODIS 数据，结合实测数据，建立了博斯腾湖开展湖面水体矿化度反演模型[63]。田淑芳等基于中等分辨率的 TM 数据对盐湖总盐含量进行了遥感定量研究，限于遥感数据精度较低，含盐信息识别精度受到一定限制。随着遥感技术的发展，数据分辨率越来越高[64]。王俊虎等基于高分辨率 SPOT5 卫星数据，以柴达木盆地尕斯库勒含铀盐湖为例，开展了盐湖矿化度遥感定性估测，并分析了盐湖湖水矿化度与其含铀量的正相关性特征。当前关于内陆湖泊表面矿化度信息遥感体现的可靠性、反演模型的适用性和反演精度等都还有待更深入的研究[65]。

高矿化度油田水主要分布在油气田生产区内，各油气田生产区内的油田水矿化度都是经过测定的。遥感观测的重点是地面暂存矿化度水体的识别，针对油气田矿化度水体的遥感研究相对较少。

3. 油田矿化度水体光谱特征——以准噶尔盆地西部克拉玛依油气生产区为例

准噶尔盆地是一个大型复杂叠合含油气盆地，经历了复杂的构造、沉积演化过程，油气资源丰富。在准噶尔盆地西部克拉玛依油气生产区，选取油田水和自然清洁水样本进行实验室参数测量和现场光谱测定，基于测量数据，分析了油田矿化度水的光谱特征。

1）数据采集与处理

在克拉玛依油气生产区采集 11 个水样品，包括 9 个不同矿化度的油田水样品和 2 个清洁水样品。油田水样品采集自油田水处理池，清洁水样品采集自生活区公园等陆表的自然水域，用于矿化度油田水和洁净水的对比分析。对现场采集的 11 个水样品进行实验室测定，获得水样品的矿化度值。

在水样品采集现场，对不同矿化度油田水样品和清洁水样品所在的水体进行现场光谱测量，作为与采集水样对应的光谱测量结果。实测光谱采用 ASD FieldSpec 地物光谱仪，基于标准的水体光谱测量方法，对探头及标准反射板进行了定标，并注意规避水面白帽等影响，对水体进行了光谱测量。每种水体进行 3 次重复的现场光谱测量，完成 11 处水体的光谱数据采集。室内光谱数据处理时，针对每处水体的 3 组现场测量光谱数据，首先通过对比剔除变化幅度较大的异常光谱数据，然后将剩余的光谱数据进行平均，作为对应水样品的光谱测量结果，经计算获得反射率结果。

为便于分析，对采集的水样品进行编号，按照油田水样品的矿化度由低到高，将油田水样品顺序编号为 1 号到 9 号，自然水样品按矿化度由低到高编号为 10 号和 11 号。现场测量油田水和自然水的光谱曲线如图 5-7 所示，1~11 号矿化度测量值分别为：1 号油田水 16024.76mg/L；2 号油田水 17205.67mg/L；3 号油田水 17290.50mg/L；4 号油田水 18479.45mg/L；5 号油田水 19789.12mg/L；6 号油田水 20751.14mg/L；7 号油田水 33682.87mg/L；8 号油田水 46951.82mg/L；9 号油田水 67953.92mg/L；10 号自然水 426.55mg/L；11 号自然水 343.49mg/L。采集的油田水是氯化钙型油田水。

2）不同矿化度油田水光谱特征分析

采集油田水样品的矿化度值分布在 16000~68000mg/L 之间，其中 1—6 号油田水的矿化度值分布相对集中，均低于 21000mg/L，7—9 号油田水的矿化度值相对较高。油田水的矿化度显著高于自然地表水的矿化度。

不同矿化度水体波谱曲线的整体形态大致相同，如图 5-7 所示，其光谱差异主要表现在反射率的高低上，油田水的波谱曲线没有表现出反射率随矿化度的增加而升高的一致性变化趋势，这与内陆盐湖基于室内光谱测量的相关研究认识有所不同。1—6 号油田水的矿化度与 7—9 号油田水的矿化度相差较大，分类对比分别如图 5-8 所示和图 5-9 所示。1—6 号油田水的反射率总体表现出与矿化度的正相关性，但也存在混淆的现象，如 5 号、6 号油田水。同时，2 号、3 号油田水的矿化度值接近，二者的反射率值相差幅度相对较大，也表明现场光谱测量数据可能受到更多的环境条件影响。7—9 号油田水中，虽然 9 号油田水的反射率最高，但三个油田水的反射率没有表现出与矿化度的明显正相关性，且反射率总体相对 4—6 号油田水低。

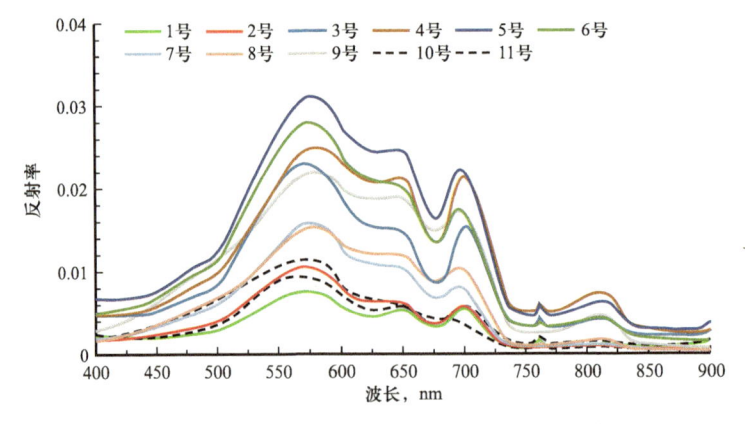

图 5-7 现场测量不同矿化度油田水和自然水光谱特征

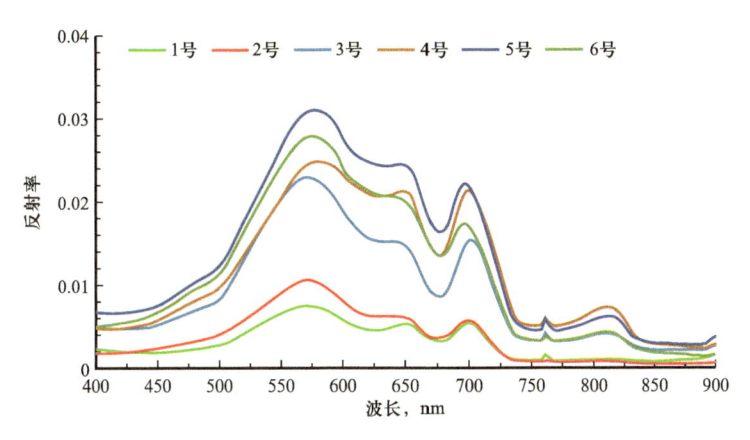

图 5-8　现场测量 1—6 号油田水光谱特征

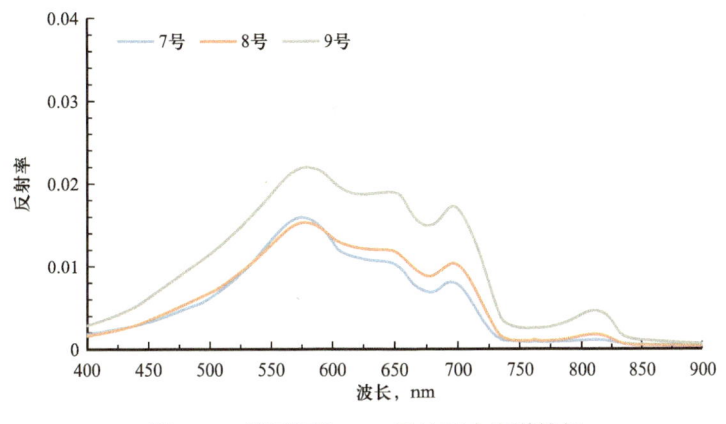

图 5-9　现场测量 7—9 号油田水光谱特征

高矿化度油田水的反射率值总体高于自然水，矿化度值越低，越容易表现出与自然水反射率的混淆性，其遥感特征的不稳定性也表现得越明显。自然水在近红外波谱区间的强吸收作用表现更明显。计算油田水和自然水的平均光谱特征如图 5-10 所示，油田水的平均反射率高于自然水反射率，其波谱曲线形态总体与自然水一致。

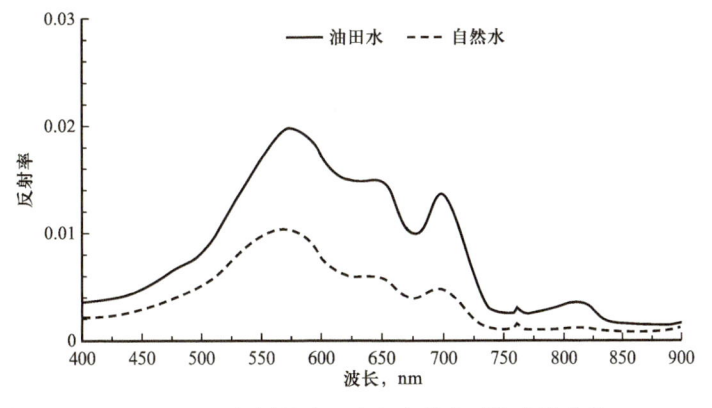

图 5-10　现场测量油田水和自然水平均光谱曲线

综上所述，依据采集的油田水样品分析，其光谱特性总体表现出与水体相近的变化规律，只是在变化强度上不同；油田水的反射率总体高于自然水体，近红外区间自然水的强吸收作用明显；不同矿化度油田水波谱曲线的整体形态大致相同，并表现出不同的光谱反射率。同时，基于现场光谱测量的分析结果也表现出一些混淆的现象，如当矿化度值异常高时，遥感反射率反而降低了；当矿化度值相对低时，油田水的光谱特征易与水体发生混淆等现象。

分析表明，一方面，由于水体的反射率总体上比较低，不超过10%，一般为4%~5%，并随着波长的增大逐渐降低，给油田水的光谱特征分析带来挑战；另一方面，油田水的光谱特征受多因素影响，是综合作用的结果。油田水的遥感识别还需要基于更加完善的光谱采集条件和全面的油田水特征参数测量，开展深入的相关性分析，从而获得对油田水光谱特征的更好理解，为基于遥感图像的油田水识别提供理论基础。

三、油气田含油污水遥感特征分析

油气生产过程中的产出废液包含了部分含油污水。油气田含油污水通常含有高浓度的烃类，即水体中和水体表面都有清晰可见的黑色油污染表现，其光谱特征受到影响，与洁净水体有明显的差异。此外，水体表面因水—气界面的热交换机制受到影响，其表面温度也会表现出与清洁水体的不同。然而油气藏烃类物质十分复杂，包括液态、气态和固态三种物质形态存在。其中液态烃类物质的波谱特性表现出一些强的特征吸收带，分别位于 1.18、1.38μm 附近和 1.61~1.84μm 谱段内[66]。而水体的光谱反射率在 0.75μm 以上的近红外、中红外波段几乎全部吸收，在可见光范围内，水体的反射率总体上又比较低。因此石油污染水体在可见光—近红外波谱区间没有明显的液态烃类物质的特征吸收带，其遥感识别本质上是关于弱信息目标的识别过程。

目前，商业可获取的卫星遥感数据主要为可见光—近红外波谱区间的多光谱数据，覆盖烃类特征吸收带谱段的卫星遥感数据较少。基于卫星遥感的污染水体研究主要通过污染水体对水体光谱特征的改变来区分清洁水体和污染水体。油气田含油污水的形成具有自身的独特性。为了更好地理解油气田含油废液的遥感特征，研究在油气生产区选择含油污水和自然水域典型目标进行光谱特征和温度特征的现场测量，并通过现场目标标定，基于卫星遥感数据，获取目标的多光谱遥感特征，结合现场测量与卫星遥感观测分析油气田含油污水的遥感特征，认识油气田含油污水对水体光谱特征的影响。

1. 基于现场测量的油气田含油污水遥感特征分析

在准噶尔盆地西部油气生产区，分别选择2处含油废液暂存池和3处陆表自然水域作为油气田含油污水和清洁水体的目标样本。通过对目标水体光谱特征进行现场测量，获得含油污水和清洁水体的光谱特征曲线。光谱特征测量与处理方法与油田矿化度水体相同。温度特征通过测量目标液体的表面温度来获取，并同步测量目标周边的地面温度，用于温度特征的对比分析。

现场测量清洁水体和含油污水的光谱曲线如图 5-11 所示。在可见光—近红外区间内，含油污水的波谱曲线在整体形态上与清洁水体具有明显不同，清洁水体在近红外区间表现为显著的强吸收作用。由于油气田含油污水中含烃浓度较高，对水体光谱特性的影响相对明显，但该光谱区间不是液态烃的特征识别谱段，含油污水的准确判定还需要结合相关信息进行综合分析。在 450～900nm 区间，近红外区间的强吸收作用是区别清洁水体和含油污水的明显特征。可以依据该光谱特征帮助识别油气生产区内含油污水的可疑目标，再对可疑目标进行进一步的判别分析。

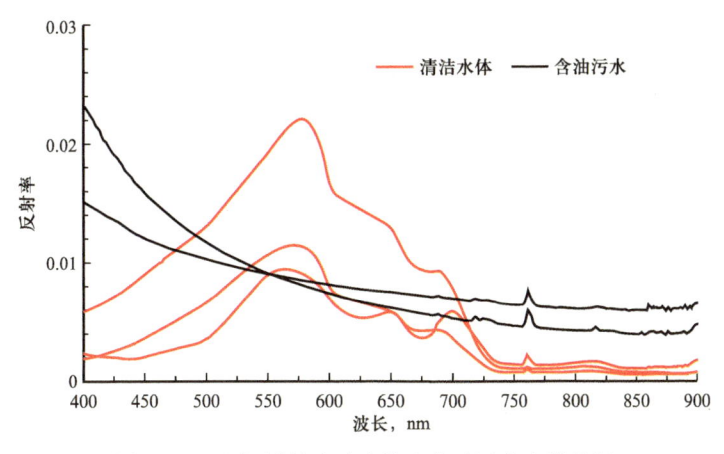

图 5-11 现场测量清洁水体和含油污水光谱特征

水体具有比热大、热惯量大的特点。白天水体因热容量大，升温慢，温度往往比周围土壤岩石温度低。在石油开采过程中，有时会通过加热来增强石油的流动性，如稠油热采。因而油气田内的含油污水可能因含有较高浓度的石油烃而影响水体温度，加上污水表面的油膜阻断了气—水界面的热交换机制，使油气田陆表含油污水的表面温度往往高于自然清洁水体的表面温度。

研究中现场测量时间为十月份，分别测量自然水域和含油废液表面上方及其周边陆表环境上方的大气温度，并计算液面温度相对于周边地表环境温度的差值。现场测量结果显示，清洁水体表面温度比周边地表环境温度低 4～8℃，含油废液的表面温度比周边地表环境温度高 7～11℃。相同环境条件下，含油污水表面温度普遍高于清洁水体表面温度，温度相对变化的幅度与水体深度、石油开采的过程相关。

2. 基于多光谱遥感影像的油气田含油污水遥感特征分析

一般情况下，卫星遥感数据的谱段都是有限的，需要利用有限的多光谱信息开展目标监测。Landsat 数据因其瞬时覆盖面积大、空间分辨率适中、连续记录存档时间长的特点，同时包含多光谱和热红外谱段，成为水体研究的主要遥感数据源。因此，基于 Landsat 8 的多光谱遥感波段和热波段分析含油污水的遥感特征。

通过现场标定，确认卫星可识别的含油污水和清洁水体目标，利用 10 月份的

Landsat 8 遥感影像，分别选取位于水库、油气生产排放含油废液池的水体作为清洁水体和含油污水的遥感图像目标（图 5-12）。基于遥感图像选取的 4 个清洁水和 10 个含油污水目标，获得清洁水体与含油污水目标的多光谱波段反射率特征和目标区的温度特征，如图 5-13 所示。结果显示，清洁水体在可见绿光至近红外波段之间的光谱反射率具有相对显著的快速衰减作用，含油污水的温度明显高于清洁水体的温度。遥感多光谱影像中清洁水和含油污水两个暗色水体区域在热红外影像中呈明显的色调差异，如图 5-14 所示，清洁水体的温度明显低于周边陆表，在热红外影像中呈暗色调，含油污水中三个矩形含油废液池在热红外影像中呈亮色调，温度明显高于清洁水域温度，与周边陆表温度接近。

(a) 清洁水体照片

(b) Landsat 8 影像上清洁水体

(c) 含油污水照片

(d) Landsat 8 影像上含油污水

图 5-12　遥感影像中的标准水样

基于 Landsat 8 的遥感多光谱特征显示，含油污水对水体在近红外区间的强吸收作用影响明显，清洁水体具有更明显的强吸收作用。同时，液体表面具有相对于清洁水体更高的温度。基于多光谱遥感影像的含油污水遥感特征分析表现出与现场测量光谱特征分析的一致性。

由于可见光—近红外区间没有液态烃的特征吸收带和反射带，其他能够明显改变水体电磁波辐射特性、并引起表面温度升高的水体污染现象，都可能表现为近似的遥感特征，如其他工业废水等。因此，基于卫星遥感的油气田含油污水准确识别还需要考虑区域背景、油气生产区分布以及油气生产特点等，结合相关信息进行综合判定，以提高遥感监测的准确性。随着遥感技术的发展和高光谱卫星资源的丰富，油气田含油污水的遥感识别会得到越来越广泛的应用。

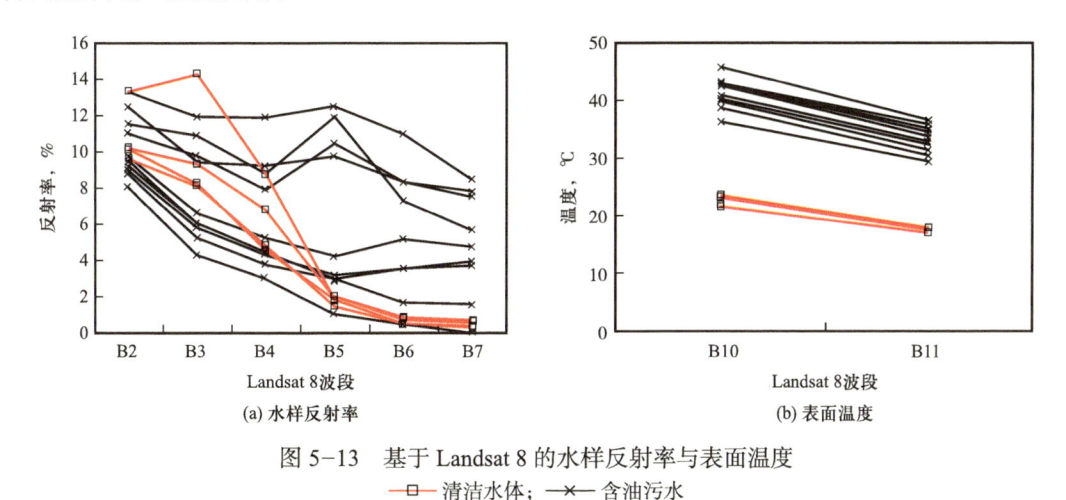

图 5-13　基于 Landsat 8 的水样反射率与表面温度
—□— 清洁水体；—×— 含油污水

图 5-14　清洁水体与含油污水的多光谱及热红外 Landsat 8 遥感影像

3. 基于多光谱遥感影像的油气田含油污水遥感识别

利用清洁水体在可见光绿波段至近红外波段之间的快速衰减和含油污水表面温度明显更高的特征，通过比值处理进行信息增强，提取疑似含油污水目标。表达式如下：

$$Ts/(\rho_{Green}-\rho_{NIR}) \tag{5-4}$$

式中，ρ_{Green} 和 ρ_{NIR} 分别为绿光波段和近红外波段的反射率；T_S 为热红外波段反演的地表温度。油气田含油污水构成比较复杂，其光谱反射率在可见绿光至近红外区间没有表现为稳定的衰减规律，有时会出现比值为负值的情况。因此，含油污水的判定包括两种情况：（1）当比值小于 0 时，为污染水体；（2）当比值大于 0 时，值越高，表示水体污染的可能性越高。在油气田生产区内工业污染源单一的条件下，利用上述关系，结合区域背景信息，可用于油气田陆表含油污水的遥感排查。

为降低目标识别干扰，遥感检测时，首先利用水体指数等方法提取区域内的陆表水分布信息，然后针对提取的水体区域，利用式（5-4）进行增强处理，通过阈值设定，提取可能的含油污水分布。利用 2015 年 8 月 16 日 Landsat 8 数据对研究区进行了提取，部分提取结果如图 5-15 所示，其中 a 和 b 是水库，c 和 d 是含油废液暂存池，含油废液暂存池中的含油污水均得到明显区分；在水库的水陆分界处检测出少量污染水体，水库中被识别为污染水体的像元主要位于水库边缘没有清晰坝体一侧的水陆边界区。基于遥感热红外波段反演的温度数据，统计图像中清洁水体、陆表和含油污水的表面温度平均值分别为 22.3℃、39.6℃和 46.5℃，地表温度明显高于清洁水域的表面温度。研究区位于干燥戈壁区，气候干燥，地表温度高，水库边缘区域由于水深浅，水体清洁度和表面温度更容易受人类活动和周边地表的影响而发生改变。由于目前缺乏典型特征谱段信息，基于多光谱卫星遥感的油气田含油污水遥感识别，实际监测时更多是针对提取的水体分布区进行污染性异常水体的排查监测，并结合相关辅助信息，分析可能的污染成因。

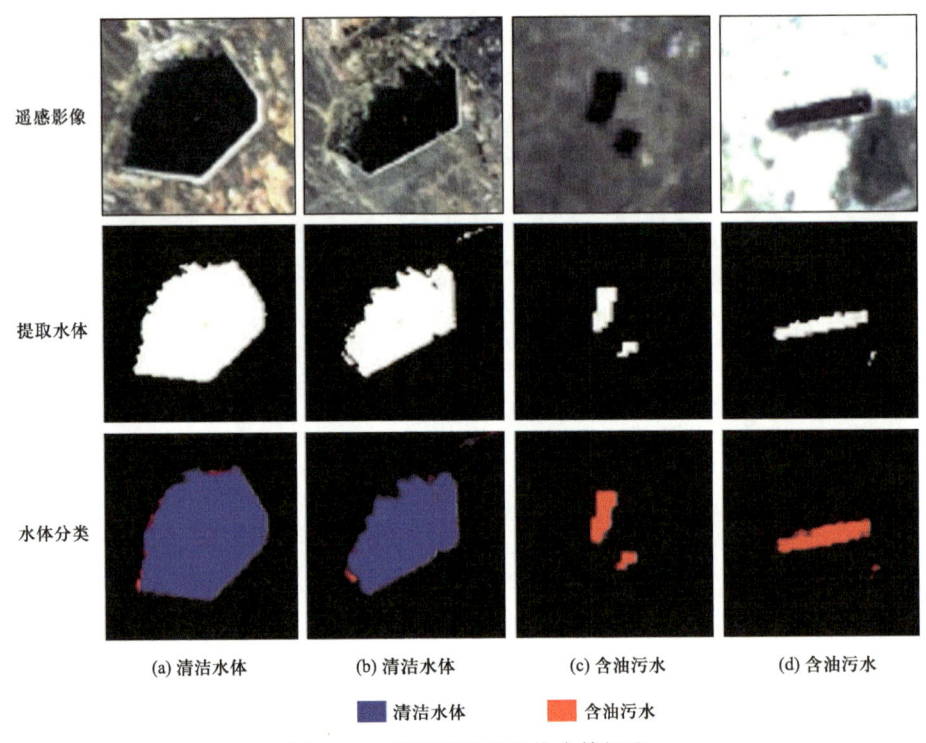

图 5-15 基于遥感的污染水体提取

第五节　油气生产区汛期水情遥感应急监测应用实例

随着近年全球气候变暖的加剧，区域降水不均匀性大幅增加，部分区域降水量异常突出，有的甚至出现局地强降雨，引发严重的洪涝灾害事件。油气田也会面临汛期强降水给油气生产带来的影响，尤其位于流域附近的生产区，降水量明显偏多，流域性洪水频发，区域内的汛期安全生产风险增加。一旦发生洪水灾情，会面临油气设施保护及生产设施损坏带来的环境风险。通过遥感监测汛期水情变化动态，可以快速获取水淹区范围，并结合区域内的生产设施分布信息，监测设施淹没状况，排查重点设施的溢油等安全风险，支持油气生产区的汛期应急。

2022年辽河流域发生了流域性大洪水。自汛期以来，辽河干流全线发生超警戒以上洪水（图5-16）。绕阳河作为流域的支流，受7月份的两轮强降雨影响，发生了有水文记录以来的最大洪水。受水流量大、底水高、持续时间长等多重因素影响，8月1日出现堤坝溃口，洪水灾害进一步扩大。该区域分布大片石油开采基地，密集分布着大量油气地面设施及联合站场，涉及油气生产设施保护，持续的水淹状态增加了生产区内的安全与环境风险。利用遥感技术对区域水情进行持续跟踪，监测从水情发生到退去的整个洪水周期内油气生产区水淹范围的变化。

图5-16 辽河流域绕阳河溃口位置

遥感监测数据以中、高分辨率数据为主，收集了从2022年6月24日至9月6日期间的13期遥感数据，跟踪了水情的发生、发展及退去。

一、数据源

利用2022年6月24日至9月6日期间的13期遥感数据，跟踪监测了水情的发生、发展及退去。遥感监测数据包括国产资源系列卫星、环境系列卫星、高分系列卫星及欧洲哨兵系列卫星数据。

二、技术路线与方法

洪水遥感监测的核心是水体信息的快速提取与水情的实时动态更新，需要通过多源遥感数据的联合应用来满足快速监测的时效性需求，并针对油气生产区的特定区域环境，开展遥感数据支持下的油气生产设施及其环境风险监测。应急情况下，基于人工介入的监测目标快速、准确识别尤为重要。油气生产区汛期水情遥感应急监测技术路线如图5-17所示，应急监测可以分为四个阶段：遥感数据收集处理、辅助信息收集处理、水情动态监测和环境风险监测。实际监测中，可根据监测数据、汛期水情规模、油气生产区特点及环境风险类型的不同，选择性地开展监测。

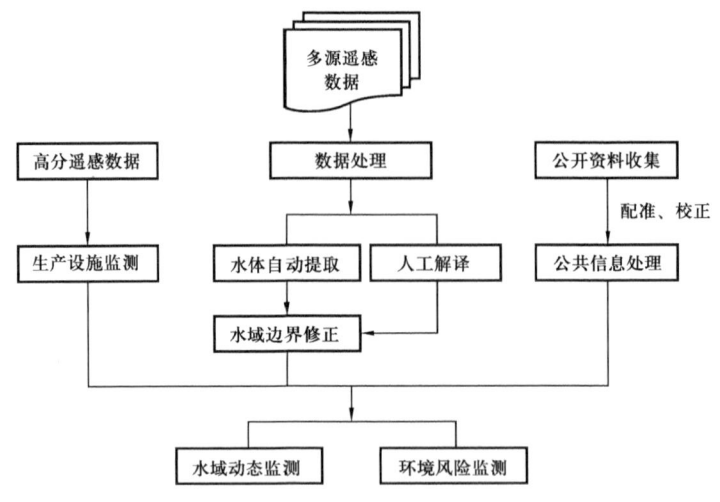

图 5-17 油气生产区汛期水情遥感应急监测技术路线

1. 遥感数据收集处理

遥感数据收集处理主要是完成汛期水情监测需要的遥感数据的快速收集与预处理。根据洪水的规模确定适合的遥感空间监测尺度；收集和筛选洪水发生之前的遥感数据，用于变化监测分析时的本底数据源；确定洪水期的卫星遥感数据收集方案，收集包括主、被动遥感的各类遥感数据，并对收集的遥感数据进行格式转换、地理校正、图像配准等快速数据处理，获得可用于水体提取的成果数据。

2. 辅助信息收集处理

辅助信息收集处理主要是针对油气生产区的地面设施分布及相关气象、新闻报道等社会公共信息的收集与处理。收集历史遥感数据，获取生产区内的地面生产设施分布信息；收集气象信息，指导遥感数据收集；收集公开渠道各类相关信息，及时获取汛期区域防洪进展，根据需要开展信息数字化处理，辅助汛期遥感分析。

3. 水情动态监测

水情动态监测主要是利用预处理后的遥感数据获取水情现状及变化信息。由于发生洪水期间多云、雨天气，部分遥感影像中的水体目标出现部分云遮挡的情况，需要综合水体快速提取和人工辅助判别方法，快速、准确提取水淹区边界；基于多时相遥感监测，获取水域变化动态；对水域动态进行必要的统计分析，以满足汛期监测的需要，监测直至汛期结束后。

4. 环境风险监测

环境风险监测主要是排查水情期间油气生产区内的潜在环境风险和敏感环境问题。综合水情动态和油气生产区空间分布，提取油气生产区的水情影响信息，包括水淹区范围、水淹区生产设施；并对水淹区的重点设施进行跟踪监测，针对水淹区内的设施泄漏、溢油等环境风险开展针对性的监测与分析。

三、结果分析

1. 基于遥感的水情时空特征分析

2022年6月24日至9月6日期间十三期遥感监测数据均为上午成像，利用标准假彩色显示以突出水体目标，影像中红色为植被覆盖区。遥感影像如图5-18所示，基于遥感提取的水体空间分布如图5-19所示。

从图5-18可以看出，6月24日区域内没有水情发生，陆表为正常土地利用状态，发生溃口的堤坝清晰可见。7月22日区域内大片区域已经进入水淹状态，主要位于溃口堤坝以西区域。7月31日，上游洪水大量涌入，区域内水淹区范围虽然没有明显扩大，但是水深明显增加，地面已完全淹没于水中。8月1日水情持续加剧，水淹区范围向西侧区域明显扩大，数据接收时刻，影像中溃口处堤坝边界已模糊，未见明显的水淹区形成，溃口实际发生于当日上午10点半。8月2日，溃口发生后一天的遥感影像显示，区域内的水情并未因溃口而减轻，水量呈持续的增加趋势，地面完全处于淹没状态，洪水漫过溃口堤坝，扩散至堤坝以东大片区域；而堤坝以西，并没有因为溃口而减少水淹区面积，相反，水淹区范围继续向西扩大。遥感监测显示，绕阳河上游在8月1日至2日的一天时间内，排入监测区的洪水量持续增加，超过了之前的规模，水淹区的洪水淹没了地面地物目标。8月6日影像显示，区域内水情已经进入衰退期，部分地表出露，洪水沿溃口堤坝向东侧排泄，接近辽河。之后水情逐步退去。至8月20日，溃口堤坝以东区域的水情已经退去，地表出露。9月6日，监测区内水情基本退去，区域北部还有小部分区域呈潮湿状态，但地面目标均已出露。图5-19遥感提取水淹区空间分布清晰显示汛期水情的时空变化特征。

根据遥感提取水体信息，统计6月24日至9月6日期间监测区内水淹区面积如图5-20所示。从图5-20可以看出区域内水情发生、发展到退去的完整过程。区域在8月1日至6日期间处于汛期水情最严重的时期；8月2日达最高峰，从8月6日后开始，汛期水情开始逐渐退去，在退出期间，以8月16日为时间点，经历了水情的快速退去和持续的缓慢退去两个不同的阶段；至9月6日，遥感监测截止，相比汛期之前的6月24日，洪水期基本结束，积水仍未完全排除。结合遥感影像，监测区处于平原区，当水位低于堤坝时，区域排涝能力主要依靠日常排涝水系，刚经历了洪水的河流水系，还难以满足汛期积累大量洪水的快速排涝需求。

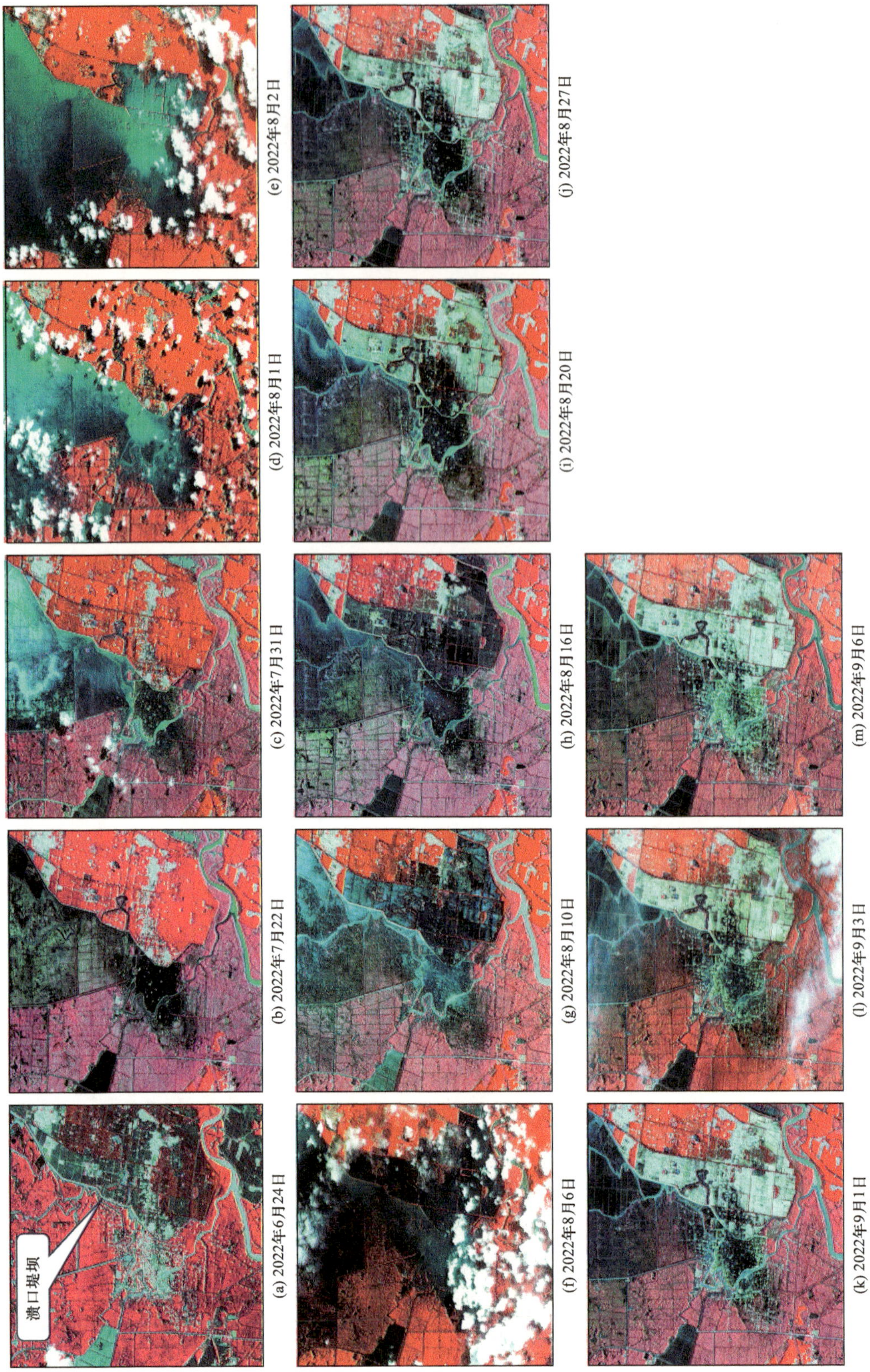

图 5-18 汛期监测区标准假彩色遥感影像

第五章 油气田水体遥感监测

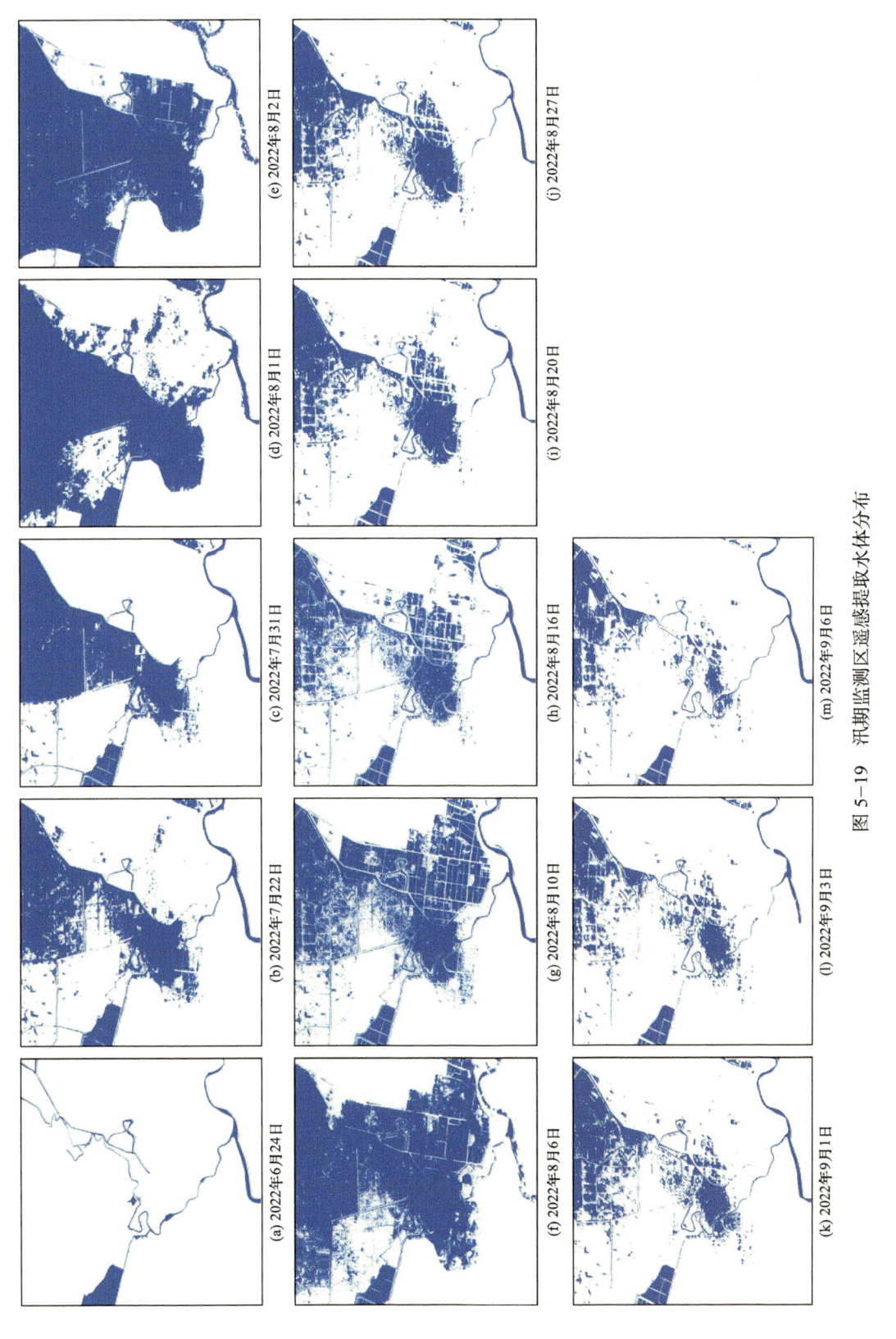

图 5-19 汛期监测区遥感提取水体分布

(a) 2022年6月24日
(b) 2022年7月22日
(c) 2022年7月31日
(d) 2022年8月1日
(e) 2022年8月2日
(f) 2022年8月6日
(g) 2022年8月10日
(h) 2022年8月16日
(i) 2022年8月20日
(j) 2022年8月27日
(k) 2022年9月1日
(l) 2022年9月3日
(m) 2022年9月6日

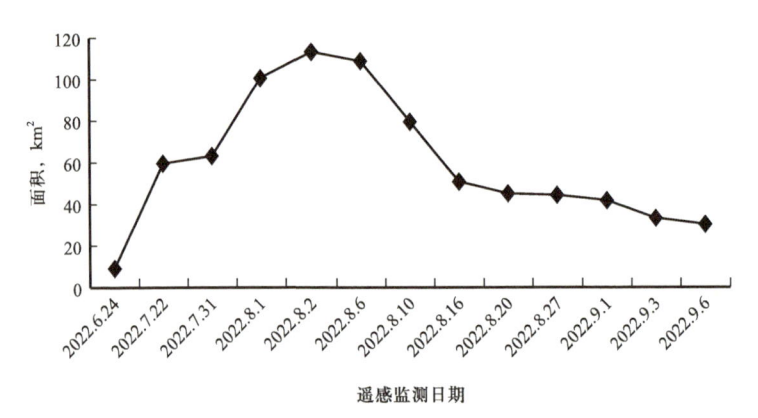

图 5-20　2022 年汛期水淹区面积统计

2. 基于遥感的生产区水淹动态分析

油气生产区位于地势相对低的平坦区域，图 5-19 中的洪水行进轨迹显示，生产区几乎完整位于区域行洪走廊内，也是区域内处于水淹状态最长的区域。从 7 月 22 日开始，生产区进入水淹状态，水情最严重期间，区域内油气生产设施全部淹没在洪水中，如图 5-21 所示。通过汛期遥感监测提取的水淹区信息，可以直观展示区域内水情从发展到退去的完整过程以及水淹区扩张和缩小的空间变化规律。6 月 24 日至 8 月 2 日期间水淹区扩展变化如图 5-22 所示。8 月 6 日至 9 月 6 日期间洪水退去变化如图 5-23 所示。汛期水情发生时，首先沿生产区所处的行洪走廊穿过，随着水情扩大，水淹区会先向西部区域扩展，当特大规模水情发生，东侧堤坝难以承受时，会突破东部堤坝向东侧扩展。在洪水退去以后，水淹区的缩小趋势是从外围向中心逐步减少。至 9 月 6 日，地面目标已经完整出露，但仍处于高含水量地表状态，生产区内部分区域处于水淹状态最长超过 40 天。

(a) 6 月 24 日　　　　(b) 8 月 2 日

图 5-21　油气生产区 2022 年汛期遥感影像

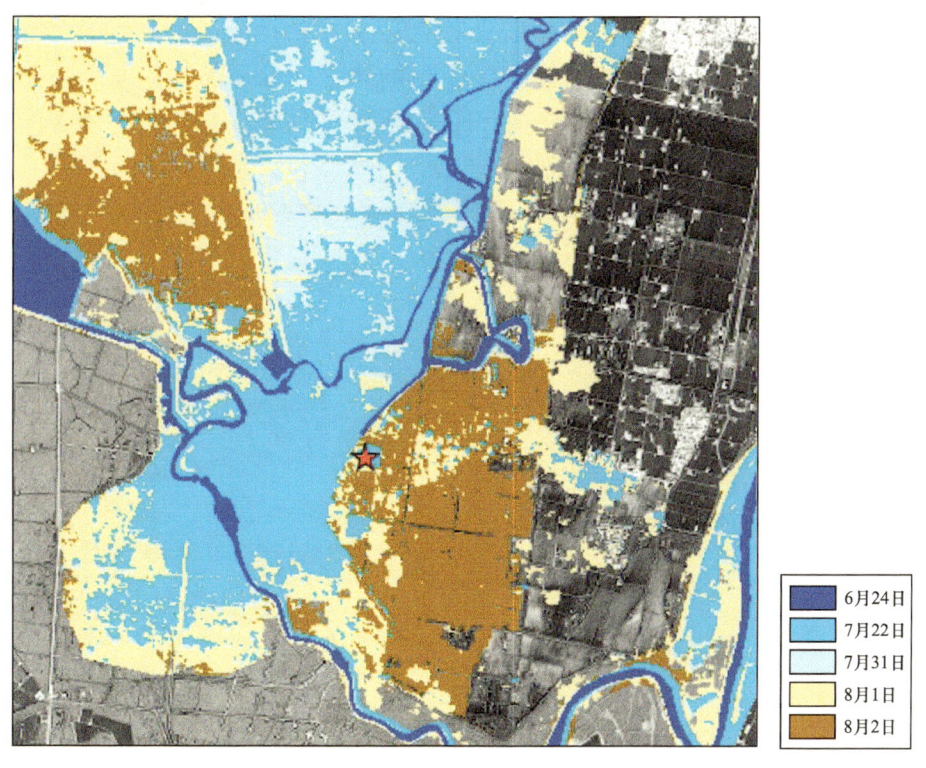

图 5-22　6 月 24 日至 8 月 2 日期间水淹区扩展变化图

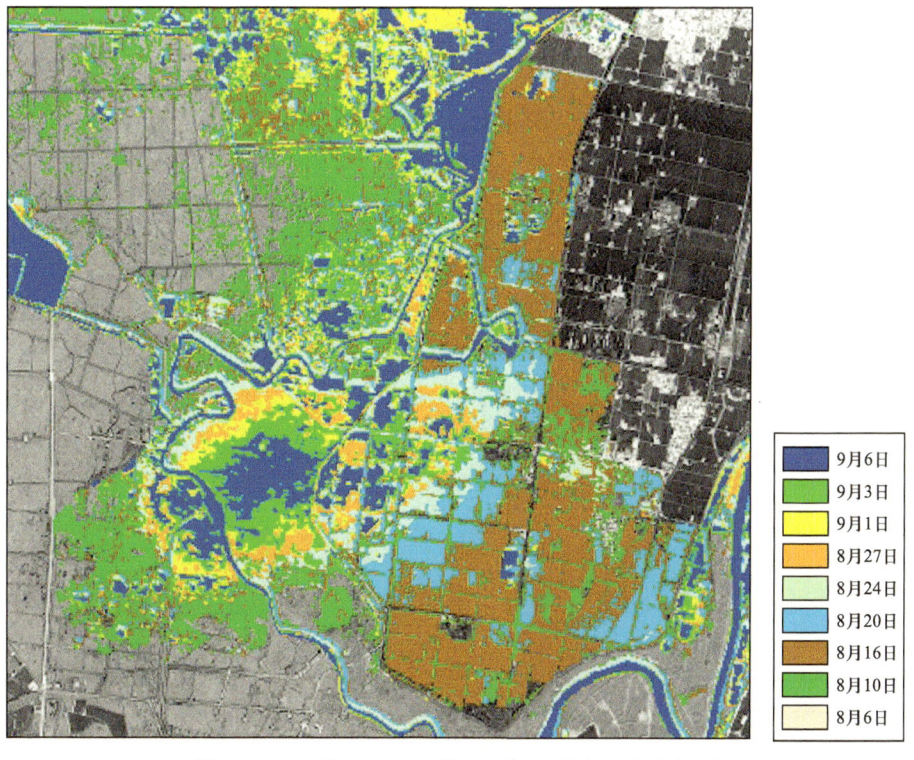

图 5-23　8 月 6 日至 9 月 6 日期间洪水退去变化图

利用遥感技术加强流域等环境敏感区域油气田生产区的水情监测，有助于汛期快速掌握水情动态，通过遥感直观展示的水淹区空间变化规律，不仅可以支持汛期油气田安全生产应急保障，还可以通过行洪区与油气生产区的空间相关性分析，掌握生产区内的水情扩张和退去轨迹，为今后汛期安全生产保障的应急预案制订和应急决策提供科学依据。

第六章 油气田生产场地遥感监测

第一节 概 述

油气生产场地是油气资源开发与利用过程中发生的地表占地，主要包括井场、站场、道路等用于油气生产的地面工作场地，是原有区域土地利用状态发生改变的直接表现，也是油气田区域生态环境重建的一个方面，其空间分布及变化动态对了解油气田地面生产动态、地面工程规划管理、环境风险区评估以及环境风险管控具有指示意义。中国油气资源的地理分布广泛且极不均匀，主要集中在塔里木盆地、鄂尔多斯盆地、松辽盆地等几大沉积盆地内。加之石油天然气的勘探开发与生产环节众多，生产过程复杂，地下和地面生产设施种类繁多，因而油气生产区通常占地面积较大，油气田范围广阔。准确、快速地获取油气田生产场地现状，掌握其空间分布格局，对油气田生产动态管理、地面规划、油气生产过程中的安全环保风险排查与有效防治等非常必要。

油气田生产场地以规模不同的单个生产单元集中分布为主，辅以少量生产单元的零散分布。传统的地面调查方法工作量巨大，难以及时更新，空间属性不明晰。通过遥感大面积同步观测，不仅能够判定生产场地类型，测算生产场地实际占用面积，而且对生产场地空间分布及变化动态等都具有良好的反映能力。目前，商业卫星遥感图像的空间分辨率越来越高，油气田生产场地的判识精度逐步提高，使得信息提取更加准确，为油气田生产用地管理、规划和环境影响评估提供了信息获取手段。

油气田生产场地目标类型繁多。不同油气成因、不同地质环境、不同油气资源开发利用状况的油气田，其生产场地的系列特征会发生较大变化，目标在遥感图像中的影像特征存在差异性。相同目标在不同尺度遥感数据中的影像特征不同，受遥感成像条件影响，在不同地域及环境条件下的图像特征也会有所差异。因此，油气田生产场地的遥感识别涉及多专业、多目标、多尺度、多时相等问题，遥感监测中存在一定的不确定性。可靠的遥感调查需要在充分认识油气田勘探开发利用过程和理解油气生产场景对目标特征影响的基础上，才能够从影像上准确获取油气田生产目标专题信息。

油气田生产场地的遥感识别主要包括面向计算机的目视图像解译和遥感图像自动分类两种方式。无论哪种方式的遥感识别都比较复杂，均受许多因素影响。针对遥感监测的不确定性，选择典型类型油气生产场地，结合生产场地的形成与遥感检测机理，分析其遥感特征的多变性。基于图像解译的遥感提取是生产场地遥感提取的基础，通过建立遥感解译标志，更好地理解生产场地的遥感特征，为图像自动分类识别提供遥感认识模式。利用基于 Haar 特征的地物识别方法试验，分析油气田生产场地的遥感自动分类提取。

第二节 油气田典型生产场地目标

油气勘探开发生产和储运的过程中，存在多种用途的生产场地占用，如井场、站场、油气田管道和道路等。井场和站场是其中两类主要的油气田地面生产场地，地下通过管道连接，地面通过道路连接，构成油气田生产的网络系统。因此，油气田各生产场地之间是既相对独立又彼此关联的关系。不同生产场地受其形成、发展及其在油气生产中发挥的作用不同而表现出不同的时空特征和遥感影像特征。

一、油气田井场

油气田井场是在井口周围清理出的一块场地，用于进行油气生产和作业的场所。井场是油气生产区的基本生产单元，数量多，分布广，因其数量众多，是占地面积最多的一类油气生产场地。井场的用地面积从建设之初的钻井井场到生产运行期的采油/气井井场会经历由大变小的过程，从建设到生产运行会经历钻井、修井等生产作业，存在落地油等环境风险。同时，周边区域环境的风险也可能威胁井场的安全生产。因此，作为独立的生产单元和环境风险单元，油气田井场都会通过定期巡查来保障安全生产和运行。

油气勘探开发过程包含许多不同性质、不同任务的阶段，需要通过各种类型的钻井活动获取观测资料，实现油气勘探或油气开采，如勘探阶段的基准井、剖面井、参数井、探井等，主要用于勘探阶段的资料获取与工业评价；开发阶段的生产井、注水井、检查井、调整井等，主要用于油气开采。油气田主要是已经进入了开发阶段的油气生产区，开采工作区内分布大量的井场，数量远大于勘查区内的井场数量。

油气田井场内通常多种地物目标共存，包括不同材质的地面、井口设施、建筑物等，构成复杂，且地物构成及其分布格局随着生产方式、生产目的、所处建设阶段的不同而存在较大差异，其遥感识别难以通过单一的光谱模式进行，需更多结合其地表占用特征。井场建筑物因采用的建筑材料、建筑物海拔高度、受太阳直射的角度等因素的影响，遥感成像时会产生如反射、阴影遮挡等干扰现象，体现在影像上，其光谱值会和实际情况存在差异。井场建设都是平整专门的场地，地表有人类施工痕迹，使得井场地表的表面粗糙度、含水量和表面物质发生变化，在影像上表现为区别于周边环境色调、纹理和形态等的遥感特征。图 6-1 中植被覆盖区的井场因建设用地去除了地表植被，遥感影像中表现为明显的无植被生产占地，干旱无植被区的井场因建设施工，地表粗糙度发生改变，遥感影像中表现出不同的纹理特征，即使没有明显的井场边界，也会因地表粗糙度和含水量等条件的不同而在遥感影像上表现出与周边陆表的差异化特征。

油气田井场作为独立的生产场地，井场建设与生产设施的类型息息相关，如采气井井场、采油井井场、注水井井场、螺杆井井场等。不同类型井场之间既存在共性特征，也表现出一定的差异化特征，不是所有的井场都具有典型的光谱和空间特征。因此，井场类型的遥感判别更加复杂。

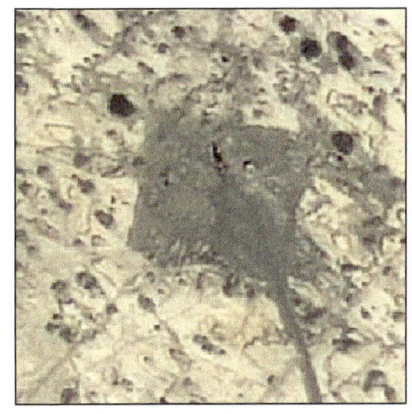

(a) 有植被区井场　　　　　　　　　(b) 无植被区井场

图 6-1　油气田井场遥感特征

二、油气田站场

　　油气田现场星罗棋布地分布着各种站场，规模和作用各不相同，是油气生产与集输工程中的一类重要设施，包括计量站、接转站、转油站、配水间、注水站、集中处理站等，如图 6-2 所示。如计量站是计量生产井产出油、气、水量的场所；接转站是将计量站来的油（液）气混合物进行增压并输送至油气集中处理站的站场；油气集中处理站是将油田生产井产出的原油（液）、伴生气收集并进行集中处理的场所，通常称为联合站。油气田一般由多个分散区块组成，井场间分布面积较大，多数油气井仅靠自喷或抽油机提供的压力难以将油气送到油气集中处理站，通常需设接转站对原油增压后管输至油气集中处理站处理。站场通过管网与井口连接，构成油气田生产的集输系统。油气田井场中间，会穿插分布不同类型的站场，以保证油气开采和集输。

(a) 计量站　　　　　　　　(b) 热采注汽站　　　　　　　　(c) 联合站

图 6-2　油气田站场遥感特征

　　不同类型站场的占地规模不同。小型站场如计量站、注水站、转油站、热采注汽站等，因承担功能相对单一，占地范围小。以计量站为例，通常位于井场分布区，与周边井场保持连通性，一个计量间对应一个或多个井场，计量间的数量一般少于井场数量，二者之间会根据生产部署保持一定的比例。

大型站场因承担任务多，占地面积更大，如联合站等。联合站又称油气集中处理站，包括油气集中处理、油田注水、污水处理、供变电和辅助生产设施等部分，是油田油气集输和处理的中枢。其主要任务就是集中各分散油井、转油站生产的石油、天然气和污水，经过初步加工处理，使之成为合格的石油、天然气和回注（外输）污水，然后输出，联合站处理后的介质经过长距离管线输至油库、天然气处理站、注水站。因站内有大量处理设施，占地面积相对小型站场大得多，有建筑物、道路、罐体等设施分布，工艺区铺设碎石地面等，各油气田会结合自身实际情况制定标准化建设要求，站内建设遵循相关规范。一个生产作业区可能建设一座或几座联合站，取决于油气产量的规模等。

油气田站场的地面部署多种多样。有的站场将地面设施都放在建筑物内，在遥感图像上，通常只能看到建筑物的顶部，其规模和建筑物的空间形态在相同作业区内具有一定的统一性，如计量站。有的站场既有建筑物，也建有地面设施，如集输站等。不同类型的站场可能因建筑物遮挡，表现为类似的图像特征。联合站因规模较大，一般都建有院墙，院墙内设施多，且按规范建设，相比其他站场，在遥感图像上的地面特征更加明显。

建筑物屋顶的建筑材料不同，其波谱特征也不同。油气田站场的建筑物屋顶材料包括沥青石子，烧制的红瓦、灰瓦、青瓦，水泥制的灰瓦、石棉瓦等。在遥感图像中，利用可见光区间的光谱特性可以对不同颜色的屋顶加以区分。油气田站场建设多遵循统一的管理建设要求。同一作业区内相同类型的站场，其规模、形态及空间分布经过仔细比对，可以发现一些共性规律。总体上，除联合站具有相对明确的遥感图像特征外，多数小型站场难以根据遥感特征准确判定场站类别，需要结合现场调查，作为生产场地的遥感识别相对更加可靠。

三、油气田道路

油气田道路是连接油气田各生产场地、生产指挥中心及生活基地的通路。油气田内的井场分布分散，数量众多，都有道路连接。油气田的生产建设都是从修建道路开始，以便将各种设备与物资运入井场所在地。因满载车总重可达30～40t或更多，油气田道路应能通行重载车[6]。道路修通后，再修建井场。

油气田道路的主要铺面材料包括柏油、水泥和土路三大类，在通往井场的道路中也会有少量碎石道路，用于雨季路面塌陷、草地泥泞路面的铺垫等情况。一般一个油气田生产区内会有相对较宽的主要道路，用于连接各个生产区及生产区内主要生产设施或生产片区，如重要场站和井场集中分布区等，多为柏油或水泥路。连接井场的道路，根据井场所处区域的自然地理条件，土路、水泥路和柏油路都有可能。这三种道路的反射光谱曲线如图6-3所示[67]。光谱曲线形状大体相似，在0.4～0.6μm之间缓慢上升；然后趋于平缓，至0.9～1.1μm处逐渐下降。区别在于水泥路反射率最高，呈灰白色；其次为土路，柏油路反射率较低。几种油气田道路的遥感影像如图6-4所示，柏油路相对较宽，在影像中多呈暗色调。水泥路多呈相对明亮的灰白色。柏油路和水泥路为人工修筑，边缘整齐，路面较宽。土路宽度相对最窄，边缘不规则，多呈相对周边土壤更明亮的色调。碎石路多为随机的，可能是通往井场道路的某一段为碎石铺垫，多为深色小碎石，在遥感影像中的颜色多呈暗色调显示，类似柏油路色调。因碎石多为临时铺垫，经常扩散至周边，边缘不规则，影像中的颜色表现为沿道路由中间向两侧逐渐变淡的现象。

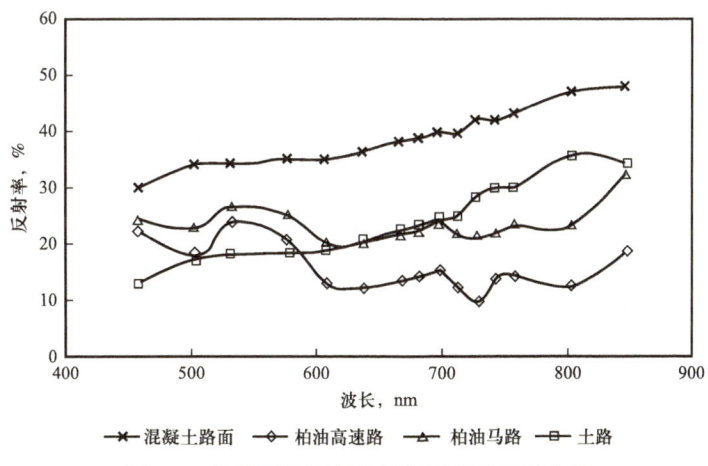

图 6-3 不同铺面材料的油气田道路光谱曲线

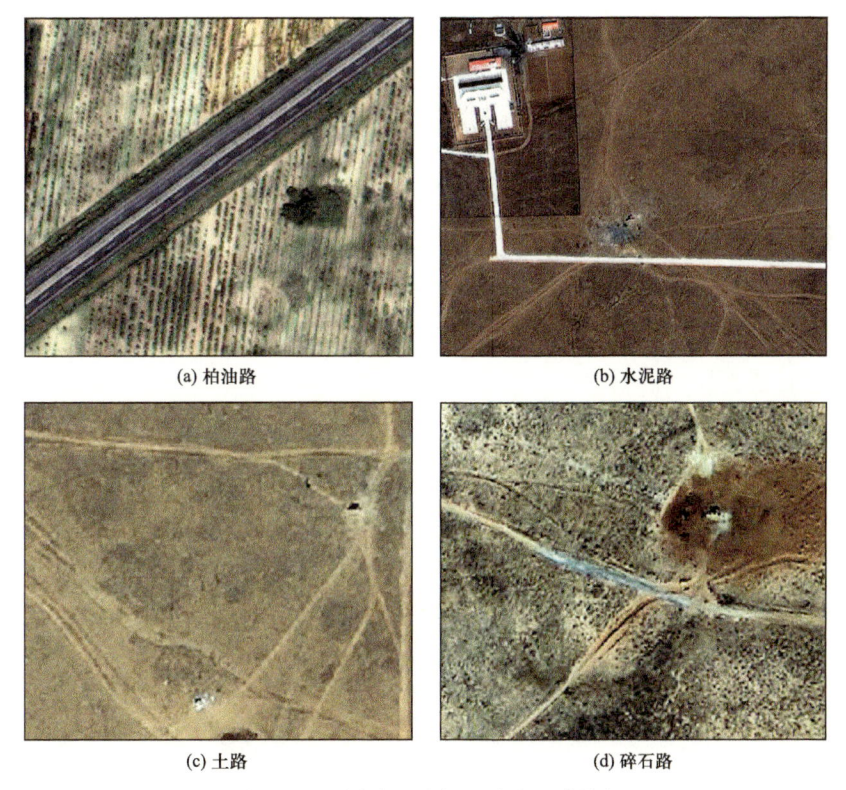

图 6-4 不同路面油气田道路遥感特征

四、油气田管道

油气田管道是油气田最主要的油气运输方式,通过管道连接井场与场站,构成油气田集输管网。油气集输管网不仅包括集油气管线、输油气管线,还包括输水(包含含油污水)管线、水力活塞泵动力液管线、掺活性水管线等。油气田管道可分为长输管道和生产区内的集输管网两大类,分别用于油田长距离油气运输和生产区内的油气生产。油气田管道多埋设地下,对应地表上方无明显场地占用痕迹,通过在地表间隔一定距离设置管道提示桩示意地下管道埋设的分布,如图 6-5 所示。地面提示桩稀疏分布,高度较低,遥感图像中难以明确识别,因而地下埋设管道的遥感识别多通过施工建设、传送介质的温度异常等引起上方地表出现区别于周边环境的异常而形成的间接标志,如地表植被的生长异常、冬季雪覆盖异常等特征。由于这些地表特征易受环境条件影响,使地下埋设管道的遥感监测面临更多挑战。

图 6-5 油气田地下埋设管道的地面提示桩现场照片及遥感特征

油气田内也存在部分地表架设管道,用于传送油气或生产工艺需要的介质,如稠油热采的热蒸汽管道等,如图 6-6 所示。地表管道多架设在地面上方,具有线性特征,材质与地表有明显不同,当管径与遥感数据空间分辨率具有一定匹配度时,可以在图像上通过线性的形态特征进行识别。

图 6-6 油气田地面架设管道遥感特征

第三节　油气田生产场地遥感监测的不确定性

自然界中的石油和天然气资源分布地域广泛，成因类型多，开采工艺差别大，不同开采方式会表现为不同的地面特征。油气资源的勘探开发与利用是一个复杂的系统工程，一个油气项目的完整生命周期会经历勘探、评价、开发、生产与退出的不同阶段，生产场地的状态也不相同。因此，不同生命周期、不同环境背景、不同生产类型油气生产场地的地面表现形式不完全相同，生产场地的遥感特征具有不确定性。

一、地域性环境效应

遥感图像上不同地物目标光谱色调差异的存在是图像知觉形成的必要条件。只有当被识别的目标与所在区域背景之间存在一定影像色调差异时才可能形成图像标志，将地物目标与背景区别开来[19]。油气资源的形成与一定地质条件相关，其赋存状态与区域构造地貌的形成及演变密切相关。中国的油气田分布地域广阔，从松辽盆地、鄂尔多斯盆地到塔里木盆地等，地域环境差异明显，叠加了不同环境背景的油气田生产场地受地域性环境效应的影响呈现出差异化的遥感特征。

一方面，相同目标在不同环境地表条件下的遥感光谱特征会有所差异，图 6-1 显示了不同环境背景区井场目标的遥感图像特征。另一方面，油气田陆表不仅包括不同时期利用不同材料建设的生产场地及其内容物，如屋顶、道路、井场、管线等，还包括裸地、植被、沙漠、湿地等基础环境地表，不同基础地表条件的建设要求不同，增加了油气田陆表目标的光谱多样性，给遥感监测带来挑战。油气生产相关要素的遥感识别要考虑油气生产区本底环境与区域背景环境的不同。同时，不同地域因所处地形地貌及生态系统的不同，油气生产场地的建设方式也有差别。如靠近山区建设的生产设施可能需要根据地形情况修建截洪沟、拦洪坝；沙漠、戈壁地区的生产设施需要考虑防沙措施；沿海地区的生产设施需要考虑冬季海冰防护措施等。因此，油气田生产场地的遥感识别需要考虑油气生产要素的地域性环境效应给遥感识别带来的不确定性。

二、多时空尺度效应

油气田开发过程中，生产场地的空间尺度在不同的生产阶段会发生变化，场地内的构成也会有所不同，而遥感观测是对地物目标的瞬时状态成像。遥感监测时需要结合生产场地的时空变化规律，考虑生产场地的多时空尺度特征。

井场是数量最多的一类油气田生产场地，从建设、运行到退出的过程中，发生变化最大、变化速度最快的是在建设之初的正钻井时期。开始钻井之前需要先修建井场，这个阶段的井场称作钻井井场，主要是钻井工程施工作业的场地，分为生产区和生活区两部分，包括临时性占地和永久征地，井场面积相对较大。钻井完成后，井场进入生产运行期，临时性占地退出，井场面积缩小至永久征地范围，如图 6-7 所示。井场建设期通常只有几个月时间，井场的空间尺度在几十米到几米之间变动，变化的尺度不等，有的变化较多，有的因生活区不在井场所在地，变化的尺度不大。井场的生产运行期可能持续几年至几十年，井场退出的周期根据实际工作需要而有所不同，井场的退出包括生产设施的退出和场地恢复，设施的拆除退出时间较快，场地恢复的时间相对长。因此，井场的空间尺度随着生产阶段的不同而处于变动之中。

(a) 正钻井井场　　　　　　　　(b) 生产井场

图 6-7　不同阶段井场遥感特征

遥感监测时需要考虑生产场地的多时空尺度变化规律，选择适合的监测频率和空间分辨率。否则，易发生漏检或过度检测，既达不到监测要求又造成成本浪费。年度1次的监测频率因远大于正钻井建设周期，提取的正钻井井场信息难以准确反映年度井场建设的实时进展，可用于油气生产区井场建设情况的总体掌握；一些区域井场的空间位置可以利用几米或十几米空间分辨率的遥感数据提取，用以表达油气生产活动区分布，如西部戈壁区油气田生产区。不同空间分辨率遥感数据的井场反映能力如图6-8所示。

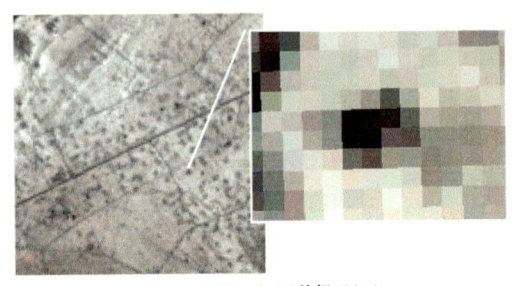

(a) Landsat 8数据 (30m)　　　　　　(b) GF-2数据 (1m)

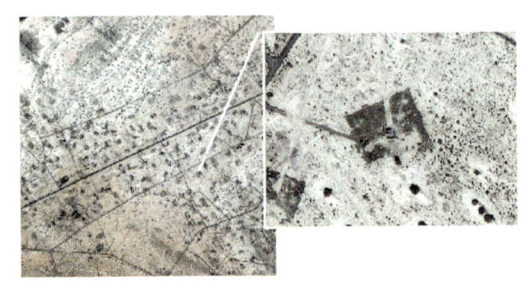

图 6-8　不同空间分辨率遥感影像中的井场特征

三、油气生产复杂性

油气资源种类繁多，分布广泛。随着社会对原油需求的日益增加，常规油气资源所占比例日渐下降，非常规油气资源的勘探开发力度日渐加大，致密油、致密砂岩气、页岩气、煤层气、油页岩及重油等都属于非常规油气资源。不同类型油气资源的开采方式不同，开发利用过程中生产场地的地面构成及空间展布都会存在差异，油气生产方式的复杂性和多样性增加了生产场地遥感监测的不确定性。

天然气开采与石油开采的生产工艺不同，稠油开采与常规油开采的生产工艺不同，生产场地内的建设要求及设施构成都各有特点。即使相同类型的油气资源，由于开采利用方式不同，生产场地的地面特征表现也不相同。不同开采阶段的油气田，其开采方式也是在不断调整的。一个油田或气田投入开发以后，具有十分漫长的开采周期。中国玉门老君庙油田从1939年发现至今，经历了长达80余年的开发历程，虽然已经处于开发后期，但通过调整开发措施，至今仍在正常生产。不同开发阶段的油气田基于不同的开发措施采取的生产工艺，都会在生产设施及生产场地的地面特征上得以体现。因此，只有充分理解油气田勘探开发利用的全过程，才能获得对油气生产目标遥感特征的更好理解，最终实现油气生产相关目标的遥感识别与提取。

油气田遥感监测的实践表明，油气生产目标遥感调查的全过程处于实践—认识—优化—再实践—再认识—再优化的不断循环过程中，逐渐完善对油气生产目标的遥感认识，并随着油气勘探与开发技术的发展而发展。

第四节　基于图像解译的油气田生产场地遥感提取

遥感图像是按一定比例缩小的地表自然景观的客观真实记录，在信息表达上具有巨大优势。遥感图像解译既是一门学科，又是图像处理的一个过程。图像解译是建立目标地物性质、电磁波性质和影像特征三者之间的关系，目标信息提取质量的好坏主要取决于人（解译人员的综合知识技能，特别是地学知识）、物（物体的几何特征、反射电磁波特征）、像（图像的几何、光谱和时间特征）三要素的协调程度[14]。遥感图像的解译是一个复杂的认知过程，对一个目标的识别，往往需要多次反复判读才能得到正确的结果[19]。在油气生产目标遥感识别时，需要联系区域地质地理环境，进行综合分析，基于专题目标的发生、发展和空间分布规律，建立油气生产目标识别的局部概念模型。

不同油气田生产及环境特点各异。考虑油气生产目标遥感监测的复杂性，针对中国主要含油气盆地，通过选取典型地形地貌区、典型油气生产类型工作区的典型生产目标及非生产目标，结合现场调查与遥感监测，分析了油气田陆表典型目标的遥感特征。典型样本涉及的含油气盆地包括塔里木盆地、准噶尔盆地、柴达木盆地、松辽盆地、渤海湾盆地、鄂尔多斯盆地、四川盆地等沉积盆地，跨平原、丘陵、山地、高原、盆地不同地形和荒漠、草原、湿地等不同生态系统类型，涵盖了常规石油和天然气、稠油、超稠油、煤层气、页岩气和高含硫气等针对不同类型油气资源的生产方式。基于井场、站场和生产排放存放设施分析了油气田主要生产场地的遥感影像特征以及不同场地之间的空间格局关系，以便获得可靠的遥感解译结果。

一、油气田生产场地的遥感影像特征

1. 油气田井场

油气田井场是油气田生产的基本作业场地与操作单元。井场内生产设施是油气开采过程中的最重要和最基本的生产设施。各类作业井施工之前需要在井口周围平整并适当压实铺垫出一块场地以供施工使用。钻井井场需要的面积因钻机而异,大型钻机约需 120m×90m,中型钻机约为 100m×60m,形状大致呈长方形,可因地制宜[6]。井场建设完成进入生产运行期后,建设期的大量设施退出,井场内只留下生产运行需要的设备,场地面积与钻井井场时相比明显减小。进入退出期,首先退出生产设施,逐渐完成场地修复,到恢复至正常周边环境时,完成最终的井场退出。

油气田井场依据生产阶段、生产类型、发挥作用等不同的原则,可以划分为不同类型的井场。按照生产阶段不同可大致分为正钻井井场、生产运行期井场、废弃井场和退出井场;按照油气资源类型可大致分为采气井井场和采油井井场,还可细分为煤层气、页岩气等更细致的井场类别;按照场地内设施不同,又可分为注水井井场、注汽井井场、生产井井场;开采方式不同,井场内的开采设施也会不同,包括游梁式抽油机井场、螺杆泵抽油机井场、立式采抽油机井场、自喷井井场等。同时,井场的地面铺垫材料和场地内建筑物布局也会根据所在作业区的具体条件千差万别。井场地面铺垫材料包括煤矸石、水泥、土夯实、碎石、砖等多种材料,场地内布局结合所处地形地貌条件与地方管理要求,有的井场有值守间等建筑物,有的井场有加热锅炉等建筑物。因此,油气田井场的地面特征极其丰富,在遥感图像中,必须通过其光谱特性、形态、纹理、空间展布和时间特性等与周边环境的差异得以体现,才能被准确识别。典型的井场目标通常具有相对明确的遥感识别特征,而实际的井场往往是多种情况的复合,不是所有的油气田井场都能在遥感图像中形成典型的影像特征。因此,基于典型井场的遥感特征整理其解译标志,为更广范围内的油气田井场遥感识别提供参考的依据。

1) 不同生产阶段井场的遥感特征

(1) 正钻井井场。

在井场建设的初期阶段,场地内有正钻井施工,井架、管排、工房、生产排放池(罐)等设施会按一定布局分布,并有相应的地面运输道路与井场相连。地貌会有明显的人为扰动痕迹,与周边原生地貌环境形成明显对比,如场地内地表植被去除、地势削平等,如图 6-9 所示。

(2) 生产运行期井场。

进入生产运行期的井场场地面积缩小为永久征地范围。有的井场建有围墙或围栏,标示井场范围,有的通过井场垫高以示区分,有的井场集中分布在作业区内,井场之间彼此相邻,没有围栏。场地内主要为生产运行必需的设备和建筑物,每个井场内可能有一个或多个井口,都是根据开发方案的部署要求建设,如图 6-10 所示。

(a) 现场照片　　　　　　　　　　　　　(b) 遥感影像

图 6-9　正钻井井场遥感特征

(a) 现场照片

(b) 遥感影像

图 6-10　生产运行期井场遥感特征

（3）退出井场。

油气田井场经过长期生产运行后，最终退出使用，或者因环境保护等区域规划的要求，退出生产状态，也称退役井场。井场的退出需要拆除生产设施，并进行场地恢复，直至与周边地表功能接近的自然状态。井场退役后的场地恢复情况可以通过井场退出前后的遥感图像对比进行监测，如图 6-11 所示。

2）不同油气类型井场的遥感特征

不同类型油气资源的开采工艺不同，井场内的地面生产设施也不完全相同，其遥感特征与井场内地面设施对遥感成像的影响作用相关。由于井场建设的人工痕迹明显，使其与周边环境具有相对明显的差异性，作为生产场地的遥感识别相对清晰。而井场开采的油气资源类型难以完全根据遥感图像特征准确判断，需要结合井场所属油气生产区的油气资源类型及开采工艺进行综合分析，在所属油气生产区生产背景约束下，获得更深入的认识。

(a) 退出前　　　　　　　　　　(b) 退出后

图 6-11　井场退出前后遥感特征

不同油气类型井场内的生产设施可能存在明显不同，表现为明显的遥感特征差异，也可能因外观的相近性而表现为类似的遥感特征。图 6-12 显示了常规天然气、煤层气和常规石油三种不同油气类型的生产井场。常规天然气井场内通常会有井口装置，用于控制天然气井口流量，保证气井稳定运行，井口高度较低，在遥感影像中常显示为井场中心的暗色斑点。采油井场内一般有抽油机设施，目前以游梁式抽油机居多，游梁式抽油机（俗称"磕头机"）因其"磕头机"的形态在遥感图像中可以形成独特的阴影形状，在高分遥感影像中容易识别。煤层气井场的抽油机设备与采油井场的抽油机设备近似，因而表现出与采油井场类似的遥感图像特征。仅凭遥感影像特征难以区分煤层气井场和采油井场，需要结合井场所在区域的油气开采背景等相关空间信息，辅助井场开采油气资源类型的判别。此外，不同油气生产作业区井场的地面设施布局可能会有所区别，需要通过现场调查，根据具体的生产特点，建立适应的空间展布认知模型，以识别各类井场。

3）不同开采方式井场的遥感特征

即使同一类型油气资源的井场，也会因开采方式不同带来遥感特征的差异。以常规石油开采为例，根据机采方式的不同，抽油机可分为游梁式抽油机、螺杆泵抽油机、立式抽油机等不同类型，设备外观结构、高度等参数的不同都会带来遥感成像特征的差异。石油开采中，不同井深的生产井对应地面的井架高度不同，井深越深，地面井架高度会相应增高。因此，对于井深较浅的游梁式抽油机，因其地面"磕头机"的机身高度相对低，其遥感影像中的阴影作用不明显，有时也会显示为不清晰的暗斑。螺杆泵抽油机因其地面设备体积小、高度较低，在遥感图像中呈暗色斑点显示，与常规天然气井场图像特征相近；立式抽油机因其高度较高，会形成直线型阴影的图像特征，如图 6-13 所示。同时，各类注

第六章 油气田生产场地遥感监测

(a) 螺杆泵

(b) 链条抽油机

(c) 游梁式抽油机

图 6-13 不同开采方式井场遥感特征

(a) 采常规天然气井场

(b) 采煤层气井场

(c) 采油井场

图 6-12 不同油气类型井场遥感特征

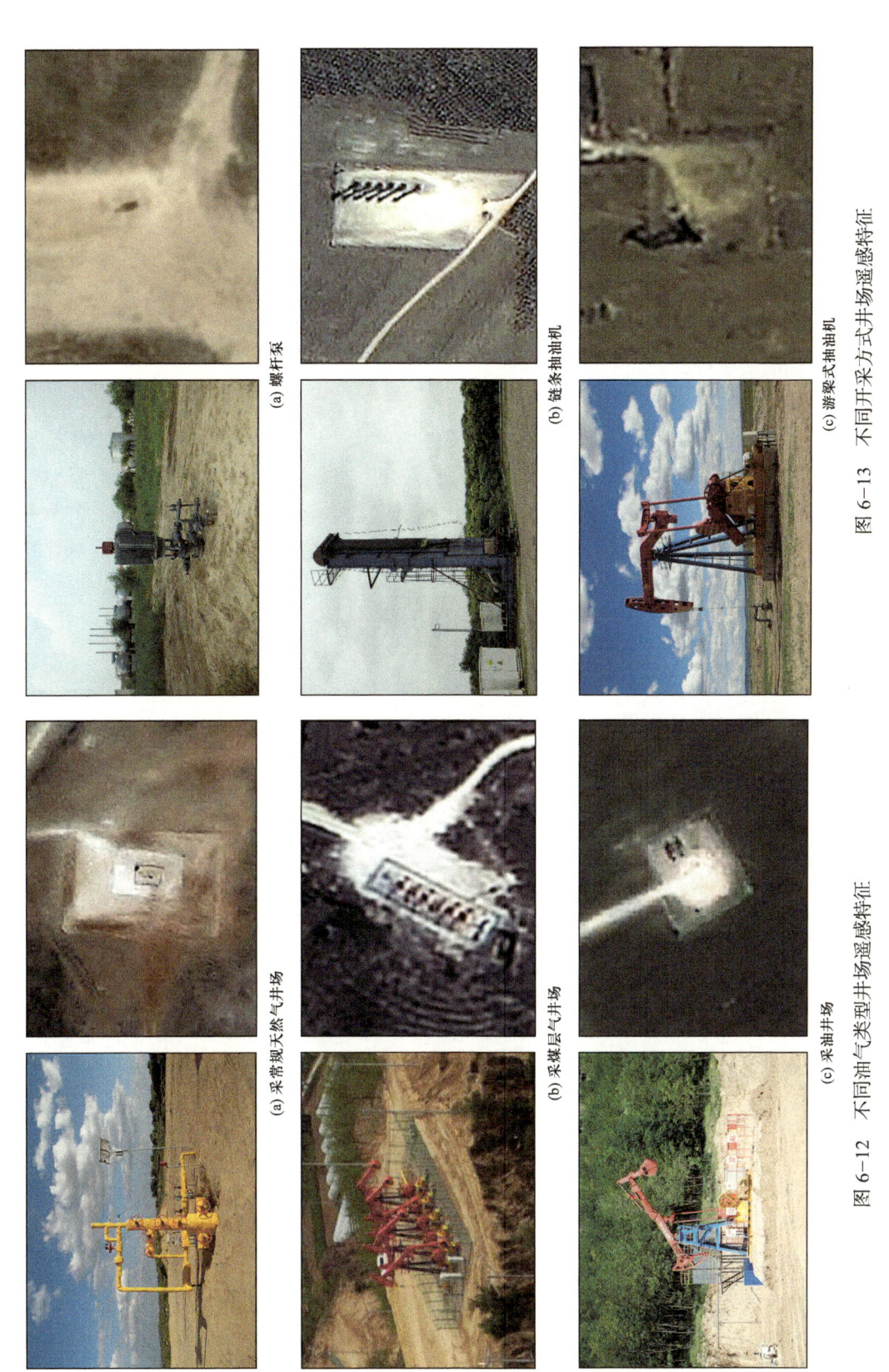

水井、注气井等非采油、采气生产井场也会因井口阀门设施等与常规采气井场设施类似而具有相近的遥感特征。井场的工作属性判定属于更加精细的遥感识别，需要结合油气田开发方案部署原则等生产实际进行分析。

4）不同地域环境井场的遥感特征

中国油气资源区分布地域广阔，地貌类型丰富。井场建设都会结合所处自然地理地貌环境，采取适当的保护措施以适应当地的地形地势，保障安全生产和周边区域环境。已建井场内的建筑物会受到局地气候等条件影响，形成适应性的环境特征，并在遥感特征中体现出来。井场建设都是根据地域环境特点，结合规范要求，各具特色。不同的地域环境背景使得井场的遥感特征更加灵活多变。

图 6-14 显示了三种典型地形区井场的遥感影像特征。其中盆地区，如目标（a），位于四川盆地内，因多阴雨天气，湿气重，井场建筑物受当地环境影响，砖或水泥铺垫的地面及墙体缘面多长有青苔，在真彩色合成的遥感影像中，井场围墙会显示为暗色边缘特征。沙漠区的生产场地建设都会考虑防风沙措施，但是井场投入生产运行后的长时间过程中，仍然难免风沙的持续侵袭，会出现沙土侵入井场而形成井场边界不规则的边缘特征，如目标（b）。山地区附近的井场建设，需要考虑洪水冲积对生产的影响，常根据地形情况修建截洪沟、拦洪坝等设施，抵御冰雪融化等季节性洪水冲积可能对井场安全生产带来的影响，如目标（c）。

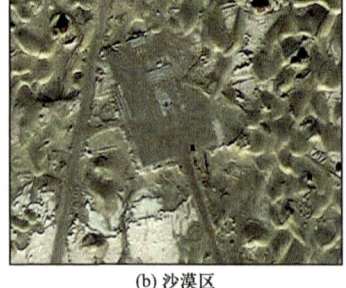

图 6-14 不同地域环境条件的井场遥感特征

不同地域环境的井场建设会结合当地条件，遵循管理规范的要求，采取因地制宜的井场地面建设材料。一个井场除部分场地用于建设相关设施外，其余都为地面，地面占据了井场目标的大部分面积，不同的地面铺垫材料在遥感影像中表现出差异化的光谱特性。图 6-15 显示了几种不同地面铺垫材料井场的遥感影像特征。碎石铺垫面的井场因地面材料粒径和成分的差异，与井场周边地表形成光谱反差。煤矸石铺垫的井场地面材料为颜色暗黑的碎石，与场地内的水泥路面形成强烈的光谱反差，场地内的煤矸石地面呈暗色区特征。土夯实铺垫面的井场因表面粗糙度不同等人工印记，在遥感影像中形成纹理差异，也会部分改变井场色调特征。

因此，油气田井场的遥感特征复杂多变，与地域环境背景、油气生产方式、井场管理规范等多因素相关。场地范围的遥感识别可以依据井场建设遗留的人工痕迹加以识别，井场类型等更精细的属性识别需要结合局地油气生产特点及开发工艺等信息，进行综合判定。

(a) 碎石垫面

(b) 煤矸石垫面

(c) 土垫面

图 6-15 不同铺垫面井场的遥感特征

2. 油气田站场

油气田站场是具有石油天然气收集、净化处理、储运功能的站、库、厂、场的统称，简称油气站场或站场[68]。油气井产出的油、气、水混合物，需要通过油气集输管网和各种站场收集、处理、输送、储存并经过外输至用户终端。从油气井至油气集中处理站是油、气的收集过程，处理合格的油、气产品从油气处理站输至储油库，并外输至用户的过程是油气的输送过程。在油气集输的过程中，地面井场和站场通过油气集输管网相连。因而，油气田生产区内分布有数量众多的各类站场，根据开发方案部署，以一定的规律间隔分布在生产作业区内，与井场保持一定的空间相关性，地面都有油气田道路与之连通。站场内一般都建有不同规模的建筑物，用于存放站场设施，便于人员操作。

油气田站场需要遵循规范要求建设，建成后的运行期间，建筑物格局及建筑材料一般不改变，除非退出、维修或站场功能调整。不同油气田的站场建筑外观会有所不同，但同一生产作业区、相同功能的站场会保持一定的统一性。石油天然气站场根据其生产规模和储罐容量大小可划分为五个等级，级别越高，工程设计的安全规范要求越高。一般情况下，计量站、配气站等属于级别最低的五级站场[69]。不同级别站场的建设都需要参照相关规范要求，包括站场内的地面铺设及地面建筑物的布局。

联合站是规模相对大的站场，承担处理工作任务多，设备多，占地面积相对大，都是遵循设计规范及安全标准建设。一个油气生产作业区内根据油气产量会建设一个或几个联合站，站场四周建设围墙或围栏，明确标识站场边界，站场内有罐体等设施，建筑物分布规整，空间格局具有一定规律。遥感图像中可以清晰识别联合站的场地边界，根据其规模及罐体等设施进行识别，油气田内不同联合站场的遥感影像如图 6-16 所示。与联合站相比，计量站等功能型站场规模相对小，数量明显多，不同功能的站场可能单独建设，也可能联合建设。站场设备多放置在站场建筑物内部，外面不可见，遥感影像中可见建筑物房顶及建筑物空间展布。相同作业区内，同一类型的站场一般外观统一，具有统一的房顶材质及颜色。有时不同站场的功能合并，也会存在个别不统一的情况。不同油田及地域的站场建筑物屋顶颜色、材质及形状会采用各自的标准。图 6-17 显示了一些小型站场的遥感特征。

图 6-16 油气田联合站遥感特征

图 6-17 油气田小型站场遥感特征

3. 油气田生产排放存放设施

油气生产过程中伴随大量生产废弃物的陆表排放，包括各类生产废液和固体废物等。生产场地内一般都会建设专门的设施，用于生产过程中各类生产排放废弃物的临时性存放、集中处理存放和紧急情况下的应急存放，以避免生产废弃物直接进入周边土壤、水系等自然环境，发生环境污染。因此，油气田作业区内会有各种类型的存放池或罐体等专门的存放设施，生产排放废弃物经过定期的集中治理，达标后回注或排放。

固体废弃物是最主要的一类生产排放废弃物，如钻井过程中钻井液与地层岩石接触后产生的钻井岩屑、泥浆等废弃物，由于排放量大，有时难以一次全部处理完，会在存放设施内存放一段时间，逐步完成治理。油气田开发多经历漫长的历史时期，生产排放废弃物的存放形式也在不断变化，包含泥浆池、岩屑堆和固废池等多种存放形式。油气田固体废物存放设施遥感特征如图6-18所示。其中，钻井液池、岩屑堆等多为井场建设过程中的临时存放设施，常表现为罐体或人工修建的具有防渗措施的矩形存放池，钻井等生产建设完成后，恢复为井场陆表。油气生产周期内钻井液池的存在大多是阶段性的，随着生产阶段的前行，钻井液池会及时治理。在国内外油气田的生产作业区或井场内都可见钻井液池等固体废物存放设施及场地。近些年来随着油气环保技术发展，钻井液不落地随钻处理等新技术逐渐推广应用，油气生产排放的钻井岩屑等固体废物的地面存放量大幅减少。但是，油气田在漫长的开发过程中，遗留了大量的历史排放需要治理，可以利用遥感定量监测历史遗留排放的治理状况，排查油气生产区内的历史遗留存放场，协助完成全覆盖治理。

(a) 岩屑堆 　　　　　　　　(b) 固废池 　　　　　　　　(c) 泥浆池

图6-18　油气田典型固体废弃物存放设施遥感特征

油气生产过程中还存在大量的生产废液排放。一方面，油气生产本身存在油田水等大量生产废液排放；另一方面，老油田进入开发后期，采出油含水率普遍高，生产废液排放量相应增大。即使大部分的生产废液经过处理回注地层或作为生产用液再利用，仍需建设必要的地面临时存放或应急存放设施，避免可能的生产废液外溢带来的环境影响。油气田生产废液存放设施包括应急池、废液存储罐、压裂液返排池等多种形式，位于井场或站场内。设施多为人工修筑有防渗措施的水泥池、铁制罐体等设施，设施四周有围栏。不同地域的设施各有特点，多雨地区会在设施上方加盖遮雨棚，遥感影像中显示的是遮雨棚材料，而不是废液池。不是所有的废液池都有典型的遥感图像特征，不同油田的生产废液池

因地域性的个性化需要，呈现差异化的遥感特征，需要结合现场调查，建立局地认识模式，形成遥感解译标志，再加以识别。几类典型生产废液存放设施的遥感特征如图 6-19 所示。

(a) 生产用水池

(b) 应急池

(c) 污油回收池

图 6-19　油气田典型生产废液存放设施遥感特征

二、油气田生产场地的空间关联性特征

油气资源开发过程中各种生产设施与场地的建设布局是油气田开发方案部署实施后在地表体现的一个方面，相互之间具有一定的空间关联性。因而油气田井场、站场的空间分布格局具有一定的规律性，彼此之间在地面通过油气田道路相连，维持陆面的交通运输与人员的可达性，在地下通过集输管网相连，维持油气生产中各类流体的地下传送。不同地

域环境、不同生产方式下的油气田陆表生产目标之间的空间关联性特征不同，呈现不同的空间分布格局，理解油气生产目标空间分布特征与油气生产之间的相关性，有助于更准确判识油气生产目标。

1. 与油气生产的空间关联性

油气田内各类生产场地的建设不是随意的，都是遵循油气开发及生产建设的总体方案实施，包括开发方式的确定、注水方式的选择、合理井网的部署和油气集输管网的设计等。因此，油气田井场、站场、道路、管道等生产场地之间存在着一定的空间关联性，并且与油气资源的开发和生产密不可分，深度了解油气田生产背景，有助于油气田井场目标相关属性的遥感判识。

油气田井场的空间分布格局与油气田开发井网部署直接相关。在一个油气田，油、气、水井的排列分布方式、井数的多少和井与井间的距离大小，以及一次与多次井网分布关系等统称为井网部署[1]。井网类型不同，油、气、水井的排列分布方式也不同，如图 6-20 所示。行列井网是采油井与注水井分别按直线成排成行分布。面积井网是采油井与注水井按一定的几何图形均匀地分布在整个油田面积上，如三角形、正方形、六边形等。一个油田具体采用什么样的井网，要根据油田构造特点和油层性质等进行选择。不同的油田可能采用不同的井网，同一油田也可能有几套不同的井网。油气田井场的空间分布是开发井网部署实施后的空间体现，油、气、水井的分布具有一定的空间规律性。利用遥感可以获取区域井场分布格局，结合区域生产背景认识和井场的遥感特征，可以对井场类别进行更深入的分析。

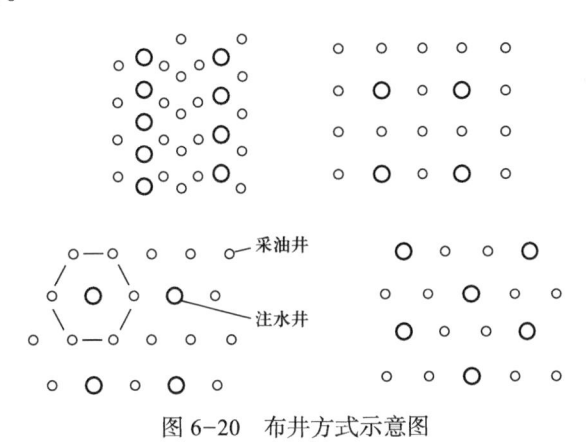

图 6-20 布井方式示意图

随着油气生产的渐进，各类井场、管道、集输站场等构成了庞大的油气田集输网络，在地表的空间分布格局因集输工艺流程的不同而有所差异。一个油田的集油流程是指油井产出的油（液）、气混合物，通过集油管线、计量站（接转站）至油气集中处理站的流程。不同的集油流程对应着井场、计量站、接转站和集中处理站之间不同的连接关系，连接井场与站场的管线多埋设地下，地面可见的是道路、井场与站场。图 6-21 显示了辐射状管网集油流程和树状管网集油流程的示意图，不同的集油流程对应不同的地面设施分布格局[6]。

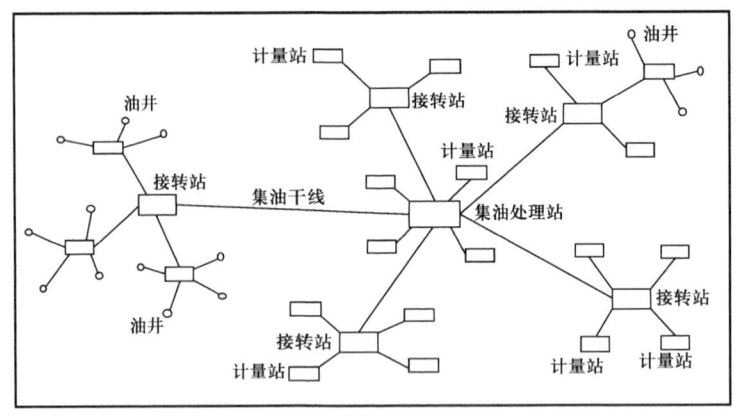

(a) 辐射状管网集油流程

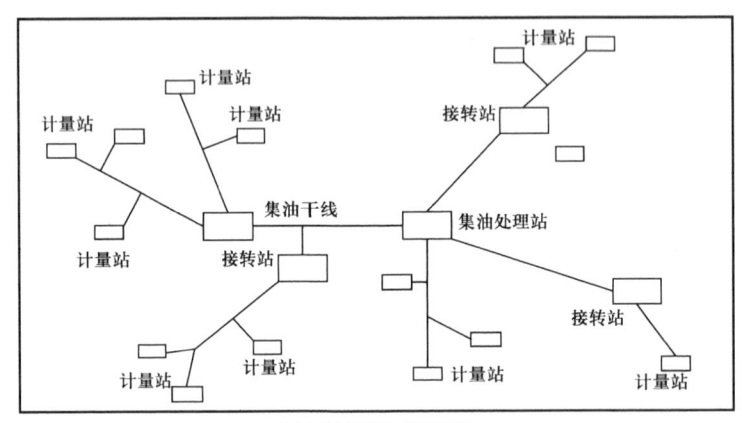

(b) 树枝状管网集油流程

图 6-21 不同集油流程示意图

这种空间分布格局的不同可以通过遥感空间信息得以体现。地面油气生产场地空间分布格局如图 6-22 所示。从图 6-22 可以清晰看出油气田生产区内地面井场与站场之间的空间分布格局。油气田生产活动与交通运输活动密切相关，依据井场、站场和道路等多生产要素构成的网络图型结构，按图索骥，可以实现对生产场地更加可靠、快速的遥感监测。尤其是平原、沙漠、草原等地势平坦地区，生产场地的空间分布特征更接近反映区域油气生产部署的实际情况。

2. 与地域环境的空间关联性

不同地域油气田的生产场地建设在考虑油气田自身地质条件的同时，还要与所在地域的自然地形地貌环境相结合。在平原地区，井场与场站的布设更多考虑油田自身地质条件，而在黄土高原、山地等复杂地形地貌区，生产场地建设还需要综合考虑自然地理特点，依地形地势修建。不同地域油气生产场地的空间分布特征还体现出独特的地域性特征。图 6-23 为鄂尔多斯盆地东部丘陵地区的井场分布。遥感影像中的井场依地势而建，连接井场的道路为"断头路"，终点即是井场，并通过一条油气田道路沿地势串联沿线井场。井场与道路形成的"蝌蚪"型特征是该区域井场目标的典型形态。在井场的大范围遥感识别中，可以依据道路的连通性追寻井场的位置。

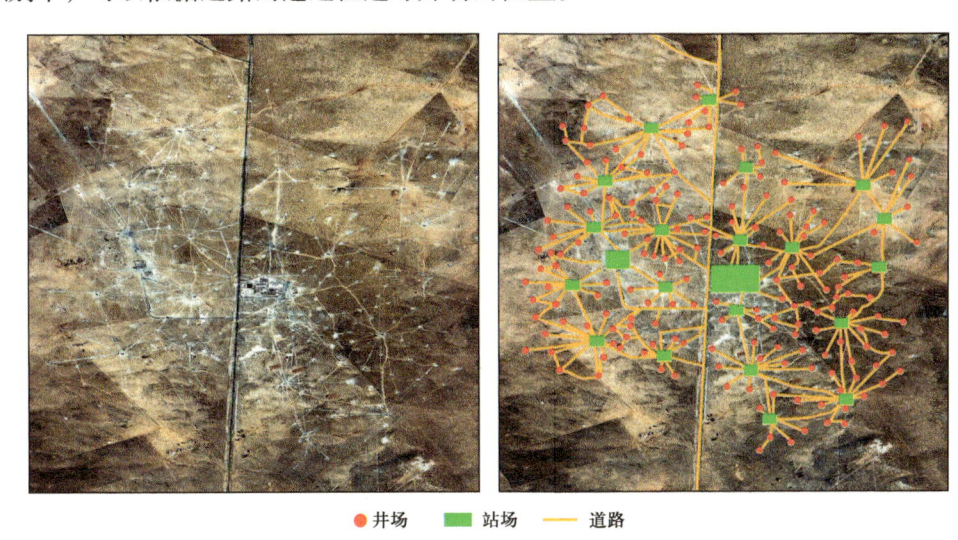

● 井场　■ 站场　— 道路

图 6-22　地面油气生产场地空间分布格局

图 6-23　鄂尔多斯盆地丘陵区井场分布

三、油气田生产场地遥感图像解译

油气田生产场地因受到地域性环境效应、多时空尺度效应和油气生产复杂性等因素影响，其遥感影像特征复杂多变，具有明显的地域性差异，随着油气开发场景的不同而发生

-151-

变化。油气田生产场地的遥感解译标志多是针对具体油田的油气开发场景，不仅包含各种类型的油气生产场地目标，还包含油气生产区内的非油气生产场地目标，如地方建设的各类池塘、房屋、羊圈、养殖基地、路边广告牌、植树坑等具有地域特色的易混淆目标，才能获得准确的遥感解译结果。因此，油气田生产场地的遥感解译标志需要针对具体的油气田应用场景建立适应的解译标志体系，尽可能包含油气生产区内的各类典型目标，而不仅仅是油气生产场地目标。

油气田生产场地的遥感图像解译需要基于对遥感和油气田背景信息的综合认知而开展，结合现场调查，统筹考虑油气田所在地域相关环境背景、油气生产背景、监测目标的构成等因素，选择适合的遥感监测数据与处理方法，建立监测目标的遥感解译标志，并针对遥感解译结果，通过现场调查修正遥感认知模型，经过反复的修正，最终建立相对完整的地域性遥感解译标志体系，实现油气田生产场地的遥感解译。油气田生产场地的遥感解译可以分为背景信息收集、遥感数据收集处理、遥感初步解译、现场调查与室内详细判读五个阶段。遥感解译可以结合自动提取方式，监测流程不受影响。

1. 背景信息收集

通过收集油气田自然环境背景、区域地质环境背景、油气生产背景等相关信息，获取区域自然地理地貌、气象、基础环境状况，建立区域环境本底认识；了解区域油气资源类型、开发方式等生产特点，建立区域油气生产本底认识；结合遥感监测油气工作区范围，分析油气生产场地的时空尺度特征，辅助遥感数据筛选。

2. 遥感数据收集处理

油气田生产场地的遥感解译数据源包括现状监测遥感数据和历史背景遥感数据。基于油气田环境本底和生产本底认识，明确数据收集的季相区间和空间分辨率区间，制订高分辨率遥感数据的收集方案，完成数据处理，获得可用于遥感解译的成果数据；收集处理监测区历史遥感数据，包括多源多尺度数据源，获得可用于生产场地目标和区域背景遥感特征比对分析的遥感数据。

3. 遥感初步解译

综合区域环境本底和油气田生产目标的本底认识，选择典型的油气田生产场地目标，建立初步的遥感解译标志；针对油气生产活动区域，通过遥感目视解译，基于初步的遥感解译标志，对油气生产场地目标进行遥感解译；对遥感解译结果进行标注，获得初始的遥感解译结果。遥感解译标志的初步建立可以结合现场调查，也可以完全基于室内工作认识。油气田多分布在偏远地区，实际遥感解译时，如果没有条件开展多次的现场调查，可以先基于室内遥感工作，初步建立解译标志，完成一轮全覆盖的遥感监测，然后结合室内遥感解译过程中的不确定目标，开展现场调查，可以提高现场调查的针对性和工作成效。

4. 现场调查

针对具体的监测油气田，在前期基于背景信息收集建立的背景认识基础上，结合初始的遥感解译结果，选择典型目标开展现场调查。典型目标包括两部分：（1）基于初始遥感解译结果选取确认的油气生产场地目标和不确认的油气生产场地目标；（2）基于前期建立的背景认识，在生产区内选取典型的非油气生产目标，如地方池塘、养殖基地、生活垃圾场、植树坑等具有明显地域特色的目标。通过现场拍照、文字记录、测量等方式记录现场目标特征，建立现场调查点标志库。

5. 室内详细判读

通过整理现场调查记录，对初始遥感认知模式进行确认，修正并完善遥感解译标志，补充非生产场地类遥感解译标志；依据修正的遥感解译标志，修正遥感解译结果，对遥感检测结果进行总结分析；整理仍不确认的油气生产场地目标，根据遥感监测工作的需要，确定是否开展循环的现场调查与遥感修正，直至达到满足监测要求为止。

遥感图像是某一油气田区域特定地理环境特征的综合显示，地理环境在水平和垂直方向上的差异性带来了解译标志的可变性，遥感影像的质量会在一定程度上影响目标的可解译程度。因此，油气田生产场地的遥感识别是一个复杂的循环往复的不断完善的认知过程。

第五节 基于 Haar 分类器的油气田井场遥感提取

井场是油气田生产的基本操作场地，在油气田大量密集存在，因其构成复杂，受遥感成像条件影响，其影像特征多为混合光谱特征构成，难以建立统一的光谱识别模式，目标空间特征也随着生产特点的不同而存在差异，增加了井场信息的快速提取难度。实际监测中，目视解译仍然是最准确有效的目标提取方法。但是，由于目视解译耗时费力，强烈依赖解译专家的经验，难以适应大数据量目标的遥感快速检测需求。随着机器学习技术的发展，基于机器学习的遥感影像目标检测研究得到越来越多的关注。基于机器学习开展油气田生产场地目标的遥感检测，可以更好地适应油气田大量生产场地目标快速识别的遥感数据分析需要。

机器学习是人工智能领域中的一个研究方向，主要是通过让机器从数据中学习规律，再利用这些规律来解决问题。在遥感影像的目标检测中，主要利用机器学习的方法通过样本采集、特征建立与模型训练进行目标识别，来帮助进行更加有效的目标检测，提高目标快速识别提取效率。基于机器学习的目标检测算法包括目标定位、特征提取与目标分类三部分内容，检测流程如图 6-24 所示。由于检测目标在图像中的位置未知，首先，通过利用不同尺寸的候选框遍历整幅图像的方式来确定感兴趣区域的位置和范围。然后，根据要提取目标的颜色、纹理、体积等特征来构造特征提取的算法，利用提取算法对遍历图像得来的所有候选框区域进行特征提取。常用的特征提取算法包括 HOG、SURF、Haar 等[70-73]。最后，利用分类器对经过特征提取的候选框区域进行分类，在此基础上，检测出目标的位置和大小。常用的分类器主要有 Adaboost、SVM 等。针对油气田井场的结构化特征，选用基于 Haar 特征结合 Adaboost 级联分类器的机器学习方法识别地物目标，对油气田井场进行目标提取。

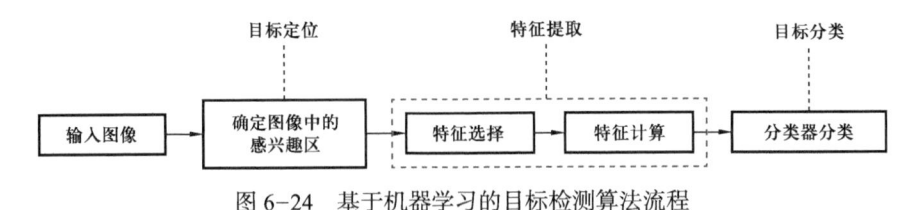

图 6-24 基于机器学习的目标检测算法流程

一、Haar 特征

Haar 特征是用于物体识别的一种矩形数字图像特征，用来描述图像中的纹理、边缘和线条等特征。这类矩形特征模板由两个或多个全等的黑白矩形相邻组合而成，矩形特征值是白色矩形内的所有像素和减去黑色矩形内的所有像素和之后的差值。矩形特征对边缘、线段等一些相对简单的图形结构敏感，多用于描述水平、垂直、对角等特定走向的结构。这些 Haar 特征值可以作为分类器的数据，用来进行目标的位置、大小和方向等信息的识别。Haar 特征分为四类：边缘特征、线性特征、中心特征和对角线特征，组合成特征模板，如图 6-25 所示。Haar 特征反映了图像灰度值的变化情况。

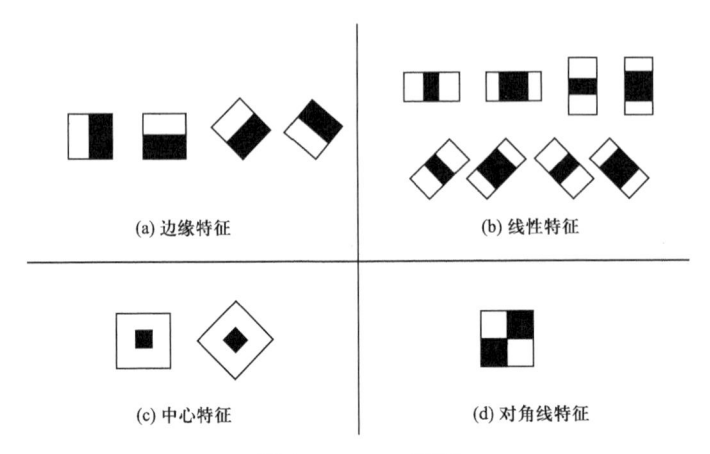

图 6-25 Haar 特征

油气田井场内多是水泥或砂石铺垫的结构化场地，在一些地域的应用场景中，场地内色调与周边环境背景存在较大差异。油气田井场的 Haar 特征如图 6-26 所示。

Haar 特征的矩形模板可以平移伸缩，位于图像的任意位置，大小也可以任意改变，并通过改变特征模板的类别、大小和位置，产生一系列子特征，使很小的检测窗口内含有大量的矩形特征。在放大和平移过程中，黑、白矩形模板结构保持不变，利用不同大小的特征模板在检测窗口内沿水平和垂直方向顺序平移,获得系列 Haar 特征。提取 Haar 特征的过程示意如图 6-27 所示,在红框检测窗口中,首先利用大小为两个像素的最小特征模板,沿水平和垂直方向平移,遍历检测窗口内图像,获得不同位置两个像素的 Haar 特征;然后基于放大的特征模板,沿水平和垂直方向平移,又生成一套放大尺寸的 Haar 特征;继续放大和平移,直至该特征窗口与检测窗口相同,获得完整的系列 Haar 特征。

图 6-26　油气田井场的 Haar 特征

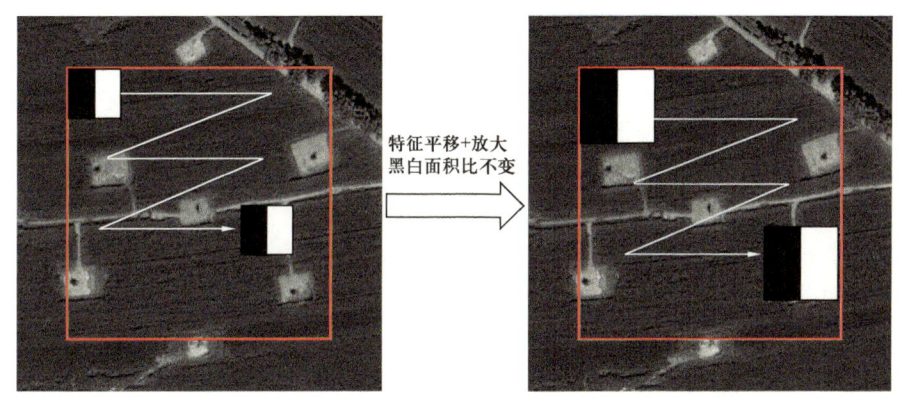

图 6-27　通过特征平移和放大提取 Haar 特征的过程示意图

假设 Haar 特征检测窗口大小为 $W \times H$,矩形特征大小为 $w \times h$,X 和 Y 分别表示矩形特征在水平和垂直方向能放大的最大比例系数,则在检测窗口中,可以通过放大和平移得到的 Haar 子特征数量 num 的计算方法如下[74]:

$$X = \left[\frac{W}{w}\right],\ Y = \left[\frac{H}{h}\right] \tag{6-1}$$

$$\text{num} = XY\left(W + 1 - w\frac{X+1}{2}\right)\left(H + 1 - h\frac{Y+1}{2}\right) \tag{6-2}$$

二、基于 Haar 分类器的目标提取

基于 Haar 特征的目标检测是利用这些差值对图像的子区域进行分类,通过对比这个差值与预先计算的阈值,区分目标和非目标。由于需要提取的特征数量大,借助积分图

的方法完成大量任意尺寸 Haar 特征的快速计算,并通过 AdaBoost 级联分类器算法进行训练,得到最有效的分类器,实现目标快速提取。

1. 样本集创建

基于 Haar 特征的目标提取需要大量正负样本。正样本是包含目标物体的遥感图像,负样本是不包含目标物体的遥感图像。基于监测区域的遥感影像,选取目标的正负样本图像,如图 6-28 所示。所有正样本的尺寸必须一致,大小不一致的目标需要经过预处理,统一样本尺寸。负样本的样本尺寸需要大于正样本尺寸,样本尺寸可以不一致,负样本的选取要尽可能丰富,根据检测目标的特征,从空间相近或特征相近等容易误分的目标中选取。

(a) 井场正样本　　(b) 井场负样本

图 6-28　油气田井场正负样本集

2. 基于积分图的 Haar 特征计算

积分图是遍历一次图像就可以求出图像中所有区域像素和的快速算法,能够大幅提高图像特征值计算的效率。积分图中某点的值是其左上角的所有像素之和,当要计算某个区域的像素和时,可以直接索引数组的元素进行计算,计算尺度大小不同的矩形特征值,而不需重新计算这个区域的像素和,提高了检测速度。基于积分图的 Haar 特征提取需要经过积分图转换和特征值提取的过程。

首先,将原始灰度图像转换为积分图。积分图上任意一点的值是原始灰度图像的左上角与当前点所构成的矩形区域内所有像素点灰度值之和,如图 6-29 所示,计算方法为:

$$ii(i, j) = \sum_{k \leq i, l \leq j} f(k, l) \tag{6-3}$$

式中,$ii(i, j)$ 是积分图中 (i, j) 处的值;$f(k, l)$ 是原始图像中 (i, j) 处至左上角方向的矩形区内所有像素的灰度值。逐行扫描原始图像,计算每个点的 $ii(i, j)$,直至到达图像右下角像素时,完成图像积分图构建。

图 6-29 原始图转换为积分图

然后，基于积分图 $ii(i, j)$ 快速计算 Haar 特征，获得矩形模板的特征值。基于构造的积分图像，任何尺寸的矩形特征的特征值都可以通过积分图中特征区域的端点值进行简单的运算而快速获取，矩形模板如图 6-30 所示。其特征值计算公式为：

$$\text{sum}(D) = ii_1 - ii_2 - ii_3 + ii_4 \tag{6-4}$$

式中，sum（D）是积分图中矩形框 D 内的像素和；积分图中的 ii_1、ii_2、ii_3 和 ii_4 分别是该点的左上角与该点所构成的矩形区域内所有像素点灰度值之和。

由图 6-30 可知 ii_1、ii_2、ii_3 和 ii_4 分别是积分图中的矩形 A、B、C 和 D 内的像素点之和。因此，根据任意矩形框四个角点的积分图值，可以快速获取图像中任意位置和大小的矩形框内的像素和，实现基于特征模板的 Haar 特征计算，求取目标区域值。

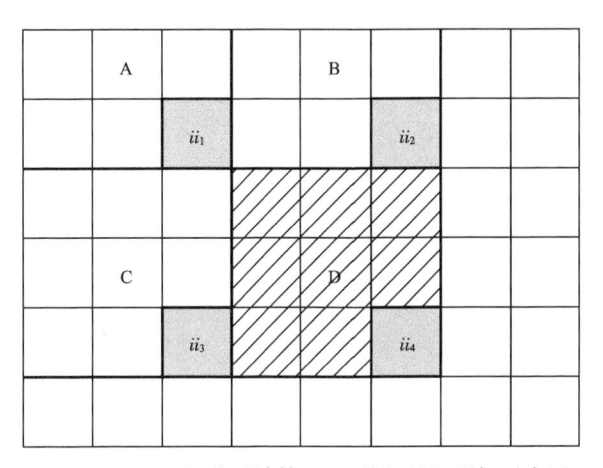

图 6-30 基于积分图计算 Haar 特征的矩形框示意图

3. 最优弱分类器训练

一幅图像可以提取数量众多的 Haar 特征，以 24×24 大小的图片为例，按照不同 Haar 特征的类型、大小、位置，可以得到 16 万种不同类型的特征值。如果直接利用分类器进行训练分类，工作量巨大。通过筛选最优弱分类器，把多个最优弱分类器训练成为强分类器，然后再进行分类，可以极大地提高效率。

最基本的弱分类器只包含一个 Haar 特征，即决策树只有一层，输入一个阈值，比较输入图像的特征值和弱分类器特征，当输入图像的特征值大于该阈值时判定为提取目标。弱分类器的数学结构如式（6-5）[71]：

$$h_j(x) = \begin{cases} 1, & p_i f_i(x) < p_i \theta_i \\ 0, & p_i f_i(x) \geqslant p_i \theta_i \end{cases} \quad (6\text{-}5)$$

式中，$h_j(x)$ 是要训练的弱分类器结果；$f_i(x)$ 为特征值；p_i 为偏置位；用于控制不等号方向；θ_i 是阈值。

训练最优弱分类器的过程就是在寻找适合的分类器阈值，使该分类器对所有样本的判断误差最低。训练过程如下：

（1）对于每个特征 f，计算所有训练样本的特征值，再根据特征值大小按升序排序；

（2）扫描一遍排好序的特征值，对排序后表中的每个元素计算四个值：全部为正样本的权重和 $T+$、全部负样本的权重和 $T-$、该元素之前的正样本的权重和 $S+$ 和该元素之前的负样本的权重和 $S-$；

（3）选取当前元素的特征值 $f_i(x)$ 和它前面的一个特征值 $f_{i-1}(x)$ 之间的数作为阈值，基于得到的弱分类器就把该元素处前后样本分开，即这个阈值对应的弱分类器将当前元素前的所有元素分为目标，而把当前元素后的所有元素分为非目标。该阈值的分类误差 e 计算公式为[75]：

$$e = \min[S++(T--S-),\ S-+(T+-S+)] \quad (6\text{-}6)$$

通过扫描排序表，选择使分类误差最小的阈值，即得到一个最佳弱分类器。

4. 基于 AdaBoost 算法的强分类器构建

AdaBoost 算法是一种迭代算法，是机器学习领域中一种重要的特征分类方法。针对训练数据集，在每一轮训练中加入一个新的弱分类器，如果某个训练样本点，被弱分类器准确地分类，则在下一个训练集构造时，减小其对应的权值；反之，则增大权值。更新过权值的样本集被用于训练下一个分类器，如此迭代地进行下去。最后，将训练得到的各个弱分类器通过级联的方式组合成一个强分类器。Adaboost 分类器原理如图 6-31 所示。

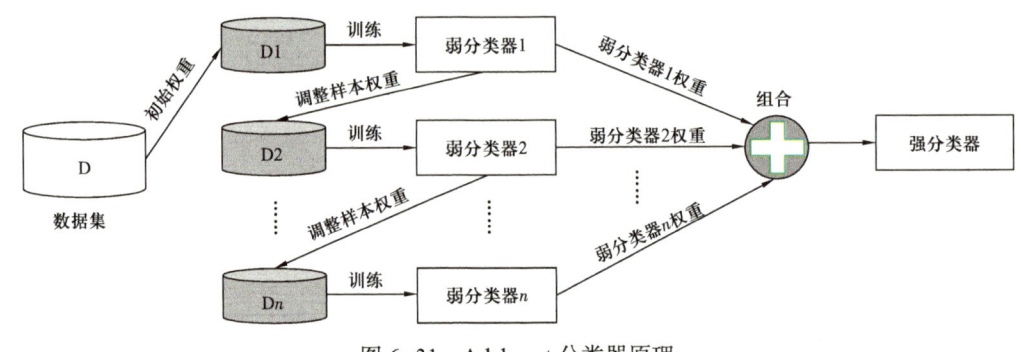

图 6-31　Adaboost 分类器原理

针对已经筛选的最优弱分类器，利用 Adaboost 算法构建强分类器[71]。

第一步：设置样本变量 i，假设有 n 个训练样本 $(x_1, y_1), (x_2, y_2), \cdots (x_n, y_n)$，其中 $y_i=1$ 是正样本，$y_i=0$ 时是负样本。

第二步：初始化训练数据的权重值。当 $y_i=1$ 时，$w_{1,i}=\frac{1}{2}l$；当 $y_i=0$ 时，$w_{1,i}=\frac{1}{2}m$，其中 l 为正样本数量，m 为负样本数量。

第三步：设置迭代次数变量 t，t 从 1 经过 T 次迭代，求得最优弱分类器集合 $h_j(x)$。

（1）归一化权重值：

$$\frac{w_{t,i}}{\sum_{j=1}^{n} w_{t,j}} \to w_{t,i} \tag{6-7}$$

（2）对于每一个特征 j，获得最优弱分类器 h_j，求样本特征值与阈值的偏差 ε_j，即错误率：

$$\varepsilon_j = \sum_i w_i \left| h_j(x_i) - y_i \right| \tag{6-8}$$

（3）选择使错误率最小的分类器 h_t，更新权重值：

$$w_{t+1,i} = w_{t,i} \beta_t^{1-e_i} \tag{6-9}$$

其中，$e_i = \begin{cases} 0, & x_i \text{被正确分类} \\ 1, & x_i \text{不被正确分类} \end{cases}$，且 $\beta_t = \frac{\varepsilon_t}{1-\varepsilon_t}$

第三步：获得最终的强分类器。

$$h(x) = \begin{cases} 1, & \sum_{t=1}^{T} \alpha_t h_t(x) \geqslant \frac{1}{2} \sum_{t=1}^{T} \alpha_t \\ 0, & \sum_{t=1}^{T} \alpha_t h_t(x) < \frac{1}{2} \sum_{t=1}^{T} \alpha_t \end{cases} \tag{6-10}$$

其中，$\alpha_t = \log \frac{1}{\beta_t}$

5. 基于级联分类器的强分类器构建

级联分类器模型是树状结构。级联分类器原理如图 6-32 所示，其中每个节点是由多个树构成的强分类器。对图像进行多区域、多尺度的检测时，在任意一级计算中，一旦得到不在类别中的结论，则计算终止，只有通过所有强分类器的检测，才会得到提取的目标。在级联分类器中，当分类器发现检测到的目标为负样本时，就不再继续调用后面的分类器。这样，级联分类器可以在分类检测的过程中就抛弃很多负样本的复杂检测，减少检测时间，提高级联分类器的检测速度。只有正样本才会进入下一个强分类器进行继续检验，保证输出正样本的准确性。

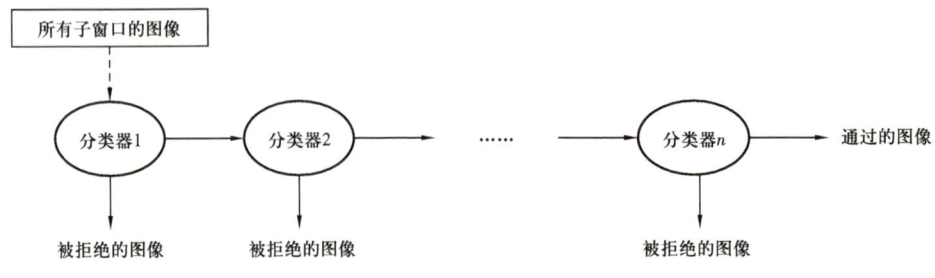

图 6-32 级联分类器原理

三、基于 Haar 特征的油气田井场提取实例

图 6-33 是位于平原植被区油气生产区的 Google 高分遥感影像。图像中该区域植被茂密，井场内无植被，与周边背景环境形成鲜明的色调差异，该区域井场目标多为水泥铺垫面，图像灰度值对比明显，且具有规则的边缘特征。基于 Haar 特征的井场提取结果显示，所有的井场目标均被准确识别，一处漏检位于图像边缘区域，井场目标位于图像边缘区域，影像特征不完整，未被准确识别，如图 6-34（b）所示。同时，存在一些被误分为井场的目标区。被错误提取的目标所处区域的陆表覆盖状况与周边植被覆盖区有所差别，在遥感影像中形成了与周边环境的灰度值的反差，并表现出与井场相近的结构特征，如图 6-34（c）所示。

图 6-33 基于 Haar 特征的井场提取

(a) 正确提取井场 　　　　　　　(b) 漏提井场 　　　　　　　(c) 误提井场

图 6-34　井场提取结果的遥感图像特征

因此，基于 Haar 特征的井场提取不仅要保证正样本的代表性，更要保证负样本的丰富性。因此需要针对误分目标特征，补充负样本，进行反复的训练，提高目标提取精度。利用该方法对未开展过遥感监测的区域进行井场普查，能够提示生产目标区分布。同时，对井场与周边背景环境具有明显色调差异以及清晰的结构化特征的油气生产区，通过遥感普查，结合人工修正，可以降低高密度井场分布区的人工提取工作量。

第七章 油气田生产活动遥感监测

第一节 概 述

油气田生产活动是油气资源开发利用过程中的人类实践活动，涉及油气勘探、开发、生产、储运及退出的全生命周期，并通过地表要素的变化留下环境印记。油气田是实施油气开采的区域，作为一种特殊的地理区域，受油气生产活动的影响，其环境要素的演变表现出与生产进程的相关性。油气生产活动对环境的影响可以通过地表植被、水域、土地利用等基础环境要素的变化直接或间接地体现出来，其时空特征从一个方面反映了油气田的开发动态。油气田环境变化的主要驱动力是人类的生产活动，掌握油气生产活动及其进展，追踪油气田生产活动遗留的环境印记，有助于了解区域内油气资源开发的历史、现状与趋势，更深刻地理解油气田生产与区域环境演变之间的关联性，为油气资源开发利用过程中如何使油气生产更趋合理提供参考依据，更好地满足绿色生产的环境可持续发展目标。

在油气资源开发利用的不同阶段，油气生产活动的作用和特点不同，对油气田环境的扰动作用及其表现也不相同。勘探阶段的地震测线开辟会带来地表植被、表土等的剥离，在很长的一段时间内遗留地震测线的地面痕迹；开发阶段的大规模场地建设，需要在地表植被、表土、岩石的剥离后开始实施，地表形态会临时性或长期性呈现裸土或工业用地特征，主要分布在油气生产活动区内。大部分油气生产活动可以通过地面生产设施、场地的建设与退出等变化动态得以识别，如增储上产区的新增井场建设活动、油气开发区的生产退出活动，以及生产排放废弃物治理的清洁生产活动等。油气开发利用过程中，除去油气开采的专属用地外，还会同时形成基础设施存放等为油气开采活动提供相应服务的区域，包括办公区域和生活区域等。因此，油气田环境要素受到生产活动影响，呈现出特有的扰动特征，并且伴随着油气资源的开发不断发生改变。掌握油气生产活动动态，有助于充分认识生产活动区内环境要素扰动的时空演变过程，更有效地开展油气田环境保护与综合治理。

油气田生产活动的遥感监测主要针对生产活动区内的生产目标，利用遥感观测其变化过程中带来的地表植被、水域、土地占用等环境要素的变化动态，识别油气生产活动，获取其变化动态，分析生产活动性质与进程，为油气田环境的影响分析提供参考依据。油气生产建设活动和清洁生产活动是油气田环境变化监测的两类主要的生产活动，通过油气田井场、生产废弃物存放设施等生产目标的数量、分布、状态属性、工作周期等变化信息可以获得油气田开发的程度与生产排放废弃物的治理成效的直观反映，为油气田环境动态分析提供生产背景信息。

第二节　油气田生产活动主要特征

油气田生产活动主要位于油气田内，重点针对油气田井场、站场等生产目标，其特征与油气开发阶段、开采方式、资源类型等高度相关，多通过油气田内生产场地的变化得以体现。油气生产场地存在状态的不同，反映了油气生产活动的发生与发展，根据不同生产场地的不同变化趋势，可以提取油气生产活动的类型以及更多相关属性信息。与其他区域、其他目的的人类生产实践活动相比，油气田生产活动具有活动目标的空间尺度小、活动周期的多时间尺度、活动分布与油气生产的相关性等主要特征。

一、活动目标的空间尺度小

油气田生产活动的承载目标主要是井场、站场等生产场地以及井口等生产设施。大型联合场站的建设规模相对较大，数量较少，属于固定设施。其他生产场地及设施的空间规模相对较小，如井场多为几米至十几米之间的矩形场地，各类功能性小型站场的占地空间也从几米至几十米不等，且数量众多。由于不同油气田所处的地域环境不同，油气勘探开发涉及生产环节众多，生产区内地面设施繁多，生产目标的遥感识别存在一定程度的不确定性。油气生产活动的信息获取主要基于空间尺度较小的生产场地、设施等的时空变化特征，多采用高分辨率的遥感数据来提高监测的准确性。

二、活动周期的多时间尺度

在油气资源开发利用过程中，不同生产阶段的生产活动多遵循其自身的工作周期，时间长短不一。如新增井场建设一般为几个月，生产运行期的井场工作周期较长，为几年至十几年，有的老油田存在几十年的生产井场，生产排放的存放治理周期则结合生产排放量，定期清理治理。同时，由于油气田生产区地域分布的广泛性和分散性，也存在偏远地区的遗漏、交通不畅、生产条件限制等给生产活动周期带来的不确定性，使生产活动周期难以遵循常规的生产周期。因而生产活动的异常工作周期还反映了异常生产进程，分析其原因，可协助生产活动风险的防控。

三、活动分布与油气生产的相关性

油气田生产活动都是按照油气开发方案及一定的生产运行计划而开展的，其空间分布与油气生产规划具有相关性，如生产退出区、新增上产区、油气生产区等的空间位置都是提前部署。因而，油气生产活动的空间分布在一定程度上反映了油气田生产动态。不同类型生产活动区的变化特征不同，生产退出区的生产设施从有到无，新增上产区的井场及生产设施从无到有。不同类型生产活动区环境风险管控的重点不同，生产退出区需要跟踪场地的恢复，生产运行期需要加强污染泄漏监测，进入开采中后期的老油田，长期使用的生产场地及设施需要加强维护。随着油气勘探开发的生产力度持续加大,掌握不同类型油气生产活动区的空间分布可以提高环境风险管理的有效性。

第三节　油气田开采活动遥感监测

油气田开采活动主要指油气田内与油气开采相关的生产活动,既包括新增生产区的生产建设活动和生产运行期的稳定生产活动,也包括老油气区的生产退出活动或基于环境保护的生产退出活动等开采退出活动。油气田开采活动的遥感监测主要是通过提取油气田井场、站场等生产目标的变化来获取油气田开采活动信息。如油气田正钻井井场和新建井场的数量、分布及其时空变化是油气田生产活动的直观反映,可用于油气田开采状况分析,生产活动的显著变化区也是环境风险管控的重点关注区。

油气田长期处于自然过程和人类行为的共同作用中,各环境要素之间既相互独立,又相互依存,互为制约,构成一个有机整体。油气田环境中的地表要素既包括植被、水体等基础生态环境要素,也包括油气田井场、道路等生产要素,区域内的地表要素状态和结构始终处于不断变化的过程中,这种变化既是确定的,又带有随机性,与油气生产自身的规律性和高风险性相关。油气开采活动的表现形式也处于变动过程中,变化周期既有一定规律性,又具有一定的随机性。同时,油气田生产区范围大,生产活动目标的空间尺度小、数量多。通过遥感观测获取油气田开采活动的空间信息,并监测其变化动态,可以实现大范围区域内油气生产活动的快速调查,掌握油气田开采状况,筛查油气生产活动热点区,支持油气田生产过程中的风险排查。

遥感监测时首先根据开采活动的监测要求,明确遥感监测目标,然后针对监测目标的空间尺度及开采活动的时间尺度特征,运用相应空间尺度的多时相卫星遥感数据,开展油气开采活动监测。通过遥感解译或自动识别的方式提取监测目标,利用持续监测,分析开采活动性质,结合现场调查完成遥感监测与分析,并进行制图。

一、遥感监测方法

1. 遥感监测目标

油气开采时一般先平整场地,建设井场;然后在井场内进行钻井活动;钻井完成后,井场及井设施进入生产运行期;生产退出时,先退出井设施,再进行场地恢复或场地功能调整。因此,油气开采活动的遥感监测目标主要包括场地监测和设施监测两类。场地监测主要针对油气田井场。油气开采过程中的井场会经历从无到有,再到无的过程;井场规模也会从建设期的较大到生产运行期的相对小,再到退出后因修复而逐渐变小,直至消失。设施监测主要针对井场内的油气开采井等生产设施,井场内生产设施位置会经历从建设期的正钻井井架到生产运行期的井设施,再到退出期因拆除而没有的过程。

不同的监测目的选择不同的监测目标。新增上产区的开采活动监测可以针对生产场地，通过监测新增井场建设和正钻井井场建设情况获得。生产退出监测包括设施退出和场地恢复两个过程。井设施的退出表明开采活动已经退出，井场恢复至周边环境一致表明场地已修复。井场是否需要修复根据退出目的而定，井场功能调整则无须恢复场地。可见，油气开采活动的遥感监测目标可能是一个或多个，只有充分了解监测目的，才能筛选出针对性的遥感监测目标，开展有效监测。

2. 遥感监测内容

油气田生产活动的遥感监测指标应该能够直接或间接地反映油气开采状况及其变化，指标本身具有有效性和实用性，并具备可获取的操作条件。开展遥感监测时，应充分利用遥感数据对大区域范围空间信息的反映能力，从活动数量、强度、变化、分布等方面设置定性、定量指标，客观、科学地表征油气田开采活动。根据监测目的的不同，遥感监测指标会有所差异。

1）基于单一时相的油气田开采现状监测

油气田开采现状监测主要是了解特定时期内区域油气开采现状。通过遥感监测获取井场、井设施等的数量、面积、位置、类型等开采活动现状，结合空间信息，分析油气生产区开采活动特征，对正钻井、生产井等不同类型井场进行分类统计，获得油气开采状况的更深入分析。

2）基于多时相的油气田开采动态监测

油气田开采动态监测主要是了解一段时间内区域油气开采活动的动态。通过持续的遥感监测获取监测周期内井场、井设施等的数量、面积、位置、类型等信息的变化情况，结合空间分布的变化，分析油气生产区的开采活动动态，基于开采活动的变化特征分析不同类型开采活动的发生与发展。

3. 遥感监测数据

油气田开采活动的遥感监测以高空间分辨率遥感数据为主，辅助中、低空间分辨率遥感数据。井场的空间规模多为几米至十几米之间，也存在几十米规模较大的井场，各类井设施的空间尺寸相对更小。利用高空间分辨率遥感数据提取井场及设施的目标，以获得油气开采活动的可靠信息。针对生产设施的开采活动监测适合采用米级以上的超高分辨率遥感数据，以克服遥感成像时受太阳直射角度、建筑物海拔高度等因素的影响给设施识别带来的干扰。中分辨率遥感数据主要用于对历史开采状况的监测，如 Landsat 系列数据具有丰富的历史覆盖，可用于油气生产区内历史开采状况的掌握，以便更好地分析油气田开采的历史及发展。因此，遥感监测数据的空间分辨率选取需要考虑不同监测要求下的生产目标空间尺度。

油气开采活动在生产周期上具有一定的规律性。井场建设一般为几个月时间，生产退出会依据退出计划执行，退出场地恢复则需要一定的生态修复周期。遥感数据时相的选取需要考虑不同类型油气开采活动的时间变化特征。基于单一时相遥感数据的油气开采现状监测需要根据调查时间的要求，选取一期符合检测要求的遥感数据开展全覆盖监测。基于多时相遥感变化检测的油气开采活动监测，在允许的监测周期内，尽量选取时间间隔小于开采活动变化周期的多时相遥感数据进行动态监测，遥感监测的时间周期过长，会带来开采活动的漏检问题，但仍对大区域范围的开采活动具有宏观反映能力。遥感监测数据的时间分辨率选取需要适应不同开采活动生产周期的时间变化尺度。

二、应用实例

油气开采过程中存在多种原因的生产退出。一方面，由于油气生产的开发方案调整等生产原因带来的局部生产区的生产退减，可能形成开采活动的退出。另一方面，随着油气生产中生态保护力度加强，环境保护区等一些环境敏感区域的油气生产有序退出，也会形成开采活动的退出。遥感观测可以客观记录生产退出进程，监测退出后的生态恢复。

1. 油气生产区的开采退出活动

油气资源开发过程中，经过前期开采，有时会调整开发方案，在其他区域部署产能建设，原开采区相关生产活动逐步退出。退出过程会涉及生产设施的退出，井场可能退出，也可能留作今后使用。以准噶尔盆地石油生产区为例，油田区域内的一处生产区经历了生产退出，利用 GF-2 高分辨率遥感影像监测油气生产设施退出前后陆表特征的变化。图 7-1 为某油田油气生产设施集中退出前后标准假彩色遥感影像合成图，图中红色为植被覆盖区。该区域位于中国西部盆地，地处山前戈壁区，地表干燥。遥感监测显示，2017年区域内地表分布的生产设施包括井场和地面管道，区域内处于稳定的生产状态，陆表特征均匀；2020 年区域内地面生产设施已经基本撤出，退出过程中工程活动对地表的影响作

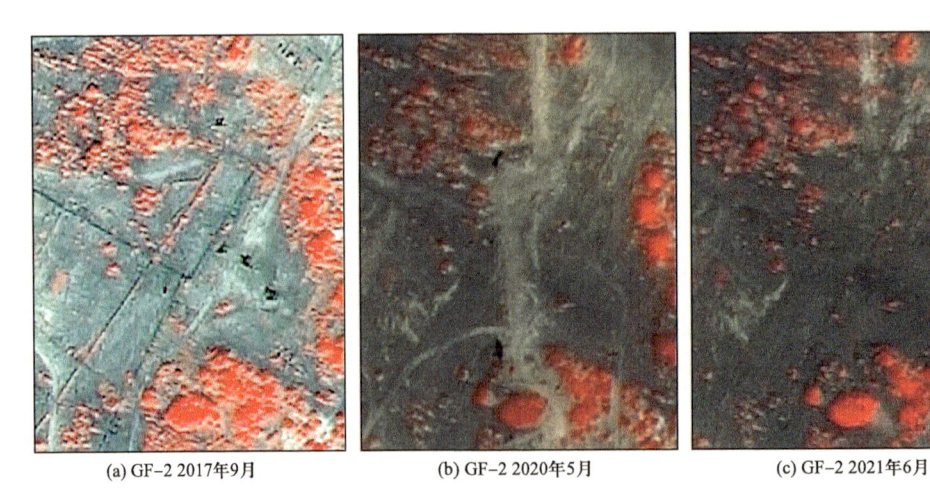

(a) GF-2 2017年9月　　　(b) GF-2 2020年5月　　　(c) GF-2 2021年6月

图 7-1　油气生产设施集中退出前后标准假彩色遥感影像

用清晰可见，地面表土因施工原因相对周边陈旧性裸地呈浅色调，部分植被覆盖地表在设施撤出过程中受到影响，成为裸露地表；2021年生产退出形成的裸露地表逐渐恢复，陈旧性裸地中因退出施工形成的新鲜裸土地表逐渐恢复至接近周边裸地，原植被覆盖区中受退出工程影响形成的裸露地表已有少量植被覆盖，区域地表处于自我恢复过程中。

2. 环境保护区的开采退出活动

随着国家人与自然和谐共生的绿色生产方式推进，各类环境保护地的划定不断更新，保护区内的人类活动需要严控或退出。一些油气生产区分布在目前的环境保护区内，涉及油气生产活动的逐步退出，拆除相关生产设施，恢复生态环境。利用遥感监测环境保护区内油气生产开采的退出活动，可以全面掌握生产退出动态，为科学退出和生态恢复提供依据。

环境保护区的生产退出监测在生产设施退出监测的基础上，还要关注退出后的生态恢复进展。通过多时相遥感监测，对生产设施退出前、退出后及退出后的生产区域地表状况进行持续跟踪，以评估生产退出及生态恢复状况。因此，保护区内的生产退出监测需要更长的跟踪监测期，遥感监测周期根据退出难度及生态恢复难易程度的不同而不同。针对环境保护区的开采退出遥感监测可以分为生产退出监测和生态恢复监测两个阶段。

在生产退出监测阶段，根据退出计划，选择退出前的遥感数据作为背景监测影像，提取计划退出区的生产设施目标图斑；生产设施包括井场、联合站场和各类小型功能型站场。然后根据退出计划，选取阶段退出中、退出后等关键时间节点的遥感数据作为变化监测影像，联合退出前的背景影像开展变化监测，结合现场定标与核查，获得退出进展的遥感监测结果，并进行统计分析，对变化图斑进行遥感制图。

在生态恢复监测阶段，结合生态恢复的自然规律，确定监测频率，收集遥感数据作为生态修复监测影像，根据背景影像中提取目标图斑的空间分布确定生态修复的重点监测目标区，通过退出目标区的地表植被恢复等生态环境要素的对比监测，跟踪油气生产退出后的生态修复进展。

这里以白洋淀湿地自然保护区为例说明油气开采退出后的地表恢复遥感特征。

白洋淀湿地自然保护区属内陆湿地和水域生态系统类自然保护区，是华北平原最大的淡水湖泊和大清河南支缓洪滞涝的天然洼淀，主要调蓄上游河流洪水。保护区内存在油气开采区，其中的唐河河口附近区域有油气开采活动，根据生态修复要求，实施生产退出。图7-2为白洋淀自然保护区唐河河口分布的遥感影像，区域内除城镇区外，土地利用主要以耕地为主，油气生产设施零散分布于耕地间的局部区域。

图7-3显示了2017—2022年间唐河河口附近区域油气生产井场、站场的退出及退出后的场地恢复情况。2017年生产井场内的采油井设施在2021年遥感影像中已经显示为拆除完毕的退出状态，2022年井场场地的地表状态已经恢复至与周边区域地表状态接近。由于站场占地面积大，场地内生产设施多，且有建筑物，生产退出难度相对更大，生态恢

复周期更长。图 7-3 可以看出，站场内的生产设施在 2021 年时已经完成拆除，建筑物在 2022 年完全拆除，生产场地的地面除去部分水泥硬化地表外，其余地表已经恢复至周边地表情况。因该区域临近水系发育地带，生态自然修复条件相对好，退出场地的生态修复周期较快。

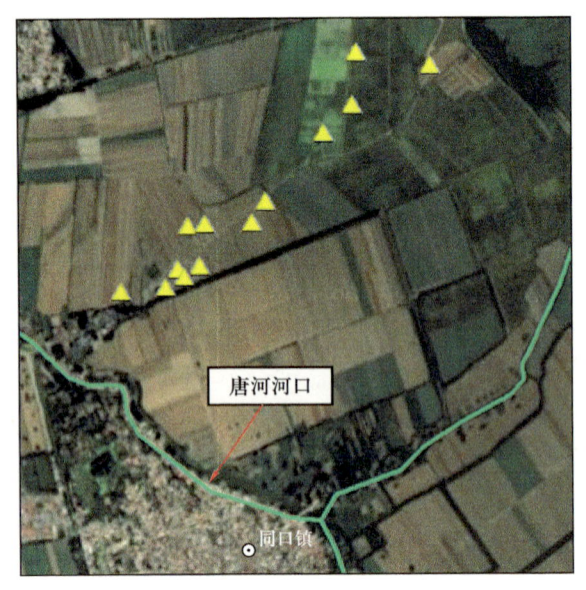

图 7-2 白洋淀自然保护区唐河河口分布遥感影像

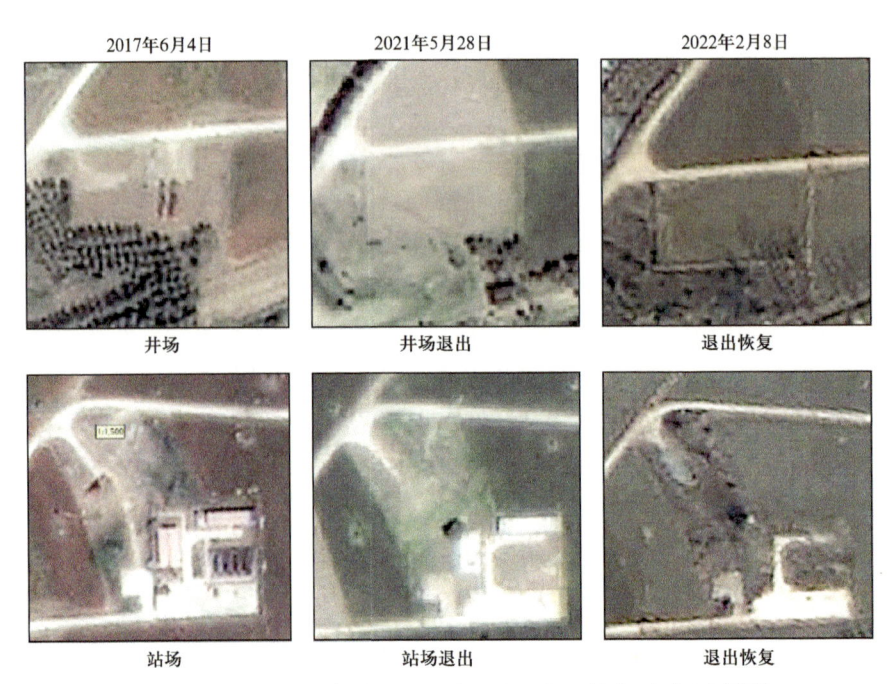

图 7-3 白洋淀自然保护区内生产退出及场地恢复遥感监测影像

第四节　油气田清洁生产活动遥感监测

随着中国经济的快速发展，环境保护已经成为企业可持续发展的必然要求，国家日益重视清洁生产，发展循环经济，促进建设资源节约型和环境友好型社会。根据联合国环境规划署的定义，清洁生产是一种新的创造性思想，该思想将整体预防的环境战略持续应用于生产过程产品和服务中，以增加生态效率和减少人类及环境的风险。清洁生产是通过生产方式的转变，减少或避免污染物的产生，强调源头预防和过程控制，不同于以往的末端治理的形式。根据《中华人民共和国清洁生产促进法》中的定义，清洁生产是指不断采取改进设计、使用清洁的能源和原料、采用先进的工艺技术与设备、改善管理、综合利用等措施，从源头削减污染，提高资源利用效率，减少或者避免生产、服务和产品使用过程中污染物的产生和排放，以减轻或消除对人类健康和环境的危害。工业是资源消耗和污染物排放的重点领域，也是推行清洁生产的重点领域。油气行业推行清洁生产后，随着技术的不断更新与管理的不断完善，从源头上削减了污染，提高了资源利用效率，减少了生产排放污染废弃物，油气田生产废弃物的地面排放量有所减少，生产排放的治理效率不断提升。

油气田清洁生产活动主要指油气田内与清洁生产相关的生产活动，包括能够减少或避免污染物产生的各类相关生产活动。油气生产过程中排放污染物的减少是油气田清洁生产成效的直观反映，因而油气田生产排放与治理动态可以作为油气田清洁生产活动的反映指标，从一个侧面反映油气田的清洁生产状况。油气田清洁生产活动的遥感监测主要针对油气生产排放存放设施等存放目标，通过提取油气生产过程中生产排放废弃物的存放目标在数量、空间分布及其存在状态等方面的时空特征，获取油气田清洁生产活动信息，掌握油气田生产排放特征及治理动态，实现针对油气田清洁生产状况的遥感监测。

此外，油气田生产过程中伴随大量的生产废弃物陆续排放，每个生产过程所排放废弃物的存放设施都可能是潜在的环境风险源。而油气田范围广阔，各类生产所排放的废弃物，其存放设施数量多，变化快，个别偏远地区的生产排放存放地可能面临因进入限制而带来的疏于管理的问题。一些开采历史较长的老油田存在历史遗留的生产排放存放地，因开发时间早，远离生产集中区域的个别存放地治理情况难以通过人力排查实现全覆盖监测，可能存在遗漏。即使符合管理规定的生产排放存放设施，在其存在期间，可能也会给周边环境带来环境安全风险。因此，利用遥感快速获取油气田生产排放的存放设施分布及变化动态，实现油气田范围的全覆盖、远程、定量监测，有助于偏远地区历史遗漏风险的排查及生产过程中的环境风险易发区排查，辅助油气田的精准治理，对加强油气生产过程中的区域环境风险管控和清洁生产治理能力评估具有一定的现实意义。

一、油气田清洁生产活动特征

油气田清洁生产活动涉及内容广泛，遥感监测主要针对油气田生产废弃物的地面排放与治理行为。油气田清洁生产活动常与开发生产活动相伴存在，并表现出动态变化性、遥感识别的复杂性以及与油气生产活动的时空相关性特征。

1. 动态变化性

油气田存在大量临时性生产排放暂存设施和固定的集中存放与治理设施及场所，用于生产废弃物的集中存放与治理，存在周期与生产周期相一致。临时性生产排放设施多存在于一定的生产阶段，如井场建设期的生产排放存放罐或存放池，在井场建设完成进入生产运行期后，会统一处理。因此，不同生产阶段生产排放的存放设施数量、分布、存在状态都会发生变化，并处于持续的动态演变过程中。即使具有较长开采历史的老油田，也会因为不同开发阶段、生产工艺等不同，带来生产排放的变化。这种变化的趋势性与变异性对清洁生产活动的影响评估及环境风险区的排查具有指示性。

2. 遥感识别的复杂性

油气田地面生产排放的废弃物包括生产废液和固体废物等不同状态的废弃物，油气生产排放的存放设施受油气生产方式、存放内容物构成及所处地域环境等多种因素影响，设施形式多种多样。采油井井场内常建有应急池，尤其是在黄土塬等特殊地形地貌区，井场分布非常分散的情况下，用于紧急情况下的临时应急存放。采气井井场在建设期间存在大量岩屑排放，进入生产阶段后，采气井井场内的地面生产排放非常少，通常无生产排放存放设施，井场旁会建有放喷池。页岩气开采中因涉及大量用水及排放，井场附近通常建有大型生产用水存放设施。因此，生产排放存放设施的遥感特征多变，其遥感识别是个复杂的过程，存在一定的不确定性，仅依据生产排放设施自身的遥感图像特征难以准确判定，需要针对油气田生产特点和区域环境背景建立遥感认识模式，结合油气生产等相关辅助信息判定，获得生产存放设施的变化动态，提高生产排放治理活动遥感识别的可靠性。

3. 与油气生产活动的时空相关性

油气生产排放是生产过程中的伴随排放，其存放设施的布设及存在周期与油气生产活动规律相关。设施分布与生产场地具有空间相关性，存放设施通常分布在井场旁边或周边区域；在井场密集分布的生产区，可能会建设集中存放设施，用于附近区域生产排放的集中存放；增储上产区等开采活动热点区是生产排放的重点关注区，区域内配套建设大量的新增生产排放存放设施。同时，存放设施的存在周期与油气生产进程具有相关性，不同生产阶段的生产废弃物排放量不同，存放设施的建设情况也相应调整。井场建设阶段产生大量生产排放，会建设相应的临时性存放设施或暂存地，如罐体、暂存池、随钻处理设备等，井场建设完成后，临时存放设施会及时治理。生产运行阶段的井场会建有应急池等存放设施，用于生产过程中意外排放或临时排放的应急存放，设施存在周期相对长，池中积液或固体废物定期清理。因此，生产排放存放设施的变化体现着与生产活动的时空相关性，为生产排放治理活动的遥感检测提供了分析依据，结合油气生产活动的时空规律，获得清洁生产活动特征。

二、油气田清洁生产活动遥感监测方法

单一时相遥感监测获得的存放目标反映其在遥感监测数据接收时刻的存在状态，多时相遥感监测结果反映遥感监测目标在监测周期内的变化，根据存放目标在监测周期内存在状态的变化分析清洁生产活动进展。遥感监测时需要区分固定设施和暂存设施，以便更客观地分析清洁生产活动。其中，暂存设施的存在周期只要符合生产的相关管理规定，其存在是合理的，但存在周期应该符合生产规律，对于长期存在的暂存设施，需要给予关注。

油气田清洁生产活动遥感监测需要针对油气田生产废弃物排放特征，明确遥感监测的生产排放存放目标，结合其时空变化特征，开展遥感监测。

1. 遥感监测目标

油气田生产排放废弃物的存放设施和场地是清洁生产活动遥感监测的主要目标，数量众多，类型多样，分布广，布局分散。油气田内的生产排放废弃物存放设施中大部分是阶段性存在的临时存放设施，少部分为固定场所的存放设施。阶段性的临时性存放目标多位于油气生产作业区内的井场内或附近区域，存放形式会因油气资源成因类型、开采方式、地域环境等因素不同而存在较大差异，遥感特征差异明显。清洁生产活动的遥感监测目标重点针对临时性存放目标和部分固定存放目标。

不同的油气生产排放方式及其治理方式对应的清洁生产活动监测目标特征不同，需要结合现场调查，充分了解油气生产排放活动本身特征及变化规律，明确监测目标的遥感特征及其时空尺度特征，才能获得客观、可靠的遥感监测结果。

2. 遥感监测内容

油气田清洁生产活动的遥感监测指标应该能够表征区域清洁生产活动特征及清洁生产情况。开展遥感监测时，基于油气生产过程中生产排放废弃物的存放目标在数量、存在状态等方面的定量统计获取生产排放的存放现状及变化情况，结合空间信息，表征油气田清洁生产活动特征。油气田清洁生产活动的遥感监测一般包括：

（1）基于单一时相的油气生产排放废弃物的存放现状监测。通过遥感监测获取各类存放设施或存放场地的数量、面积、位置、类型等信息，综合定量统计结果、临时存放设施的类型及其空间分布分析区域生产排放废弃物的存放特征，了解特定时间区域生产排放的存放现状。

（2）基于多时相的油气生产排放废弃物治理活动监测。通过遥感监测各类存放设施的变化，将存放目标分为已处理、新增和持续存在三类，结合定量统计，基于存放目标的变化特征分析油气田生产排放的治理活动，了解一段时间内区域生产排放治理的清洁生产情况。

3. 遥感监测数据

油气田清洁生产活动的遥感监测以高分辨率遥感数据为主，精细的目标识别采用优于1m的超高分辨率遥感数据。随着环保技术进步，油气生产排放的存放设施具有小型化和治理快速的发展趋势，大量临时性生产排放的存放设施规模通常小于井场范围，也是清洁生产活动遥感监测的主要目标。因此，利用米级或更高空间分辨率的遥感数据可以获得存放目标的可靠检测。历史存放目标的规模相对较大，可以利用中分辨率遥感数据对区域内的历史排放状况进行监测，用于分析区域清洁生产活动的历史及演变。

三、应用实例

油气田生产排放废弃物多具有一定的污染性，及时掌握其存放地的分布可以促进生产过程中的环境风险排查与管控。因工作区范围广，油气田通常会划分为不同的作业区，存放地的及时治理也是属地化环保管理成效的一个反映。利用高分遥感技术对地表目标的精细反映能力，获取覆盖油气田生产排放废弃物的存放信息，不仅可以快速了解油气田生产排放废弃物存放的整体情况，还能通过分析存放情况与油气生产活动的相关性，对比不同生产作业区的生产排放治理情况，评估属地化工作成效。

鄂尔多斯盆地是中国重要的油气资源开发区，由北至南跨沙漠、草原、黄土高原等多种生态类型和自然地理区域，受自然地理条件影响，生产场地之间空间分布更加分散。在黄土塬区域，沟壑纵横、梁峁交织，随处可见一个黄土峁上一个井场的建设特征，且山路崎岖颠簸，大范围油气生产场地及活动的空间信息获取难度大。

选取某油气田作业区，利用单一时相的GF-2高分遥感数据监测生产排放废弃物的存放状况。通过遥感监测，提取井场和生产排放存放设施两类目标，以生产作业区为单位，定量统计两类目标的数量，并基于空间分析模型获得不同作业区目标数量的空间渲染分布。油气田井场的数量在一定程度上反映该区域的油气生产强度，数量越多，生产强度越大，可用于表示不同区域的生产背景，结合生产排放的陆表存放设施数量及其空间分布格局，分析不同生产作业区生产排放的陆表存放特征，定性描述属地化的清洁生产状况。油气田不同作业单元遥感监测井场及生产排放存放设施数量统计如图7-4所示。油气田不同生产单元遥感监测井场及生产排放存放设施空间统计分布如图7-5所示。

油气生产过程中，生产废弃物的排放量与生产强度具有一定的正相关性。从图7-4的遥感结果可以看出，不同作业单元（生产单元作业区）生产排放废弃物存放设施的数量的变化趋势与井场数量的变化趋势保持总体的一致性，但也存在个别作业单元的异常变化关系。如作业单元九的井场数量在各作业区内排第三多，但生产排放的存放设施数量属于明显较少的相关性特征，显示在生产活动强度较大的生产背景下，生产排放的陆表存放量在各作业单元区中却表现为显著少的情况，表明开发过程中的生产排放管理成效相对更好。而在作业单元三则情况相反，显示为生产活动强度相对较小的生产背景下，生产排放的陆表存放量却明显多，表明开发过程中的生产排放管理成效相比其他作业区有待提升。

图 7-5 通过空间分析模型运算，从空间分布维度直观展示不同作业区油气生产活动强度与生产废弃物陆表存放量的相关性特征。

基于遥感监测的定量统计和空间分析，可以全面掌握油气田内不同生产作业区之间的生产排放废弃物的存放现状，并对环境风险的属地化管控成效进行初步判断，提示相对薄弱的生产作业区，结合遥感空间分析得到定性、定量的直观展示。对于实施了清洁生产的作业区，可以通过这种方式对作业区的清洁生产状况进行初步的定性分析。

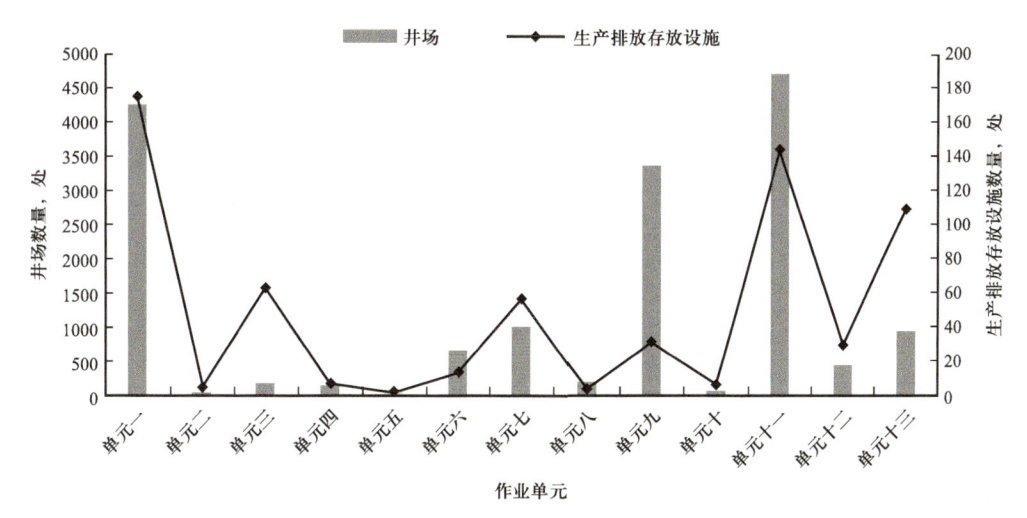

图 7-4 油气田不同作业单元遥感监测井场及生产排放存放设施数量统计

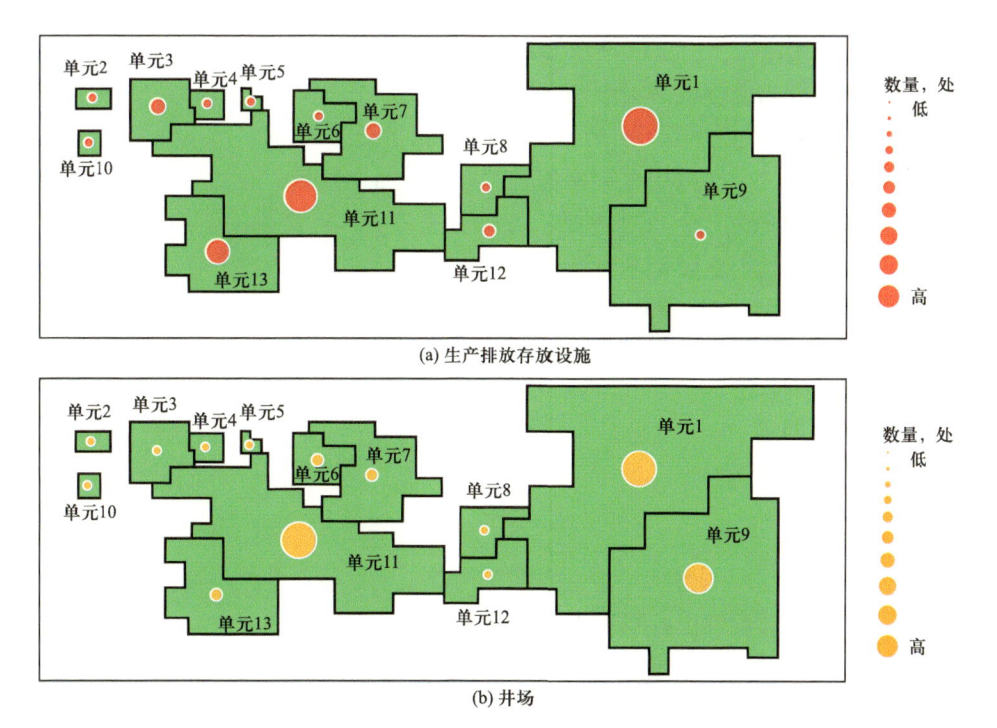

图 7-5 油气田不同生产单元遥感监测井场及生产排放存放设施空间统计分布图

- 173 -

第五节　油气田清洁生产成效遥感评估

清洁生产是一种可持续发展的生产方式，对油气田在实施清洁生产过程中的行为及成效进行监测与评估有利于促进清洁生产能力的持续提升，推动油气田环境的可持续发展。目前，对清洁生产的评价主要从生产过程中的资源利用、废弃物排放、环境影响等方面考虑。油气田企业在进行清洁生产评价时，多参照能够反映"节约能源、降低消耗、减轻污染、增加效益"等清洁生产最终目标的原则，通过对比企业各项指标的完成值、基准值和权重值进行计算和评分，进行定量评价，并结合国家有关清洁生产政策的推行进行定性评价[76]。基于遥感的油气田清洁生产成效评估主要通过遥感监测油气生产过程中陆表生产排放废弃物存放的变化动态，分析油气田生产排放的治理进程，结合油气生产活动，从地面生产排放及其治理方面评估油气田的清洁生产情况，为油气田清洁生产评价提供一种基于空间区域观测的新视角。

陆表生产废弃物排放的存放状态随着生产进程的推进，处于快速变化和稳定状态的交织变化过程中。由于油气生产区的广泛分布，传统逐级上报的属地化人力地面调查方式因耗时费力，数据难以频繁更新，且因缺乏空间信息，无法反映区域时空变化趋势。遥感对地观测时对地表信息的宏观性、历史性、客观性反映能力以及数据获取的便利性等技术特点，为油气田生产排放的陆表存放状态跟踪提供了宏观且精细的监测手段。随着遥感技术的快速发展，遥感的精细观测能力日益增强，不仅满足了宏观监测的需要，还具备了精细观测能力，为油气田清洁生产状况的遥感监测与评估提供了技术保障。

油气田生产废弃物的排放与治理是油气田清洁生产状况遥感评估的主要依据，可以通过生产排放存放设施的时空动态来反映。而油气生产过程中的生产废弃物陆表排放、存放与治理等活动与油气生产过程直接相关，其空间分布、数量、存在周期及存在状态的变化规律等都是油气生产方式、处理方式、管理方式等诸多因素作用下的最终体现。因此，油气田清洁生产状况的遥感评估不仅要考虑生产排放及其治理动态，还要考虑区域内的生产活动强度等生产特点，结合油气田的生产实际，对油气田的清洁生产状况进行客观评价[77]。

一、遥感评估方法

1. 遥感监测目标

油气田清洁生产状况的遥感评估主要涉及两类监测目标：油气生产排放废弃物的陆表存放设施等存放目标和油气田井场等生产场地目标。

油气生产排放废弃物存放设施既包括各类阶段性存在的临时存放设施，如井场建设期的生产废弃物临时存放罐、钻井液池等，也包括各类固定存放设施，如生产作业区的生产排放集中存放场、应急池等，通常不包括联合站场内的存放池。油气田存放设施类的目标分布与生产场地具有空间相关性，主要分布在油气田的生产活动区内，尤其是临时性存放目标。

油气田生产场地主要针对数量众多的各类井场、小型功能性站场。油气田井场既包括采油气井井场、注水井井场等不同用途的井场，也包括废弃井场等不在生产状态的井场。计量站等小型功能性站场因规模小，生产排放的存放设施多建设在站场外。通过生产场地目标监测，为油气田清洁生产状况分析提供生产背景信息。

2. 遥感监测数据

油气田清洁生产状况遥感评估的监测数据以高空间分辨率遥感数据为主。油气田生产场地目标的遥感监测主要采用不低于2m的高空间分辨率遥感数据，可以获得大部分井场等生产场地目标的可靠检测。油气田内还存在一些边界不清晰的井场目标，需要结合周边环境信息进行遥感识别。油气生产排放废弃物存放设施目标的遥感监测以1m或更高分辨率的遥感数据为主，辅助米级的高空间分辨率遥感数据。随着油气田生产工艺和环保技术水平的提高，油气田地面生产废弃物的地面存放设施普遍具有小型化的趋势，但是也存在存放设施规模较大的油气生产作业区，在符合所在地环保要求的前提下采取适合的环保措施。需要根据监测目标选用适合的遥感数据开展监测。目前，国内油气田井场内的存放设施规模通常较小，需要超高分辨率遥感数据进行准确判定，空间分辨率越高，监测结果越可靠。

遥感监测数据的时间分辨率需要结合监测要求来确定，针对生产场地目标和存放设施目标的遥感监测周期可以不一致。通常井场建设完成后，会稳定存在，直至生产退出，因而井场存在状态的改变主要涉及新建井场和井场退出等情况。而临时存放设施的存在周期相对较短，如井场建设完成后，临时存放设施可能撤出，而井场的建设周期一般为几个月，因而存放设施存在状态的改变相对更快。开展油气田清洁生产状况遥感评估时，两类目标的监测周期可以相同，也可以不同，根据具体评估要求，结合生产实际综合分析确定。过长或过密的监测周期都不利于变化趋势的客观反映，需要结合监测数据的可获取性及监测成本进行权衡考虑。

3. 遥感评估流程

油气田清洁生产状况的遥感评估是利用高分遥感获取油气田生产过程中存放设施目标与生产场地目标的空间信息及其变化动态，通过存放设施的时空变化特征分析油气田生产废弃物排放的陆表存放状况及其治理进程。与此同时，通过生产场地的时空变化特征分析油气田生产活动区的分布及活动强度，根据生产活动与生产排放治理活动之间的相关性，分析油气生产排放治理成效，评价油气田清洁生产状况。

油气田清洁生产状况的遥感评估分析流程如图7-6所示，油气田清洁生产状况的遥感评估技术流程可分为遥感数据收集处理、目标遥感提取、生产特征遥感分析、生产排放治理特征遥感分析、清洁生产遥感评价指标构建、清洁生产状况遥感评估和环保风险遥感排查等几个阶段。实际评估时，可根据数据收集与区域生产特点，进行选择性实施。

1）遥感数据收集处理

遥感数据收集处理主要是完成针对评估周期的多时相遥感数据集的建立与数据处理。根据评估要求确定存放设施目标的时空监测尺度，筛选收集监测存放设施目标的多时相遥感数据；结合区域生产特点，至少收集一期针对生产场地的遥感监测数据，用于监测区生产活动区分布信息提取和生产活动特征分析；完成收集数据的预处理及针对目标提取的专题数据处理，形成一套彼此配准的遥感数据集，用于目标提取。

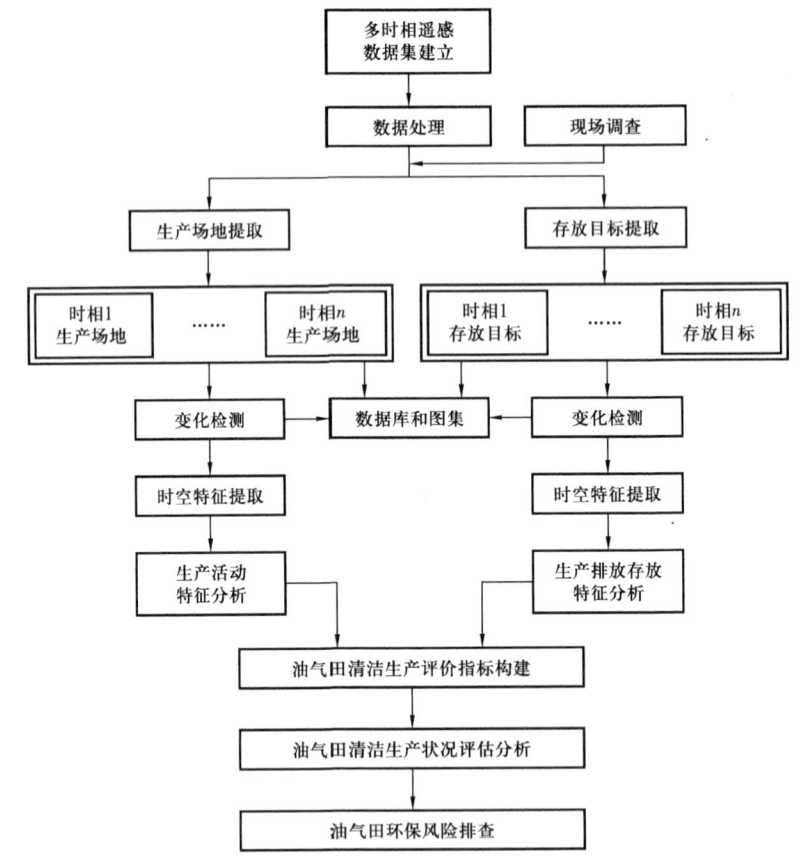

图 7-6 油气田清洁生产状况遥感评估技术流程

2）目标遥感提取

目标遥感提取主要是针对存放设施和生产场地两类目标完成现状和变化信息的遥感提取。结合必要的现场调查，建立目标的遥感识别模式，基于单一时相遥感数据提取监测目标，获得目标的数量、分布、类型等现状信息；利用相邻两期遥感数据进行变化检测，获得目标的变化信息，根据目标的存在状态不同，将目标分为新增、已处理和持续存在三类。通过遥感影像，获取存放设施的现状图斑、变化图斑及分布图件，建立遥感监测数据库，便于直观展示和检索分析。

3）生产特征遥感分析

生产特征遥感分析主要利用遥感提取的油气田生产场地现状及变化信息分析油气田生产特征。基于遥感提取的生产场地数量、空间分布格局、场地类型等现状信息获取区域油气生产基本情况，结合遥感空间分析，提取生产活动区范围，通过生产场地的时空变化提取新增上产、生产退出等不同类型的油气生产活动，分析区域油气生产特征，为清洁生产成效评估时的生产背景分析及其与生产排放的相关性分析提供依据。生产特征的分析指标可以依区域监测时的遥感数据条件和监测要求进行针对性的选取，快速监测时利用数量、分布等基础监测指标，精细监测时可利用生产强度等分析指标或者构造的定性、定量指标，实现区域油气生产特征的遥感分析。

4）生产排放治理特征遥感分析

生产排放治理特征遥感分析主要是利用遥感提取的油气田存放设施现状及变化信息，分析油气田生产排放的陆表存放状况及其治理进程。不同油气田因生产类型、管理要求、所处地域环境的不同，存放方式也存在差异。因此，可以基于遥感现状监测，提取存放设施的数量、空间分布格局、设施类型等信息，获取油气田生产排放废弃物陆表存放的基本状况；并结合现场调查，快速掌握油气田生产排放废弃物的存放特征。通过变化监测，提取存放设施存在状态的变化信息，包括已处理、新增和持续存在目标，进行定量统计，根据存放设施的变化分析生产排放的新增和治理活动。通过持续的遥感监测获得存放设施的变化动态，结合现状监测，分析油气田生产排放的存放特征及其治理动态，定性分析区域清洁生产状况，排查可能的环境风险目标。

5）清洁生产遥感评价指标构建

油气田清洁生产遥感评价指标的构建主要是基于遥感提取的特征构建能够表征清洁生产成效的定量评价指标。针对不同的遥感监测条件、生产场景和评估标准，构建的遥感评价指标会有不同的表现形式，但构建的总体原则需要综合考虑区域油气生产特点、治理难度和治理成效，才能得到更加客观的评价。如可以利用井场的分布密度反映油气生产区的生产强度，通过临时存放设施总量反映治理难度等。评价指标可以是单一的，也可以是多指标的组合应用。所有的遥感评价指标都需要结合应用，经过不断的实践与修正，获得能有效反映油气田清洁生产状况的评估指标，并明确适用场景，进行应用。

6）清洁生产状况遥感评估

油气田清洁生产状况遥感评估主要是基于遥感监测获取的生产排放特征及治理动态，利用遥感评价指标，完成对清洁生产状况的评估分析。通过遥感现状及变化监测，定性分析油气田清洁生产相关设施与生产治理活动的基本特征及其变化动态，结合遥感评价指标定量分析油气田生产状况的变化趋势。考虑不同油气田的生产特点、生产排放治理难度相差较大，清洁生产状况的遥感评估一般不用于不同油气田之间的对比评估，更多地应用于针对油气田开展时序对比分析；通过评估，了解变化趋势，为油田环保管理提供分析依据，促进油田清洁生产发展。

7）环保风险遥感排查

环保风险遥感排查主要是基于遥感监测的生产活动及存放设施状况排查油气田生产区内的环保风险。通过油气生产活动特征分析生产活动区范围及生产密集区等不同类型的生产活动区，提示环保风险重点关注区，根据油气生产排放存放设施的变化检测结果分析异常存放目标，并利用遥感监测手段排查偏远地区的历史遗留或遗漏存放目标。通过对区域内的环境风险目标及重点环境风险区的遥感监测，获得风险目标遥感图斑，实现环保风险遥感排查。

二、应用实例

油气田推行清洁生产方式后，促进了油气开发过程中生产排放污染废弃物的减少，但仍然有大量的生产废弃物需要及时治理。因此，可靠的监测不仅是清洁生产实施与管理的需要，也是环境风险管控的基础。通过遥感对油气田生产活动的动态进行大范围尺度的持续跟踪监测，为掌握油气田生产废弃物排放与治理的活动规律提供了一种全新的空间观测视角，促进了对油气田区域清洁生产成效的评估方式的完善，为油气田环保管理提供了有效的监测手段。

油气田清洁生产成效评估是一个复杂的过程，不同油气田的生产条件、开采方式、生产排放的处理方式等实际生产情况不同，其生产排放的治理难度、治理工作量也都不完全相同，需要综合考虑多方面因素，才能基于遥感获得对油气田清洁生产状况的客观评价。以准噶尔盆地的油气开发区为例，选取一块油气生产区作为遥感监测区，利用中高分辨率卫星遥感数据，通过对比较长时间周期内油气田井场、生产排放存放设施的年间变化特征，分析清洁生产实施过程中生产排放废弃物陆表存放状况的变化趋势，评估油气田清洁生产状况。

1. 监测区及遥感数据概况

准噶尔盆地位于新疆维吾尔自治区北部，是中国最早发现油气的沉积盆地之一，大规模油气勘探始于 20 世纪 50 年代，为中国石油工业的发展做出了重要贡献[78]。监测区位于盆地西缘，是较早开展油气勘探与开发的区域，区域内存在大量油气生产活动，井场密集，包括正钻井井场、生产井井场和退出井场等多种类型的生产建设活动。准噶尔盆地西缘油气生产区遥感影像如图 7-7 所示。在长期的开采过程中，形成了大量生产排放的陆表存放设施，存放设施的形式经历了较大变化。推行清洁生产后，生产排放的陆表存放设施规模得到控制，遥感观测客观记录了该区域清洁生产实施后的治理进程。

选取 SPOT 和 GF-2 遥感数据，收集处理了 2014 年、2015 年、2016 年、2017 年和 2020 年五期数据，建立时序遥感数据集，对生产区进行持续的遥感监测。通过历史遥感影像认识监测区内油气生产背景，基于收集的高分辨率遥感数据开展遥感监测，结合现场调查，建立油气田井场和生产排放废弃物陆表存放设施的遥感解译标志，明确遥感监测标准，提取油气田井场及存放设施目标，获取其空间信息，基于定量统计和构建的评价指标对监测区的清洁生产状况进行定性、定量分析。

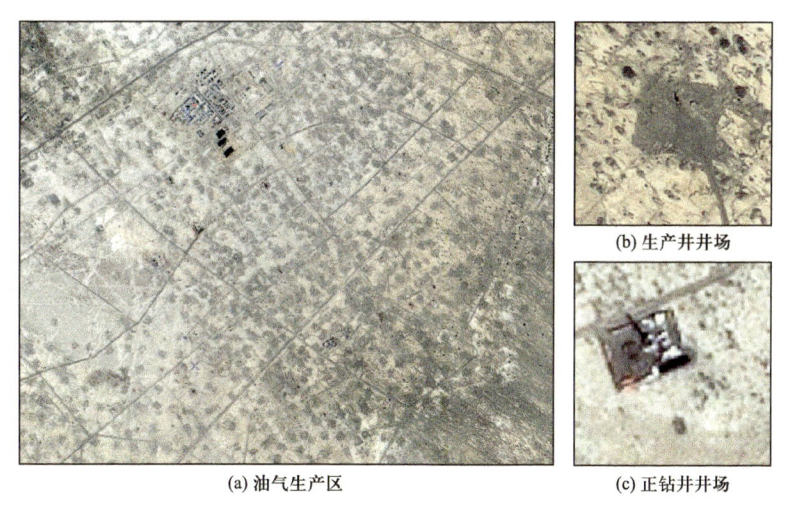

(a) 油气生产区　　(b) 生产井井场　　(c) 正钻井井场

图 7-7　准噶尔盆地西缘油气生产区遥感影像

2. 遥感评估方法

油气田清洁生产状况的遥感评估主要依据遥感监测信息受人为主观影响小，具有更加客观的特点。但是不同油气田的具体生产条件各不相同，清洁生产状况的遥感评估更多的是针对具体油气田。通过遥感监测，协助了解油气田清洁生产状况及其发展变化趋势，促进清洁生产能力不断提升。因此，油气田清洁生产状况的遥感评估方法可能会根据油气田应用场景的具体特点，进行针对性的调整。

准噶尔盆地西缘监测区具有较长的油气开采历史，针对生产排放治理的复杂性，清洁生产状况的遥感评估主要从生产排放废弃物的治理难度、治理工作量和治理成效三方面考虑。监测区的生产场地监测主要聚焦于油气田井场，包括正钻井井场、生产井井场和退出井场等。生产排放监测主要集中于各类生产排放废弃物的陆表存放点及存放设施，如钻井液池、含油废液罐存储、应急池和集中处理池等。

油气生产相关目标在不同生产模式、不同生产阶段的遥感特征会发生变化，跨越油气项目全生命周期的遥感识别是一个复杂的过程。因此，需要结合区域现场调查，基于高分遥感影像，选取典型油气生产相关设施目标，建立遥感特征样本库，以便更好地理解油气生产过程中相关目标的遥感特征。同时，高强度的油气生产背景会增加生产废弃物的排放压力，治理压力和难度相应加大，需要掌握油气田生产活动特征，建立生产背景认识，使遥感评估过程更加客观。

1）分布制图

利用 2014 年、2015 年、2016 年、2017 年和 2020 年五期高分遥感数据开展生产排放存放设施目标检测，提取不同年度存放设施的分布信息；利用相邻两期遥感结果进行变化检测，提取已处理、持续存在和新增目标，获得了两组变化监测结果：（1）2014年、2015年、2016年和2017年存放设施的3轮年间变化监测结果；（2）2014年、2016年和2020年存放设施的2轮年间变化监测结果，分别用于清洁生产治理情况的遥感定性分析和清洁生产状况的遥感定量评估。基于Google Earth高分辨率遥感影像提取2014年之前的井场分布信息，然后利用2016年和2020年遥感数据进行变化监测。基于遥感监测结果，可以获得一套存放设施和井场的分布密度图。

2）时序特征提取

油气田区域内不是所有区域都有油气生产活动，井场建设一般集中在部分区域，其分布与区域内油气地质条件及开发方案部署等具有一定相关性。针对油气田开发过程中生产活动区边界信息的模糊性，为了更加准确地刻画区域生产活动动态，运用遥感空间分析方法，通过井场分布密度的阈值设定提取生产活动区边界，基于时序特征提取的清洁生产成效评估等的深入分析主要针对生产活动区开展，并计算区域平均井场密度，用于反映区域生产活力与强度状况。

通过遥感提取井场和存放设施目标的多期现状特征，从数量、分布密度、空间分布和影像特征等方面提供定性、定量描述指标。基于遥感提取存放设施目标的变化特征，提取新增、已治理和持续存在三类变化目标在监测周期内的变化率，通过持续监测，获得变化目标的时空变化特征，从数量、分布密度、空间分布等方面提供定性、定量描述指标。

3）清洁生产成效评估

一个油气田通常包含多个不同的生产作业区或二级油气田单位，清洁生产成效的遥感评估主要针对油气田内的二级单位，这里称作生产单元。为了评估清洁生产成效，定义清洁生产指数（CI），基于遥感定量提取信息，构建清洁生产成效遥感评估指标，CI的计算公式为：

$$CI_{t_{i-1} \sim t_i} = \varepsilon_1 * \overline{I} + \varepsilon_2 * P_M + \varepsilon_3 * R_M + \varepsilon_4 * R_{NI} \tag{7-1}$$

式中，t_{i-1} 和 t_i 分别代表遥感监测周期的起止时间，t_{i-1} 为较早时相遥感监测数据的时间，t_i 为本期遥感监测数据；$CI_{t_{i-1} \sim t_i}$ 为监测周期内生产单元的清洁生产成效；$\overline{I}$ 为生产单元的区域井场密度，代表该生产单元的生产活动强度，用于反映治理难度；P_M 为生产单元在监测周期内的已治理存放设施数量在油气田已治理存放设施总量中的占比，用于反映治理工作量；R_M 为生产单元在监测周期内的存放设施已治理率，用于反映治理成效；R_{NI} 为生产单元在监测周期内的存放设施自然增长率，用于反映治理成效的趋势性特征；ε_1、ε_2、ε_3、ε_4 为调节系数，总和为1，可根据评估时的针对性要求调整调节系数值。

式（7-1）中的 $\overline{I}$、P_M、R_M 和 R_{NI} 都经过归一化处理之后，再参与清洁生产指数计算。R_M 和 R_{NI} 计算公式如下：

$$R_M = \frac{N^{t_i}_{已治理}}{N^{t_i}_{已治理} + N^{t_i}_{持续存在}} \times 100\% \tag{7-2}$$

第七章 油气田生产活动遥感监测

$$R_{\mathrm{NI}} = \frac{N^{t_i}_{新增} - N^{t_i}_{已治理}}{\left(N^{t_{i-1}}_{总量} + N^{t_i}_{总量}\right)/2} \times 100\% \qquad (7-3)$$

式中，$N^{t_i}_{已治理}$、$N^{t_i}_{持续存在}$和$N^{t_i}_{新增}$分别代表从t_{i-1}到t_i期间已治理、持续存在和新增的存放设施数量，$N^{t_{i-1}}_{总量}$和$N^{t_i}_{总量}$分别代表在t_{i-1}和t_i两期遥感数据中检测到的存放设施总量。清洁生产指数的值越大，代表清洁生产成效越好。

3. 评估结果分析

1）区域生产特征遥感分析

利用井场分布密度的年度及年间变化特征，可以从生产活动区分布、生产活动强度等方面分析区域油气生产活动特征及其时空变化趋势，建立区域油气生产背景的遥感认识。

如图7-8所示，基于2014年之前、2016年和2020年三期遥感数据提取了监测区的生产场地信息，可视化展示了油气生产区内井场的时间序列分布特征，包括长期存在的井场和新增井场，区域内以生产井活动为主。

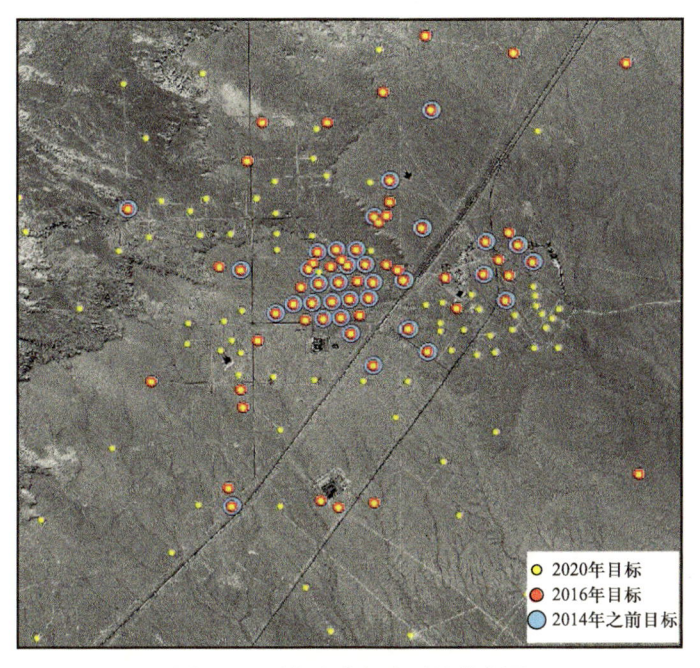

图7-8 油气生产场地时差分布图

遥感提取的年度井场密度分布特征如图7-9所示。遥感监测提示了油气生产活动区的空间分布，活动区内包含了几处高强度生产活动作业区，中部区域的数量更多，区域规模也更大。生产活动高强度区的空间分布格局在监测周期内没有明显的变化，持续高强度的油气生产活动会使所在区域面临更大的生产排放压力，治理难度相对较大。局部区域的生产强度会有所不同，生产活动区内存在油气生产退出活动区和新增上产活动区。通过遥

- 181 -

感认识区域内油气生产活动的历史及发展,进一步了解历史油气生产活动区的分布范围及生产热点区,聚焦区域清洁生产成效评估的重点监测范围。

2)区域清洁生产动态遥感分析

利用 2014 年至 2017 年间的四期遥感数据对区域内的存放设施进行变化检测,追踪清洁生产活动动态。相邻两年已处理、新增和持续存在三类存放设施的变化目标分布密度如图 7-10 所示。生产排放的治理活动与油气生产活动之间存在明显的空间相关性。从 2014 年至 2017 年,已治理存放设施的空间分布持续贯穿生产活动区,生产排放治理保持持续的高力度。与此同时,新增和持续存在两类存放设施的空间分布则呈现明显减少的变化趋势,2016—2017 年期间减少尤为明显,生产排放的陆表存放量得到有效控制,生产排放治理活动成效明显。

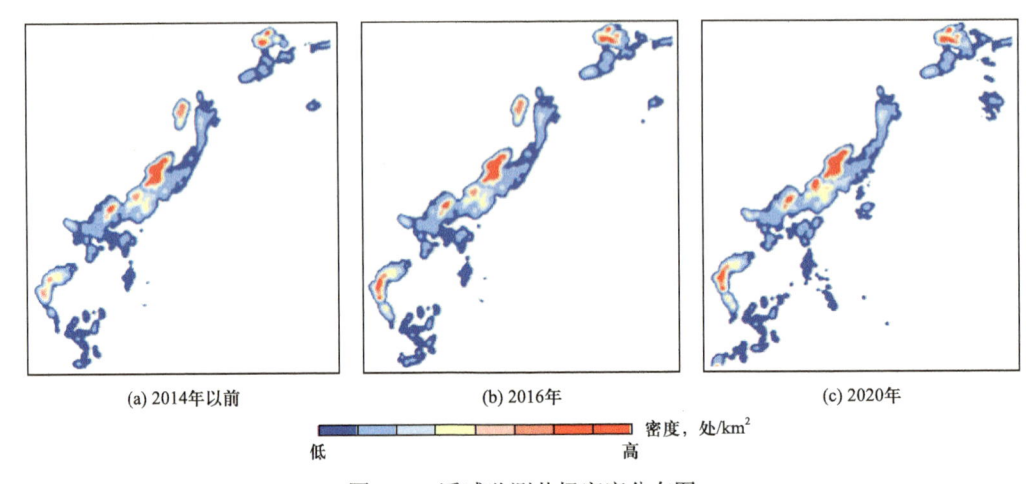

图 7-9　遥感监测井场密度分布图

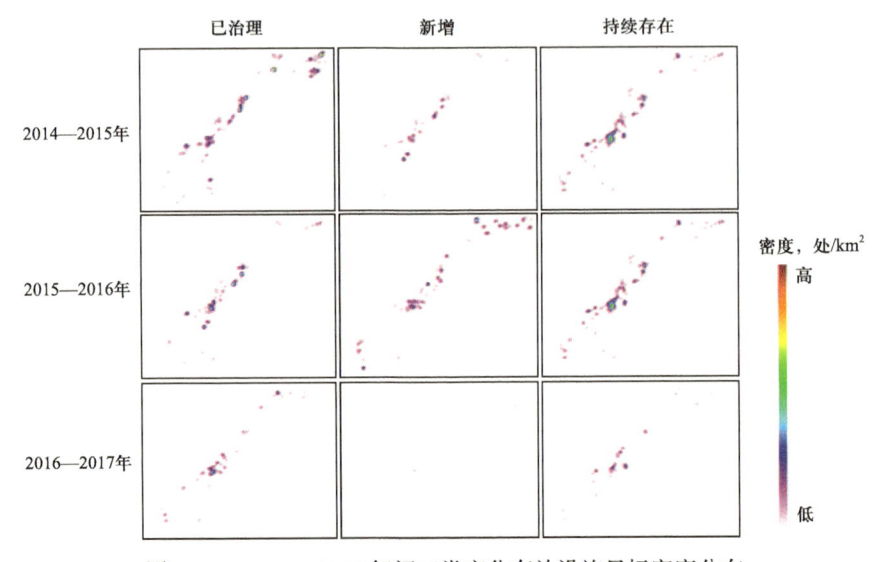

图 7-10　2014—2017 年间三类变化存放设施目标密度分布

3）区域清洁生产成效遥感评估

利用遥感监测井场密度分布，提取油气生产活动区边界，并将评估区划分为 7 个区块，分别代表 7 个不同的属地化管理油气生产作业区，作为油气田内部区域清洁生产成效遥感评估的分析单元，如图 7-11 所示。以属地化管理单元为单位，定量统计遥感监测井场及存放设施目标的现状及变化信息，定量评估 7 个单元的清洁生产成效。

基于 2014 年、2016 年和 2020 年三期遥感监测结果，定量统计井场和存放设施目标的现状及变化信息。将 2014 年及以前的井场信息作为 2014 年的井场遥感监测结果，参与区域清洁生产成效的定量评估。以属地化管理单元为单位，进行定量参数的计算与统计，结果见表 7-1。调节系数 ε_1、ε_2、ε_3、ε_4 分别取 0.3、0.55、0.3 和 -0.15。基于三期遥感监测，开展了两轮清洁生产成效的定量评估，获得了 2014—2016 年和 2016—2020 年两轮清洁生产定量评估指标 CI 的计算结果，如图 7-12 所示。

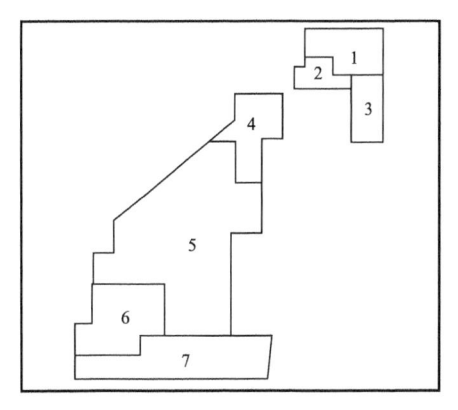

图 7-11 监测区属地化管理单元划分图

表 7-1 2014—2020 年间遥感监测井场和存放设施定量统计

区块	2014 年 年度监测目标总数 处	归一化井场密度 %	已治理 处	持续存在 处	新增 处	2016 年 年度监测目标总数 处	归一化井场密度 %	已治理 处	持续存在 处	新增 处	2020 年 年度监测目标总数 处	归一化井场密度 %
区块 1	6	0.1157	2	4	8	12	0.1522	7	5	37	42	0.1395
区块 2	1	0.0289	0	1	2	3	0.0473	2	1	5	6	0.0512
区块 3	13	0.0083	3	10	0	10	0.0081	9	1	18	19	0.0091
区块 4	32	0.0965	29	3	7	10	0.0918	10	0	13	13	0.0488
区块 5	103	0.1233	54	49	47	96	0.1225	49	47	39	86	0.1164
区块 6	8	0.511	2	6	7	13	0.0809	6	7	0	7	0.0869
区块 7	6	0.0099	2	4	1	5	0.0133	2	3	7	10	0.0069

遥感评估结果从油气生产排放废弃物的陆表存放治理的角度分析了 7 个区块 6 年间清洁生产成效的变化规律。除区块 3 和区块 4 之外，其余区块的清洁生产状况维持总体的稳定。其中，区块 5 的清洁生产成效在两轮评估中持续优于其他区块，该区块的治理难度和年度治理工作量都是最大的，虽然区块内存放设施的年间已处理率在各区块中不是最高，但是由于治理难度大，历史遗留问题的治理工作量大，年度完成的治理工作量在各区块中最多，清洁生产成效评估为最好。区块 4 在 6 年间，随着生产强度的降低，治理工作量减

少，评估结果反映了这种变化的影响。区块 3 则随着生产强度的增加，治理工作量显著增加，图 7-9 显示该区块在 2016—2020 年间存在新增生产活动区，因而表现出与区块 4 相反的变化趋势。

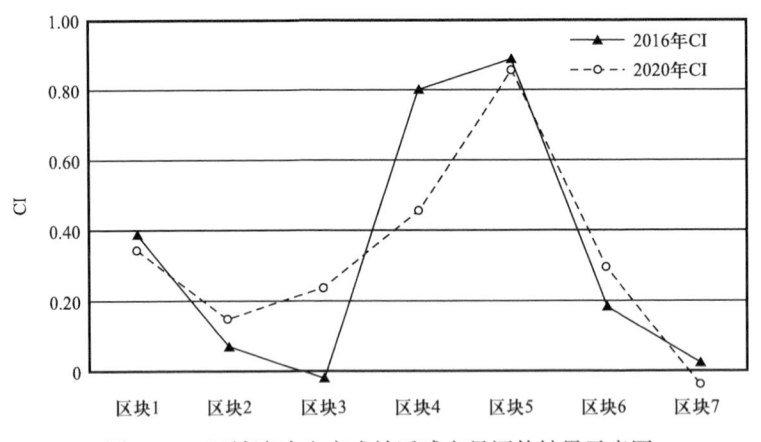

图 7-12　区域清洁生产成效遥感定量评估结果示意图

因此，基于遥感的区域清洁生产成效遥感评估不仅可以定量化地表征不同作业区的清洁生产成效，还可以通过遥感观测获得的空间信息直观展示油气田内的生产热点区及治理难点区分布，指示环境风险源分布，为油气田环保管理提供风险管控的监测评估手段。同时，区域清洁生产的遥感评估是对生产排放治理难度及治理成效的综合考虑，不同时间尺度的遥感评估得到的评估结果可能因生产活动周期的不一致而存在差异。调节系数的调整需要根据管理目标及侧重点的不同，进行针对性的调整。油气田清洁生产成效的遥感评估是基于遥感观测从一个侧面开展的监测分析，由于清洁生产实施的复杂性及成效表现的多样性，遥感评估方法还需要结合实践，不断完善，获得更加客观的评价分析。

第八章 油气田环境动态遥感监测

第一节 概 述

油气田环境是指油气田这一特定地理空间内的环境系统，包括自然环境和人工环境。构成油气田环境的要素包括直接或间接影响油气田区域人类生存和发展的各种自然要素和社会要素，既包括人类出现以前就存在的、未经人类改造过的天然水体等自然要素，也包括经过人类改造过或创造出来的井场、水库、公路等由于人类活动而形成的环境要素[10,23]。油气田环境动态可以反映油气田内自然环境、生态环境、生产环境和人居环境的变化状况和发展趋势，揭示油气田环境的演变过程。监测油气田工业化进程中的环境变迁，分析油气开发背景下区域环境动态与人类活动的关系，有助于及时发现油气田环境风险，为油气田生产规划、生态建设和环境保护等提供科学依据，对推进油气田生产环保管理水平的提高、促进油气开发同自然环境之间的协调发展、实现油气田生态环境的可持续发展具有重要的显示意义。

油气资源属于非固体矿产资源，资源的勘探、开发与生产涉及区域广，开发过程更加复杂。油气田内的油气生产活动不仅包括可见的地面生产活动，还包括不可见的地下生产活动。油气生产过程伴随的各类污染性排放进入环境会造成水体、大气等环境污染。非污染性的人类活动会给油气田及其周边区域的环境带来扰动作用，油气生产场地的修建需要占用土地，带来土地利用发生剧烈变化，容易引发生态环境问题[9]。油气开发过程中的人为扰动既包括给环境系统带来负面效应的扰动，也包括人类主动开展的环境恢复等给环境系统带来正面效应的活动。这些人为扰动给油气田自然环境带来的影响都会直接或间接地通过对自然环境要素的影响得以体现，由于环境要素与地理空间直接相关。遥感技术因其获取数据的时态性，具有大范围持续对地观测的能力，为资源环境监测及动态分析等提供了丰富的数据资料，作为地球表层地物信息获取不可缺少的空间信息技术手段，在不同时空尺度环境要素的空间分布、演变、迁移、转换等过程的分析研究中发挥重要作用[10]。

一个区域的自然生态环境是地球长期演化逐渐形成的。油气田开发过程相对于地球的长期演化是一个短暂的时期，除非发生地震等强烈地质作用，自然变化一般不会很大，在这样一个短暂的时期，且不出现强烈自然地质作用条件下，人为扰动的规模和速度比自然变化大得多[79]。油气田环境变化的主要驱动力是人类的生产活动，如何使环境在为人类提供资源的同时，能避免遭受大规模破坏，并逐步建立人为扰动模式下的新平衡，是油气田环境保护的重点。

所有的人类活动都会留下环境印记。油气田环境动态的遥感监测主要针对油气田及周边区域内土地利用、植被覆盖、水域覆盖等环境要素，利用多源、多尺度、多时相、主被动遥感提取环境要素的时空特征和人类活动遗留的环境痕迹，对油气田环境进行定性、定量、动态的描述和评价，通过揭示油气田地表结构特征随时间演变的趋势和特征及其在空间上的迁移和变化，实现油气田环境变化的大范围时空监测。

第二节　研究区概况

研究区位于准噶尔盆地西北缘的克拉玛依地区，是新中国成立后发现的第一个大油田，也是中国西部地区重要的石油基地。1955年10月29日，克拉玛依第一口探井出油，标志着克拉玛依油田的发现[78]。之后通过继续进行地质调查和地球物理勘探，在克拉玛依—乌尔禾探区长130km、宽30km的范围内，部署了十条钻井大剖面，查明了克拉玛依大油田的范围，形成了长约100km的含油气区。1961—1977年，盆地内勘探工作量急剧减少，主要围绕克拉玛依油区开展评价工作。1980年开始，准噶尔盆地的石油勘探以整体解剖西北缘油气富集带为重点，对盆地开展了以地震为主的区域性综合勘探，在西北缘进一步发现了风城、夏子街、车排子油田。1990年起勘探进一步加快，准噶尔盆地腹部、准东、准南地区相继获得突破，勘探逐步进入盆地沙漠区。从第一口探井至今，克拉玛依地区的油气生产经历了近70年的开采周期，不同时期研究区内的油气勘探开发强度不同，随着油气勘探发现的不断突破，油气生产规模和范围逐步扩大。克拉玛依地区的区域环境在漫长的油气工业化进程中发生了巨变，从过去荒无人烟的戈壁滩发展到如今的现代化城市，区域环境的变化与油气资源的开发和利用息息相关。遥感记录了克拉玛依地区油气生产和环境动态的演变过程。

克拉玛依地区位于山脉与盆地之间，南依天山北麓，西北傍扎伊尔山，东临中国第二大沙漠——古尔班通古特沙漠，地势由西北部向东南部倾斜，区域内风蚀作用明显，地貌总体为平坦的戈壁滩，地表覆盖物以碎石、沙和沙土为主，包含克拉玛依市的行政区域整体呈斜条状，南北长、东西窄，属典型的温带大陆性气候，干旱少雨、多风、温差大，夏季气温有时高达40℃以上。由于地表干燥，地面温度更高，区域地表植被以梭梭、红柳等荒漠植被为主。因缺雨水冲刷，很多地方土壤含盐量较高，盐分板结在土壤表层，形成严重的土壤碱化；白碱滩因此而得名。准噶尔盆地四周山区流向盆地内河流较多，但受干旱型沙漠气候影响，多数为季节性河流，只在春季消雪、夏季暴雨期有流水，平时则为无水干沟。克拉玛依地区的河流以内流河和内陆湖为主。由于荒地的开发，工业化用水倍增，使湖泊注入水量减少，加之蒸发量大，大都咸化或干涸，成为盐碱基地。克拉玛依地区的经济发展较快，交通道路发达，包括国道、省道、县乡道公路和油田专用公路，其中，油田公路四通八达，遍布油气生产区。

研究区的地理位置及遥感监测范围如图8-1所示，所用的原始数据以Landsat系列遥感影像为主，从土地利用、环境要素、道路等方面监测克拉玛依地区的环境变化，分析区域环境演变特征及其与人类活动的相关性。区域 A 覆盖了土地利用遥感监测的全部区域，包括油气生产区及其周边非油气生产区的较大范围，并针对其中的区域 B 开展了环境要素和人类活动等更多内容的遥感监测。

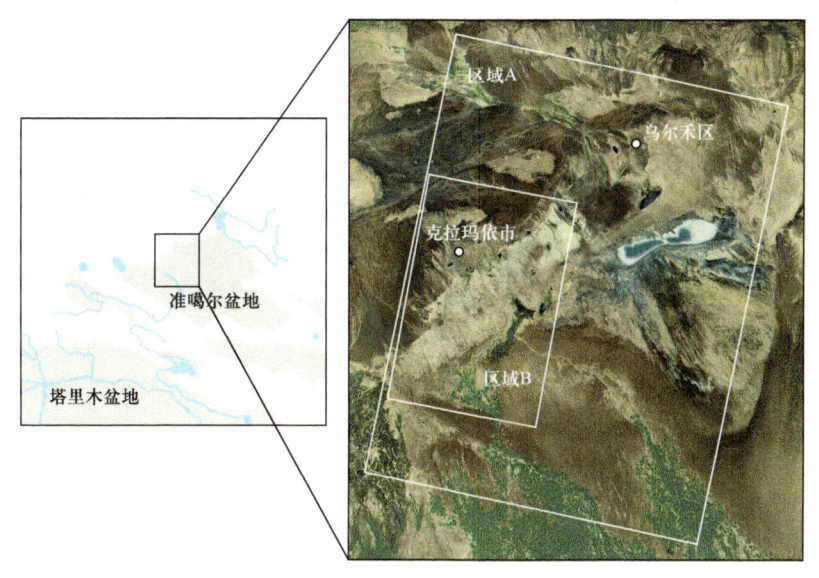

图 8-1　遥感监测范围示意图

第三节　油气田土地利用遥感分析

油气田作为一类特殊的地理区域，受油气生产的影响，其土地利用受到扰动后的演变具有快速性和阶段性共存的特点。以人类活动为主导的油气资源开采活动，直接影响了所在区域的土地利用方式、土地利用结构和土地利用程度[80]。油气开发会占用大量的土地资源，包括石油和天然气开采的生产用地和同时形成的基础设施用地、废弃物存放用地、油气资源的加工用地等，土地利用状况随着油气生产活动的发生快速变化，并随着油气开发的进程而不断改变，表现出与油气活动的显著相关性。因此，监测油气田土地利用的变化，了解其时空演变过程，有助于充分认识油气开采活动对油气田土地利用的扰动作用，使油气田生产进程中及退出后的土地利用更加合理，维护区域生态环境的稳定。

一、油气生产区土地利用遥感监测

1. 土地利用的概念

土地利用主要研究各种土地的利用现状，包括人为和天然状况，即指地球表面的社会利用状态，如工业用地、居住用地等，仅反映土地的实际用途。而土地覆盖是指地球表面的自然状态，如森林、草场、农田等。遥感技术直接获取的是土地覆盖信息，需要结合其他辅助信息，确定具体土地利用情况，用以反映不同类型土地利用的分布特征及地带性分布规律。土地利用状况是人们依据土地本身的自然属性及社会需求，经过长期改造和利用的结果。土地利用的变化与气候变化密切相关，也是人类活动作用于地表后对自然生态系统产生影响的客观反映。

根据土地用途和利用方式的不同，土地利用的分类系统有不同的类别和等级。一级分类以土地用途为划分依据，如耕地、林地、草地、城乡居民及工况用地、水域、未利用土地等；二级分类以利用方式为主要标准，如耕地又分水田、旱地等。国家有相关标准对一、二级分类进行统一命名与编码[81]。为了便于反映土地利用的地域差异，允许因地制宜进行适当增删。不同行业、不同方式的土地利用调查考虑实际操作性与适用性等方面，会结合土地利用现状分类系统，进行补充调整。油气田经过长期的油气开采，随着油气生产规模的扩大和区域城镇化的发展，所在区域自然生态环境会发生较大变化。区域土地利用变化可以从一个方面反映油气田环境演变的动态。

2. 国内外土地利用/土地覆盖分类体系

土地是一切自然生态系统演替、人类活动和经济活动的承载体，土地生态分类是生态环境遥感监测流程中的基础。国内外现有土地系统利用/土地覆盖分类系统主要有美国USGS（ANDERSON）分类、欧盟的CORINE分类、FAO（国际粮农组织）分类、LUCC的土地分类、中国科学院的土地分类、原国土资源部的土地分类和原环境保护部土地分类等[16]。美国USGS（ANDERSON）土地利用/土地覆盖分类系统是目前应用最广的土地分类系统。一级分类包括城市、农业用地、森林、水体、湿地、牧场、苔原、裸地和冰雪覆盖区9大类，二级分类为37类，该分类系统是根据美国的自然特点设计的，但中国的土地生态类型要远比美国复杂破碎，在中国的土地生态分类时可以借鉴，但不能完全照搬该分类系统。欧盟的CORINE分类系统主要适用于欧洲这种土地范围较大、地表覆盖较高的区域。FAO分类系统是基于人类活动的影响程度及其活动目的进行划分的，是LUCC土地分类体系中针对世界农业生产问题的土地分类系统，主要服务于农业活动。LUCC土地分类系统关注土地利用/土地覆盖的动态变化，包括土地退化、土地沙漠化等的动态变化，因其关注的区域更为宏观，倾向于全球变化研究。中国科学院土地利用/土地覆盖分类系统是中国科学院进行资源调查所采用的土地利用/土地覆盖分类，采用三级分类体系，其中一级类主要是根据土地利用的自然生态和利用属性，分为耕地、林地、草地、水体、城乡用地、工矿用地和居民用地及未利用地8类，该土地分类具有明显的资源调查特色，为我国的资源调查发挥了较大作用。原国土资源部土地利用现状分类标准《土地利用现状分类》（GB/T 21020—2007），主要用于摸清土地资源利用状况，分类体系采用一级、二级两个层次，包括12个一级类和57个二级类，一级类主要包括耕地、园地、林地、草地、商服用地、工矿仓储用地、住宅用地、公共管理与公共服务用地、特殊用地、交通运输用地、水域及水利设施用地和其他用地，该分类系统细化了建设用地的类型，其中多数用地类型必须依赖大量的地面调查资料辅助，各类地物的可遥感性差。原环境保护部土地生态分类系统是针对宏观生态监测、生态恢复与管理建立的三级土地生态分类系统，一级分类包括城镇及工矿用地、农田、森林（地）、灌木林（地）、人工种植林（地）、草地、人工种植草地、水体、湿地、裸地及其他难利用土地等10类，该分类体系侧重于生态系统服务功能的特点。

一个完整的土地生态分类系统必须能够涵盖所有的土地类型，综合考虑土地的生物—气候背景、生态系统的功能、植被类型、土壤特征、人类活动的利用特征和管理等因素，针对不同的土地生态调查目标，制定适应的土地生态分类系统，更好体现土地的生态功能，反映人类活动对生态系统影像的程度。同时，适当兼顾国内外现有的、应用广泛的土地分类系统，以便与历史数据的对接。

3. 油气生产区土地利用遥感监测分类体系

中国的油气田多数位于偏僻的自然条件相对恶劣的区域，经过长期的油气开采，逐渐形成为集油气生产区与生活区于一体的混合型工作区，进而依托油气工业发展为城镇聚居区，如克拉玛依市、大庆市等一批资源型城市。诚然，也存在一些新的油气生产区是依托已有的人类活动区进行开发建设。因此，油气生产区的土地利用兼有城乡用地和工矿用地的特点，是一个由自然生态系统向人工生态系统或者由一个人工生态系统向另一个人工生态系统转变的过程。一个油气项目在从开发、运行到退出的全生命周期中，其所在区域的土地利用状况会发生显著变化，考虑油气田土地用途转移等监测评价需求，遥感监测时需要根据调查需要确定油气生产区的土地利用遥感监测分类体系。

参考国内外已有的土地利用/覆盖分类体系[81-82]，油气生产区土地利用遥感监测可以采用二级分类体系，见表8-1。一级地类包括耕地、林地、草地、水域、城乡工矿居民地（简称城乡建设用地）和未利用土地；二级地类的划分主要根据土地资源的自然属性，包括25个类型。根据目前的土地利用分类体系，油气生产区内已征用的土地可划分为工矿用地。实际监测中，不同空间分辨率遥感数据的监测能力不同，根据采用的遥感数据，从遥感监测可识别的实际出发，结合油气田区域特点，细化油气田土地利用遥感监测地类的划分，开展土地利用变化监测。

表8-1 油气生产区土地利用遥感监测分类体系

一级类型		含义	二级类型及编码
编号	名称		
10	耕地	指种植农作物的土地，包括熟耕地、新开荒地、休闲地、轮歇地、草地轮作地；以种植农作物为主的农果、农桑、农林用地；耕种三年以上的滩地和海涂	11：水田；12：旱地
20	林地	指生长乔木、灌木、竹类以及沿海红树林等的林业用地	21：有林地；22：灌木林；23：疏林地；24：其他林地
30	草地	指以生长草本植物为主，覆盖度在5%以上的各类草地，包括以放牧为主的灌丛草地和郁闭度在10%以下的疏林草地	31：高覆盖度草地；32：中覆盖度草地；33：高覆盖度草地

续表

一级类型		含义	二级类型及编码
编号	名称		
40	水域	指天然陆地水域和水利设施用地	41：河渠；42：湖泊；43：水库坑塘；44：永久性冰川雪地；45：滩涂；46：滩地
50	城乡、工矿、居民地	指城乡居民点及其工矿、交通等用地	51：城镇用地；52：农村居民点；53：其他建设用地
60	未利用土地	目前还未利用的土地，包括难利用的土地	61：沙地；62：戈壁；63：盐碱地；64：沼泽地；65：裸土地；66：裸岩石质地；67：其他

4. 油气生产区土地利用遥感调查与制图

油气田土地利用状况处于频繁的动态变化中，前期的监测结果很快会发生变化，及时获取土地利用信息对了解其变化非常重要。通过遥感技术监测油气田土地利用动态，提取现状及变化信息，并进行制图，基于遥感信息的空间属性，结合GIS分析，可以获得区域土地利用变化的定性、定量描述及其空间格局的直观展示。通过土地利用现状的遥感调查，了解不同类型土地的数量及分布状况，是遥感应用的一个重要方面，从遥感数据的选取、图像分析、解译标志建立到判读制图等，已经形成一套技术流程。

1）遥感数据及辅助数据的采集与处理

土地利用遥感监测数据的选择需要综合考虑遥感调查要求、典型地类时空特征和遥感数据特点。根据监测区域特点及概查、详查的要求，结合区域地类的可判读性来确定遥感数据的空间分辨率。实验研究表明，79m空间分辨率的Landsat/MSS图像仅能识别一级类型和极少数二级类型，30m空间分辨率的Landsat/TM图像可以解译出85%~92%的二级类型和个别的三级类型[11]，更高空间分辨率的遥感影像可以识别出更多的三级类型。根据监测区域典型地类的物候期及环境要素的变化特点确定遥感监测的时间分辨率。如春末夏初和秋中季节是北方大部分地区土地利用调查的最佳时期，耕地、林地、草地及居民地等不同地类之间的遥感影像特征相对明显，相对更易于判读，因此，需要选择适合的遥感波段组合，用于遥感识别。同时，收集辅助资料，包括地形图、各类专题图、历史资料等，对地类进行更加准确的识别。

遥感图像的处理包括波段合成、辐射校正、地理配准、图像镶嵌与分割等预处理过程，也包括图像拉伸、比值处理等为了突出图像地类目标的专题信息处理过程，以便获得最有利于地类识别的遥感图像。

2）遥感解译标志建立与地类提取

针对油气田区域特点，确定土地利用遥感监测的分类系统后，为了统一遥感判读标准，需要根据地类的遥感影像特征，建立遥感解译标志。首先，通过图像分析，结合专家知识和现场调查，建立各地类的初步遥感解译标志，再通过实地验证与修正后，形成最终的油气田土地利用类型的遥感解译标志。根据建立的解译标志，进行逐级的地类判识与边界提取，结合辅助资料分析和精度检验，保证遥感监测的准确性，获得土地利用图斑及矢量信息，用于遥感制图与分析。

3）土地利用制图与分析

基于遥感提取的土地利用信息，进行成果总结，包括遥感制图、地类面积量算、数据整理汇总、土地利用现状分析以及变化分析等。利用不同年份土地利用遥感监测的土地利用现状分类结果获得一套不同时期土地利用状况的空间分布图，对比不同时期土地利用的差异，了解油气田土地利用的时空特征。通过相邻两期土地利用遥感变化监测获得不同土地利用类型的转入、转出制图，实现对土地利用转移特征的空间显式表达，分析土地利用变化的空间特征。定量统计各地类面积信息，建立数据库，分析土地利用现状及变化特征，结合土地利用专题制图，提取地类变化区域和变化量，实现遥感监测周期内对油气田土地利用动态的快速监测，为油气田环境动态分析提供依据。

二、克拉玛依区域土地利用时空特征

克拉玛依区域油气开采历史长，利用遥感影像对包括油气生产区及其周边较大范围的区域从1980年至2020年间的土地利用状况进行监测，基于40年油气开发过程中土地利用变化的时空特征分析克拉玛依地区的环境动态。

采用不同时期Landsat遥感影像作为监测数据源，土地利用遥感监测包括1980年、1990年、2000年、2010年和2020年5期，其中1980年主要使用Landsat/MSS遥感影像，1990年、2000年和2010年主要使用Landsat/TM遥感影像，2020年使用Landsat 8遥感影像。考虑遥感数据获取质量及不同季相地物特征差异，尽量选取6月至9月间的有效图像，经过遥感数据处理，提取土地利用信息。

监测区属西部生态环境脆弱区，区域内以戈壁滩为主，大部分为未利用土地。土地利用变化监测分类系统分为耕地、林地、草地、水域、城乡建设用地和未利用土地（沙地、戈壁、盐碱地、沼泽地、裸土裸岩）等6个一级地类和5个二级地类。

1. 土地利用变化特征

克拉玛依区域1980年、1990年、2000年、2010年和2020年五期遥感监测土地利用空间分布如图8-2所示。依据遥感监测结果，对土地利用状况进行统计，40年间各地类的面积及其占比统计见表8-2，面积占比对比显示如图8-3所示。

克拉玛依区域遥感监测总面积大约为24263.43km²。遥感监测结果显示，区域内大范围分布戈壁和沙地，耕地相对集中分布于区域南部，草地主要分布于区域西部，裸土裸岩的分布多与草地接壤，盐碱地分布于中部区域，沿西南至东北方向展布，水域分布比较零

表 8-2 克拉玛依区域 1980—2020 年间五期遥感监测土地利用面积占比统计

年份	统计参数	耕地	林地	草地	水域	城乡建设用地	沙地	戈壁	盐碱地	沼泽地	裸土裸岩
1980年	面积, km²	1819.52	65.43	4601.22	61.84	116.05	5231.21	8943.95	1084.56	23.78	2315.75
	占比, %	7.5	0.3	19.0	0.2	0.5	21.6	36.9	4.5	0.1	9.5
1990年	面积, km²	1865.97	80.35	4514.84	79.40	236.48	5199.71	8776.52	1199.61	56.76	2253.79
	占比, %	7.7	0.3	18.6	0.3	1.0	21.4	36.2	4.9	0.2	9.3
2000年	面积, km²	2073.45	67.68	4302.19	79.70	242.41	5286.36	8775.01	1131.30	56.80	2248.54
	占比, %	8.5	0.3	17.7	0.3	1.0	21.8	36.2	4.7	0.2	9.3
2010年	面积, km²	2713.88	53.16	4097.95	126.55	278.65	5129.25	8773.00	769.33	93.69	2227.97
	占比, %	11.2	0.2	16.9	0.5	1.1	21.1	36.2	3.2	0.4	9.2
2020年	面积, km²	3050.69	56.43	3823.79	296.33	335.79	5094.61	8719.64	612.61	91.84	2181.63
	占比, %	12.6	0.2	15.8	1.2	1.4	21.0	35.9	2.5	0.4	9.0

散，多数水域位于区域北部。戈壁、沙地、草地、耕地、裸土裸岩和盐碱地是区域内主要的土地利用类型。其中，戈壁的面积最大，在 1980 年至 2020 年间的五期监测结果中，其面积占比均超过了 35%；其次是沙地，面积占比均超过了 21%。面积较少的土地利用类型包括林地、水域和沼泽地，除 2020 年的水域面积占比达到 1.2% 外，面积占比均不足 1%。

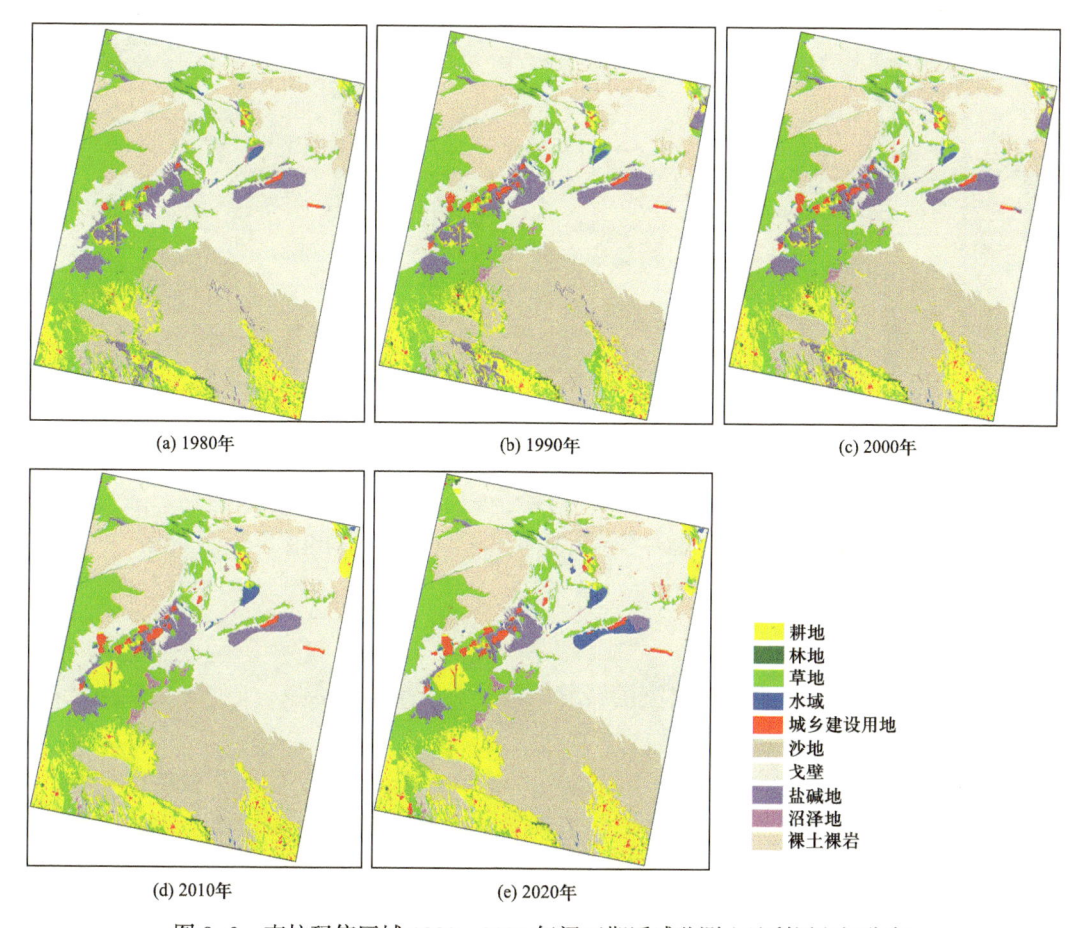

图 8-2 克拉玛依区域 1980—2020 年间五期遥感监测土地利用空间分布

如图 8-3 所示，40 年间区域内各地类的面积对比统计如下：多数地类表现出面积持续增加或减少的变化趋势，少数地类表现为波动中的小幅变化。其中，耕地、城乡建设用地、水域和沼泽地的面积均呈持续上升趋势，耕地面积增幅最大，在区域内的面积占比从 1980 年的 7.5% 上升到 2020 年的 12.6%，增幅达 5.1%，增加的耕地主要分布在南部区域。城乡建设用地、水域和沼泽地的面积增幅较小，均在 1% 以内。城乡建设用地的扩大表现为 1980—1990 年和 2010—2020 年两个相对的快速增长期，增加的城乡建设用地主要沿区域中部盐碱滩地带呈条带状分布。沼泽地呈稳定的缓慢小幅增长趋势。水域在 1980—2010 年间都表现为小幅增长趋势，2020 年因其中的一处内陆湖泊水域面积的明显增加而表现为较大幅度的增长。林地面积基本稳定，其他地类的面积均有所减少，草地、戈壁和

— 193 —

裸土裸岩区域的面积呈不同幅度的持续减少趋势，盐碱地和沙地则表现为波动中的面积减少趋势。面积减少最多的是草地，面积占比从19%到15.8%，减少了4.2%，减少的草地主要分布于区域南部和中部。其次是盐碱地，经历小幅增长后，从2000年开始表现为持续的减少趋势，至2020年的20年间，面积占比减少了2%。戈壁、沙地和裸土裸岩面积减少幅度较小，均不超过1%。

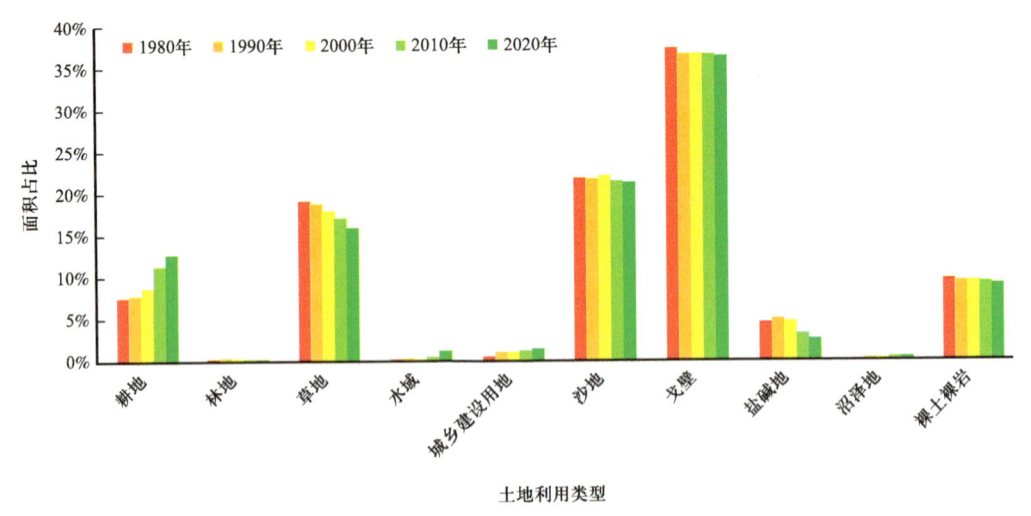

图 8-3　克拉玛依区域1980—2020年间五期遥感监测土地利用面积占比对比图

2. 土地利用转移特征

基于遥感监测统计土地利用类型的转移矩阵，对克拉玛依区域土地利用各地类之间的相互转移情况进行具体分析。

1980—1990年间的土地利用类型转移矩阵见表8-3。土地利用发生改变的区域面积占监测区总面积的4.23%。其中，转换较为剧烈的地类主要集中在耕地、草地、戈壁和盐碱地之间，草地主要转为耕地和盐碱地，转出面积分别为195.11km² 和99.06km²；同时，又有129.66km² 耕地和113.93km² 戈壁转入为草地。因此，这段时间区域内的土地转换主要表现为耕地、草地和戈壁之间的相互转换。

1990—2000年，草地面积的损失较大，分别有185.04km² 和73.35km² 的草地转入耕地和沙地，其他用地类型之间相互转换的比例比较小，土地利用发生改变的区域面积占比为1.92%。统计见表8-4。

2000—2010年，耕地面积增加最多，分别有277.06km² 盐碱地、188.93km² 草地和150.88km² 沙地转入耕地，发生改变的土地利用面积占比为3.53%。统计见表8-5。

2010—2020年，地类转换主要表现为277.72km² 的草地转入耕地和147.95km² 的盐碱地转入水域，土地利用发生改变的面积占比为2.76%，统计见表8-6。

表 8-3　1980—1990 年克拉玛依规划区各地类转移矩阵　　　　　　　　　　单位：km²

1980年＼1990年	耕地	林地	草地	水域	城乡建设用地	沙地	戈壁	盐碱地	沼泽地	裸土裸岩
耕地	1628.41	19.44	129.66	0.00	8.20	11.22	0.96	17.28		4.36
林地	1.89	58.00	0.96	0.06	0.00		0.08		4.43	
草地	195.11	2.64	4185.89	14.24	38.14	16.15	0.85	99.06	47.33	1.81
水域		0.22	10.09	50.23			0.05	1.24		
城乡建设用地					116.05					
沙地	25.38	0.05	29.58	1.43		5172.06		0.55	0.00	2.17
戈壁	3.67	0.00	113.93	5.70	37.09		8772.81	9.10	1.56	0.22
盐碱地	1.47	0.00	12.53	3.10	37.01	0.29	1.69	1016.90		11.58
沼泽地			14.76	4.62			0.00	1.02	3.38	
裸土裸岩	10.04		17.45				0.08	54.46	0.06	2233.65

表 8-4　1990—2000 年克拉玛依规划区各地类转移矩阵　　　　　　　　　　单位：km²

1999年＼2000年	耕地	林地	草地	水域	城乡建设用地	沙地	戈壁	盐碱地	沼泽地	裸土裸岩
耕地	1818.31	0.03	19.38	0.06	8.14	2.77	0.45	15.79		1.04
林地	10.77	66.98	1.70	0.10	0.39	0.17	0.12		0.04	0.07
草地	185.04	0.67	4246.80	1.97	3.35	73.35	1.13	1.92		0.60
水域	0.04		5.26	74.09			0.00			
城乡建设用地	6.40	0.00	2.49		227.30	0.00		0.29		
沙地	9.41		1.51	0.53	0.00	5182.67		0.05		5.53
戈壁	0.02		2.69	2.94	2.85		8767.98			0.05
盐碱地	33.17		21.77		0.36	25.96	5.11	1113.25		0.01
沼泽地									56.76	
裸土裸岩	10.28		0.60		0.01	1.44	0.22	0.00		2241.24

表 8-5　2000—2010 年克拉玛依规划区各地类转移矩阵　　　　　单位：km²

2000年＼2010年	耕地	林地	草地	水域	城乡建设用地	沙地	戈壁	盐碱地	沼泽地	裸土裸岩
耕地	2071.02		0.45	1.38	0.18		0.41			
林地	13.69	51.25	1.67	0.55	0.37				0.15	
草地	188.93	0.71	4036.99	33.47	1.26	1.57	4.66	1.26	31.70	1.64
水域	0.01		1.19	74.63	0.10		3.48		0.24	0.04
城乡建设用地					242.41					
沙地	150.88	1.01	6.84	0.03		5122.64			4.79	0.17
戈壁	5.27		2.15	6.86	1.91		8758.81			
盐碱地	277.06	0.19	36.46	5.46	32.41	5.00	5.63	767.78		1.30
沼泽地			0.00						56.80	
裸土裸岩	7.02		12.20	4.17	0.01	0.03	0.00	0.29		2224.82

表 8-6　2010—2020 年克拉玛依规划区各地类转移矩阵　　　　　单位：km²

2010年＼2020年	耕地	林地	草地	水域	城乡建设用地	沙地	戈壁	盐碱地	沼泽地	裸土裸岩
耕地	2680.38	0.00	29.29	0.04	4.15	0.00	0.00			
林地	3.55	49.48	0.00	0.12		0.00				
草地	277.72	4.85	3776.34	14.23	24.80	0.01	0.00	0.00	0.00	0.00
水域	0.00		3.62	116.20		0.00	0.00		4.48	2.24
城乡建设用地	0.00	0.00	0.00	0.00	278.65					
沙地	34.52		0.00	0.00	0.11	5094.61	0.00		0.00	0.00
戈壁	17.89	2.09	0.00	12.33	21.02	0.00	8719.64			0.00
盐碱地	5.39		0.00	147.95	3.38	0.00	0.00	612.61		
沼泽地	0.27		0.61	5.46					87.35	0.00
裸土裸岩	30.97		13.92		3.69	0.00	0.00			2179.38

1980—2020 年克拉玛依区域 40 年间各地类之间的转入转出情况统计见表 8-7。区域内土地利用发生改变的面积占区域总面积的 9.70%。其中，转入面积最多的是耕地，总计 1265.42km²，耕地面积的增加主要得益于草地（703.64km²）、沙地（222.33km²）、盐碱地（217.04km²）和裸土裸岩（122.41km²）的转入，而草地集中转为耕地导致了草地面积的减

少。其次是102.91km² 戈壁转入草地和148.36km² 盐碱地转入水域。城乡建设用地的增加主要来源于草地、戈壁和盐碱地的转入，还包括少量的耕地。其他地类的转换面积所占比例不大。

表8-7　1980—2020年克拉玛依规划区各地类转移矩阵　　单位：km²

1980年＼2020年	耕地	林地	草地	水域	城乡建设用地	沙地	戈壁	盐碱地	沼泽地	裸土裸岩
耕地	1741.28	2.65	47.67	0.11	20.05	4.30	0.92	1.31		1.21
林地	13.00	44.28	2.40	1.32	0.29	0.14	0.19		3.72	0.07
草地	703.64	2.65	3571.48	25.49	66.21	75.87	6.99	72.42	75.43	1.02
水域	0.00	0.11	1.71	57.54		0.00	0.69		1.79	
城乡建设用地	6.30	0.00	2.10	0.00	107.35			0.29		
沙地	222.33	0.67	17.01	1.43	0.11	4982.61	0.00	0.05	4.79	2.19
戈壁	24.68	5.80	102.91	41.30	68.17	0.00	8700.28	0.00	0.86	0.06
盐碱地	217.04	0.26	60.12	148.36	68.80	30.49	10.34	538.51		10.64
沼泽地			0.01	18.50		0.00	0.00		3.36	1.90
裸土裸岩	122.41	0.00	18.37	2.28	4.81	1.21	0.22	0.04	1.88	2164.52

克拉玛依区域40年间的土地利用类型变化整体不明显。其中，耕地面积略有上升趋势，草地、沙地、戈壁、盐碱地和裸土裸岩的面积呈下降趋势，区域生态环境整体呈稳定改善的趋势。考虑遥感数据质量、地理投影误差、遥感图像识别等因素的影响，土地利用的遥感监测结果会存在一定的精度误差，但其在长周期、大区域范围内对土地利用变化趋势的反映能力对区域土地利用调查及环境动态分析具有重要的参考和借鉴意义。

第四节　油气田环境要素时空演变遥感分析

中国国土辽阔，地形复杂，拥有森林、草地、湿地、荒漠、城市等各类生态系统。中国的油气田分布广泛，不同油气田所处地域生态系统存在差异，即使同一个油气田也可能跨多个生态系统分布。长期的油气开发、社会经济与城镇化的快速发展和自然灾害的发生等会给油气田生态环境带来冲击，引起环境的变化，可能导致生态系统退化，生态服务功能下降。因此，监测油气田基础环境要素的变化，可以促进油气田环境动态掌握，为油气开发进程中的生态环境保护提供更加系统、可靠的科学依据。

一、油气田环境要素时空演变遥感监测

油气田是人类从事油气生产活动和生活的聚集中心，也是人类为了获取油气资源对地

表环境改造最为剧烈的区域，而大规模的油气生产用地开发是改造自然环境的主要方式。这种伴随着油气工业化进程发生的自然环境的变化，可以通过遥感从生态系统中提取的相关生态物理参数，获得定性、定量描述。工业化进程必然面临环境风险，及时获取工业化进程中基础环境要素演变信息有助于监控潜在的环境风险。

作为陆地地表生态系统的主体，植被是连接大气、土壤和水体的纽带，陆表水是全球水循环的主要组成部分，其覆盖程度与空间分布格局的变化体现了自然和人类长期交互作用的结果，是刻画区域环境状况的重要参数。陆表植被常是遥感观测和记录的第一表层，是地理环境的重要组成部分，对人类活动的影响也最敏感，并通过植被覆盖情况得以直接反映。区域植被生长状况与水环境具有密不可分的关联性。通过遥感获取油气生产区及其周边区域内植被和陆表水分布的时序特征，监测油气田环境动态，分析工业化进程中区域环境要素的时空演变规律，及时发现并避免环境要素的退化，是油气田环境动态遥感监测的主要内容之一。

遥感技术已经成为区域环境监测的一项重要技术手段。基于长时间序列遥感影像监测陆表植被和陆表水动态，得到广泛应用。植被遥感中，NDVI 植被指数被认为是监测地区或全球植被和生态环境变化的有效指标[11]。植被覆盖的动态监测多基于遥感反演的植被指数数据提取植被信息，利用不同的方法分析区域尺度植被覆盖的时空变化特征，掌握植被覆盖的改善与退化趋势。水体遥感中，因其具备的多时相制图和大范围区域地表水监测能力，可以为地表水资源数据集提供更多有价值的信息，逐渐在陆域水资源数据中包含基于遥感的数据信息。基于遥感的油气田陆表植被和水域信息是油气田环境动态数据集中环境要素的重要组成部分。通过建立时序遥感数据集，提取陆表植被和水域的时序特征，监测油气田环境要素的时空变化。

1. 时序遥感数据集建立

从植被、水体等基础环境要素的角度监测油气田环境动态，需要首先建立时序遥感数据集，以便提取环境要素的时序特征，分析环境动态。

（1）筛选和预处理时序遥感数据。根据遥感监测的要求明确遥感监测数据集的时序区间、季相、时相间隔、空间分辨率、传感器等选取要求，筛选出一组由多个时相遥感数据构成的数据集，经过格式转换、地理配准、辐射定标和插值处理等数据预处理后，获得一套具有相同空间分辨率的时序遥感数据。

（2）开展时序遥感数据有效性治理。剔除时序遥感数据中的异常或极端成像条件数据，以减少极端值可能对时序分析造成的干扰，更好地捕捉环境要素的主要时序分布特征。

（3）构建时序遥感数据集。根据治理后的遥感数据集的时序结构，结合环境要素时序分析的要求，遵循一定的原则筛选出符合时间间隔要求的遥感数据，并按照遥感成像时间的先后顺序排列，构建最终的时序遥感数据集，用于环境要素的时序特征提取。一套时序遥感数据经过筛选、预处理、有效性治理后，可以构建一组或多组不同时序结构的遥感数据集，用于满足时序分析的需要。

2. 时序遥感特征提取

1）专题信息提取

基于时序遥感数据集，提取植被覆盖与陆表水域覆盖信息。植被覆盖信息可以通过对归一化植被指数 NDVI 的阈值设定来提取。当 NDVI 值大于阈值时，提取为植被覆盖区，NDVI 数值越高，表示植被越茂盛。基于 Landsat 数据的植被覆盖提取，可利用基于辐射亮度图像提取的 NDVI，阈值设定为 0，实现植被覆盖区的快速提取，并获得植被覆盖区内的 NDVI 值，用于植被变化动态监测。植被定量遥感分析则需要基于大气校正后的反射率遥感数据开展。

油气田多分布于城镇密度较低的区域，水体提取中的人为干扰因素相对较少。可以通过 NDVI 等单一的水体指数提取，也可以通过多个指数的联合阈值法提取，如式（5-3）。对于山区阴影、城镇区等干扰造成的提取误差，进行人工修正，完成陆表水域分布提取。

2）时序特征提取

环境要素的时序分析主要通过计算图像中各像元的专题信息值，根据年际或监测周期内等时间间隔的变化情况，利用趋势分析方法提取环境要素的时序特征，以便分析环境要素的变化趋势。油气田陆表植被覆盖的时序分析中，可以利用一元线性回归方法计算 NDVI 随时间变化的斜率 k，获取图像像元位置植被变化趋势，提取油气田植被覆盖变化的时序特征，计算如式（4-4）。时序遥感数据集由遥感数据按照成像时间顺序排列构成，k 值反映植被覆盖随时间变化的趋势。当 $k>0$ 时，值越大，植被覆盖状况改善的程度越大；当 $k<0$ 时，值越小，植被覆盖状况退化的程度越大。

陆表水可分为永久水体和自由水体两类。永久水体指水库等固定水体，自由水体指河流等自然水体。油气田陆表水域分布的时序分析主要针对自由水体。利用自由水体的复现率（O_{fw}）获得时序监测期间的自由水体复现率分布特征，计算公式如下：

$$O_{fw}=n_w/n_{nw} \tag{8-1}$$

其中，n_w 为遥感监测周期内检测到自由水体的次数；n_{nw} 为参与水体检测的遥感影像的期次。O_{fw} 值越大，表示自由水体重复出现的频率越高，属季节性水体高频覆盖区。

二、克拉玛依区域环境要素时空演变特征

克拉玛依区域环境要素遥感监测影像如图 8-4 所示。如前所述的土地利用遥感监测区内，以油气生产区为中心，选取一矩形区域作为环境要素遥感监测区。遥感数据选取 Landsat 系列遥感数据，考虑环境要素的季节性特征，遥感数据接收时间以 9 月份为主，不足补充 7、8 月份。结合数据质量和气象条件，对历史数据进行筛选，针对克拉玛依区域石油开发历史长的特点，建立的时间序列遥感数据集包括 6 个时相：1977 年 7 月 11 日、1998 年 9 月 2 日、2002 年 9 月 21 日、2007 年 9 月 11 日、2011 年 9 月 6 日和 2016 年 8 月 18 日。

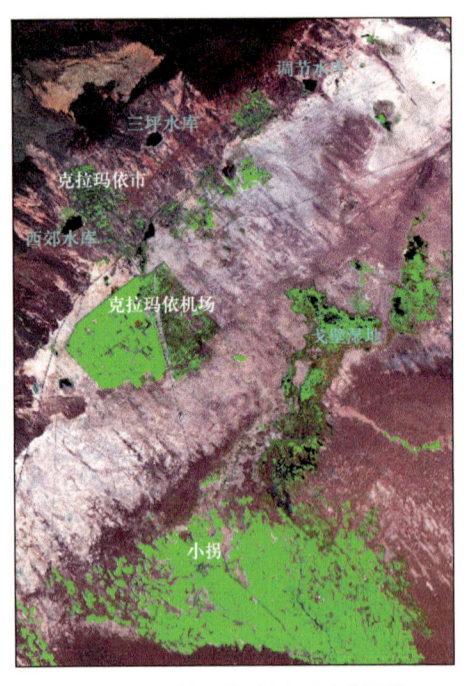

图 8-4 克拉玛依监测区遥感影像

同时，收集区域气象数据，认识区域环境背景。温度和降水数据利用国家气象信息中心发布的基于中国地面台站采集数据差值生成的月平均地面温度和降水格点数据集，收集从 1977 年至 2015 年的月平均温度和月平均降水数据，空间分辨率为 0.5℃×0.5℃。提取监测区域每年 8、9 月份的月平均温度和月平均降水格点数据，计算平均值，用区域平均值代表监测区的月平均温度和月平均降水，获得 1977—2015 年 8、9 月份的月平均温度和月平均降水信息。

1. 陆表植被覆盖时空特征

基于时序遥感数据集，分别提取 1977—2016 年、1977—2002 年、1998—2007 年、2002—2011 年和 2007—2016 年五个不同时序的 NDVI 随时间变化的斜率 k，分析近 40 年间区域植被覆盖时空变化的总体趋势和阶段性特征，统计不同时序区间内 k 值的最小值、最大值、平均值和标准方差，分析 k 值的分布特征。由于 40 年完整时序周期和分段时序周期的 k 值范围差异较大，对两种时序周期分别设置不同的 k 值分级节点，通过阈值设定，划分植被改善或退化的程度，方便直观展示植被变化的空间分布特征。不同的分段时序周期采用相同的 k 值分级节点，便于对比分析。不同时序长度的 k 值分级节点设置见表 8-8。最后，获得完整时序周期与分段时序周期的植被覆盖变化趋势的空间分布信息，分别如图 8-5 和图 8-6 所示，不同时序区间的植被覆盖变化信息统计见表 8-9。

表 8-8 不同时序周期植被覆盖趋势描述的 k 值分级

k 变化值	完整时序周期	≤-0.02	(-0.02, -0.01]	(-0.01, 0]	(0, 0.01]	(0.01, 0.02]	>0.02
	分段时序周期	≤-0.1	(-0.1, -0.05]	(-0.05, 0]	(0, 0.05]	(0.05, 0.1]	>0.1
描述		明显退化	中等退化	轻微退化	轻微改善	中等改善	明显改善

1）植被覆盖变化的时序特征

从图 8-5 和表 8-8 可以看出，1977—2016 年的 40 年间，区域内植被覆盖呈大面积改善的趋势，植被改善区面积占区域总面积的 23.3%。区域内存在局部植被退化区，面积占区域面积的 1.3%。植被覆盖的变化趋势在 40 年间表现出不同的阶段性特征：1977—2002 年间植被覆盖呈缓慢改善的趋势，改善区面积占研究区面积的 8.6%，同时存在少量植被覆盖退化现象；1998—2007 年、2002—2011 年两个时序区间表现出植被覆盖的快速改善趋势，植被改善区面积分别占到区域面积的 13.1% 和 18.9%，同时植被覆盖的退化趋势也有所增加，并保持稳定，植被退化区面积在区域面积的占比分别为 2.3% 和 2.6%；2007—2016 年间，植被覆盖的改善趋势达到饱和，改善区面积稳中略降，而退化趋势继续增加，占比区域面积达到 5.2%。

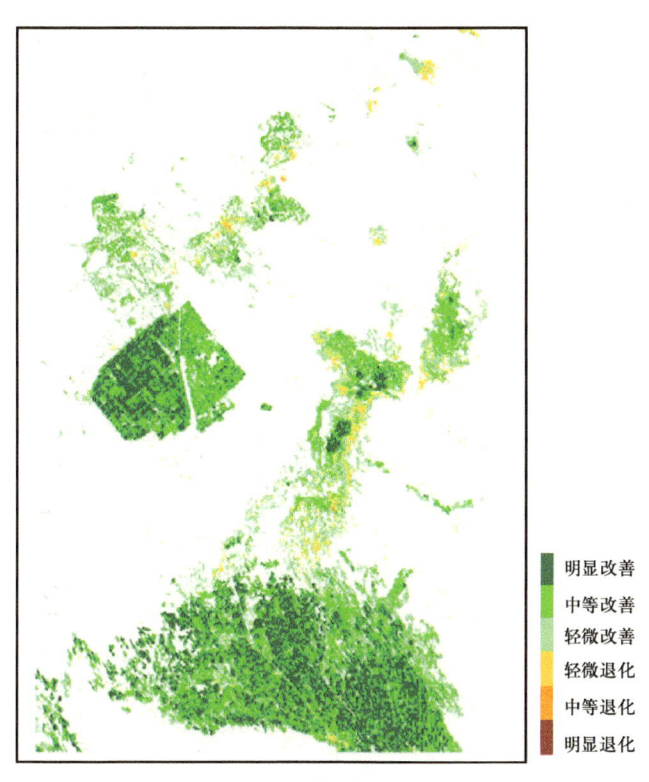

图 8-5　1977—2016 年植被覆盖变化趋势图

(a) 1977—2002年　　(b) 1998—2007年　　(c) 2002—2011年　　(d) 2007—2016年

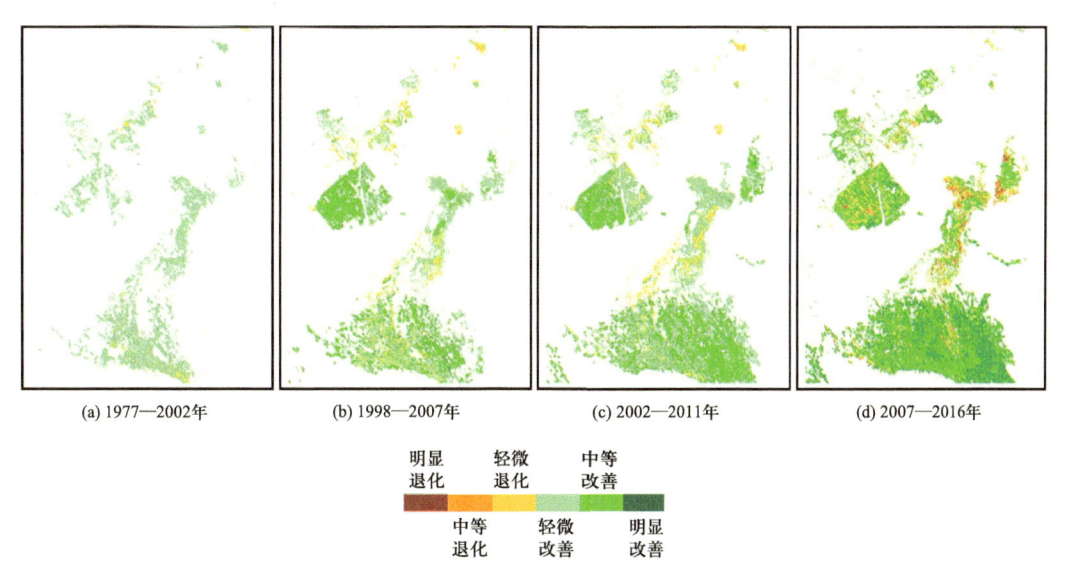

图 8-6　1977—2016 年间植被覆盖阶段变化趋势图

表 8-9　1977—2016 年间植被覆盖变化趋势信息统计

参数		1977—2002 年	1998—2007 年	2002—2011 年	2007—2016 年	1977—2016 年
退化 ($k<0$)	面积，km²	25.46	103.91	118.53	234.79	60.1
	占比研究区面积，%	0.6	2.3	2.6	5.2	1.3
改善 ($k>0$)	面积，km²	387.64	588.21	850.97	823.63	1049.1
	占比研究区面积，%	8.6	13.1	18.9	18.3	23.3
k	最小值	−0.025	−0.076	−0.068	−0.150	−0.020
	最大值	0.030	0.125	0.116	0.105	0.041
	平均值	0.008	0.032	0.034	0.023	0.014
	标准方差	0.006	0.030	0.028	0.037	0.009

区域内植被覆盖改善的幅度在 40 年间呈现慢—快—慢的发展特征。1998 年后三个时序区间的植被覆盖改善幅度明显高于 1977—2002 年期间，进入 2007—2016 年时序周期后，植被改善的幅度开始减少，区域植被覆盖的平均改善幅度低于 1998—2007 年和 2002—2011 年两个时序区间，并出现了一些植被覆盖强退化区。因此，在植被覆盖变化的空间特征分析中对退化区的空间分布格局及成因进行了分析。

1977—2015 年间 8、9 月份的月平均温度和降水统计如图 8-7 所示。年际 8、9 月份的月平均温度表现出周期性的小幅波动，总体趋于稳定，8 月份平均温度比 9 月份平均高出约 6℃。8、9 月份的年际月平均降水量分别为 19.4mm 和 12.8mm，8 月份降水量普遍高于 9 月份。自 1977 年开始，出现过 4 个降水量超过 30mm 的较高降水期区间：1987—1989 年、1992—1994 年、2005—2007 年和 2011—2013 年，多集中在 8 月份，在 1999—2001 年，出现一个小幅降水增加区间，降水量超过 25mm。气温的稳定和降水量的稳中增加趋势表明区域环境的稳定和改善趋势，有助于保持区域内环境要素的稳定和改善。

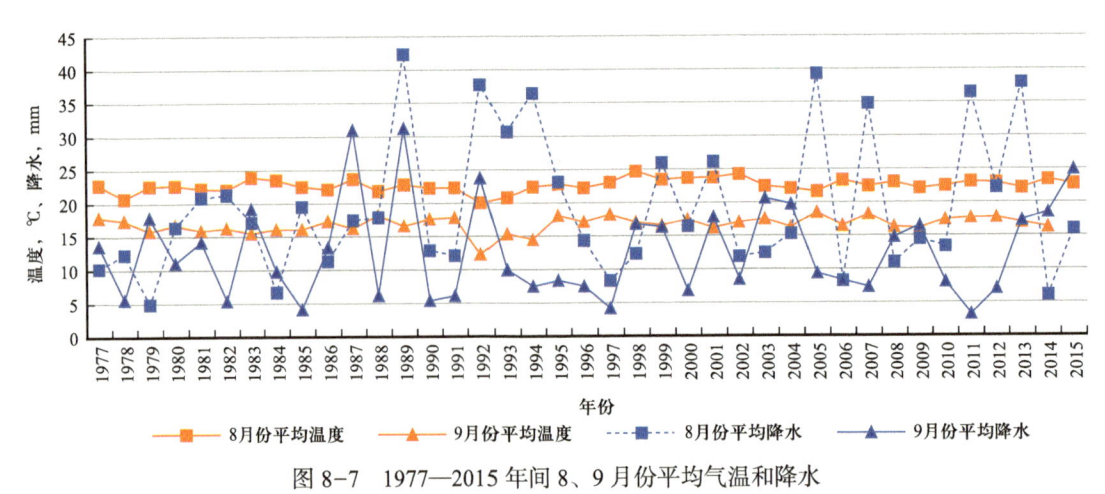

图 8-7　1977—2015 年间 8、9 月份平均气温和降水

2）植被覆盖变化的空间特征

图 8-4 中，区域内分布大面积戈壁区，植被覆盖区主要分布在克拉玛依的城镇工业区、中部和南部的农业耕作区以及东部的戈壁湿地区。图 8-5 和图 8-6 的遥感监测结果显示，相比 1977 年，植被覆盖改善区广泛、均匀分布于三类地区。其中，尤以农业耕作区的改善趋势最明显，局部的植被退化区主要分布在城镇工业区和戈壁湿地区，在不同类型区域，植被覆盖变化的空间分布格局又表现出不同的阶段性特征。

在城镇工业区，主要是城镇居民区和油气生产作业区，植被覆盖改善区沿着北东向的工业区展布方向大范围均匀分布，其间错落均匀分布块状的局部植被退化区。1998 年之前，植被覆盖退化区较少，1998—2007 年时序区间内，植被退化区增多，至 2002—2016 年时序区间，植被退化区有所减少，而围绕植被退化区，植被改善区的分布范围及改善幅度均有所增加。在农业耕作区，植被覆盖区从无到有，持续扩展，植被覆盖状况呈持续的改善趋势，空间分布相对集中，期间的植被覆盖局部退化区在不同时序阶段呈不规则的空间分布特征。在戈壁湿地区，从 1998 年开始，在不同时序区间出现较大范围植被覆盖退化区的不规则分布。

农业耕作区、戈壁湿地区和城镇工业区三类典型区域 1977—2016 年间植被变迁的遥感影像如图 8-8 所示，结合遥感影像分析不同时序期间三类典型区域植被覆盖退化区的形成。农业耕作区在 20 世纪 70 年代曾是一片戈壁，2002 年以后，进入了快速发展期，出现了如今的大农业区，并初具规模，由于 8、9 月份是农作物生长、收获的季节，不同时相遥感数据中农作物长势的不同是时序分析中植被退化现象的主要原因。在戈壁湿地区，8、9 月份平均降水量和季节性融雪等情况的不同，带来了季节性水域的不规则分布，使得时序分析中的退化区分布不规则。在城镇工业区，地面建设带来了地表植被覆盖的局部退化区。因此，时序遥感分析中农业耕作区和戈壁湿地区的植被退化现象多为季相原因所致，城镇工业区的植被覆盖退化区是实际的植被退化区。

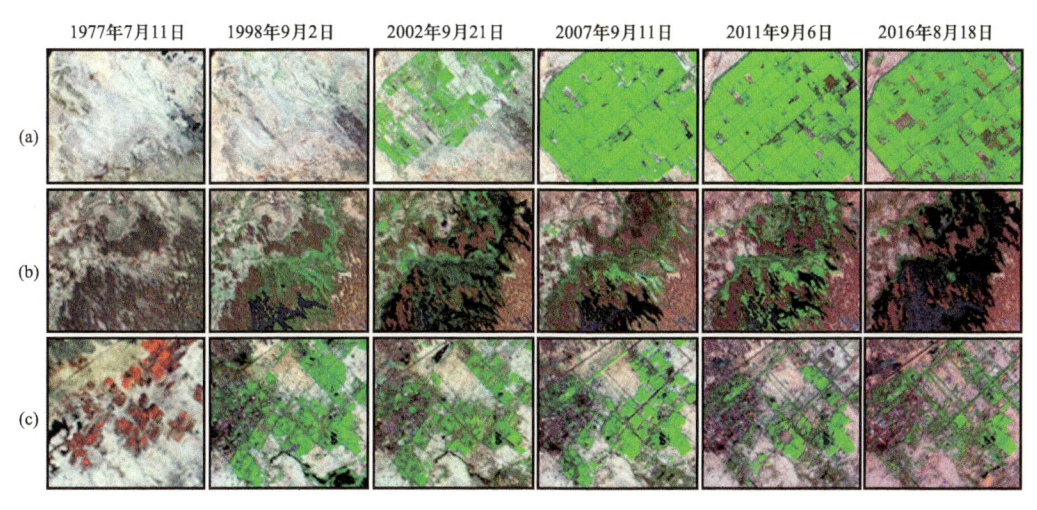

图 8-8　1977—2016 年间三类典型区域植被变迁遥感影像
（a）农业耕作区；（b）戈壁湿地区；（c）城镇工业区

不同时序区间三类典型区域植被覆盖变化面积统计见表8-10。遥感监测区域内发现的植被退化区主要位于三类典型区，在1998年以后的不同时序区间，面积占比均超过了90%。植被改善区的增加则主要是农业耕作区增加的贡献，其面积占比在1998年以后的不同时序区间内都超过了70%，在不同的时序区间，三类典型区域植被改善区面积占比由大至小的顺序保持一致，分别为农业耕作区、戈壁湿地区和城镇工业区。以城镇工业区的植被覆盖退化区作为实际的植被退化区，不同时序区间植被覆盖变化区面积占比遥感监测区面积的统计如图8-9所示。1977—2016年间，监测区内植被覆盖退化区面积占比从最初的0.15%增长到0.76%，自1998年开始稳定在0.7%～0.8%；植被覆盖改善区面积占比则保持快速增长趋势，从8.6%到最高的18.9%，在2002年之后的各时序区间，逐渐趋于稳定。

表8-10 不同时序区间三类典型区域植被覆盖变化趋势面积统计

时序区间	分区	退化区域（$k<0$）面积 km²	占比时序区间退化区面积，%	占研究区面积比，%	改善区域（$k>0$）面积 km²	占比时序区间改善区面积，%	占研究区面积比，%
1977—2002年	城镇工业	6.80	24.81	0.15	62.07	15.63	1.38
	戈壁湿地	2.12	7.72	0.05	101.73	25.63	2.26
	农业耕作	13.88	50.64	0.31	222.37	56.01	4.93
1998—2007年	城镇工业	35.74	33.59	0.79	49.64	8.22	1.10
	戈壁湿地	19.84	18.65	0.44	117.24	19.41	2.60
	农业耕作	43.21	40.61	0.96	427.21	70.72	9.48
2002—2011年	城镇工业	31.84	26.24	0.71	64.52	7.36	1.43
	戈壁湿地	39.16	32.28	0.87	149.35	17.04	3.31
	农业耕作	40.84	33.66	0.91	641.92	73.24	14.24
2007—2016年	城镇工业	34.14	14.20	0.76	85.92	10.11	1.91
	戈壁湿地	99.85	41.54	2.22	88.16	10.37	1.96
	农业耕作	103.23	42.95	2.29	647.42	76.16	14.37
1977—2016年	城镇工业	15.57	24.91	0.35	126.42	11.70	2.80
	戈壁湿地	35.13	56.22	0.78	165.96	15.36	3.68
	农业耕作	6.18	9.88	0.14	751.80	69.60	16.68

结果表明，克拉玛依经过40年的城镇工业化发展，区域植被覆盖总体呈持续改善趋势，经历小幅衰减和稳定增长两个阶段。同时，由于长期的工业化生产和城镇化建设改变原有土地利用，形成局部的植被覆盖退化区，退化趋势经历增长到稳定两个发展阶段，改善与退化的转折期在1998—2002年期间，植被覆盖演变的空间分布格局稳定。克拉玛依周边区域大范围农业耕作区从无到有的发展带动区域植被覆盖状况的明显改善，植被覆盖状

况经历缓慢改善、快速改善到之后趋于饱和的稳定改善三个阶段。研究区内大区域环境状况并未因局部区域的城镇工业化进程而恶化，区域植被覆盖表现出稳定的持续改善趋势。

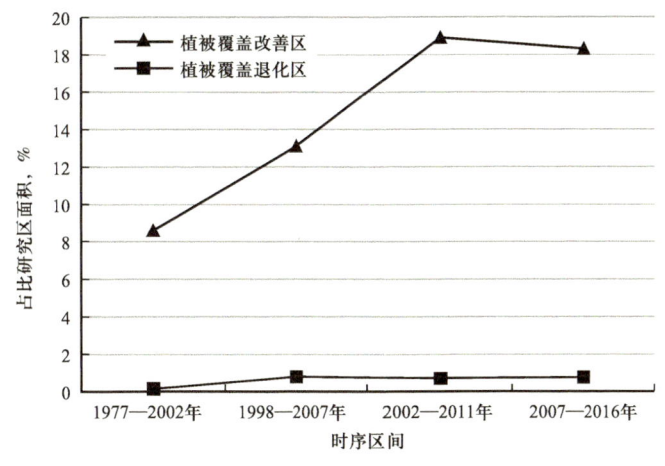

图 8-9　不同时序区间植被覆盖变化趋势面积占比统计图

2. 陆表水域分布时空特征

陆表水域的分布受季节性影响具有较大的波动性，依据遥感监测提取的陆表水域复现率的空间分布信息，可以提取自然水体的季节性波动范围。遥感监测显示，在1977—2016年间，区域内陆表自由水域复现率的空间分布如图 8-10 所示。区域内的固定水体为

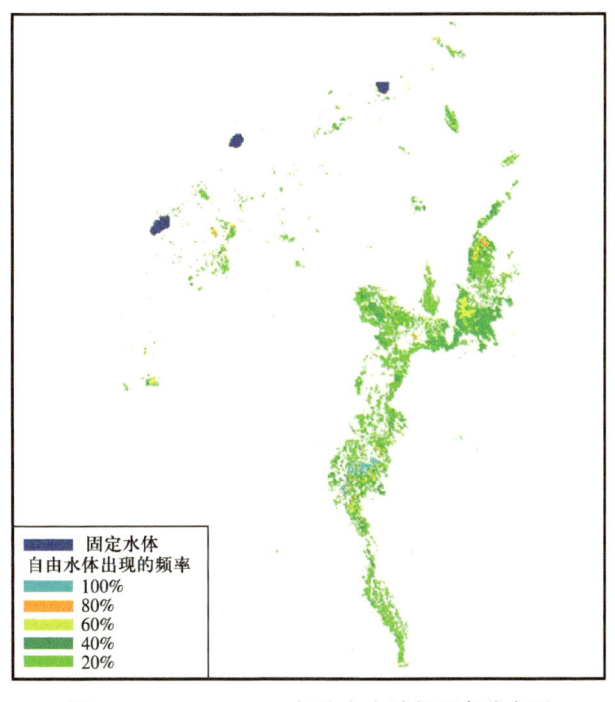

图 8-10　1977—2016 年陆表水域复现率分布图

人工兴建水库，分别沿城镇工业区均匀分布。自由水体中少部分沿城镇工业区分布，主体分布在季节性水域多发的戈壁湿地区、河流及其附近区域，并以几处水域复现率较高的所在地为中心，向四周扩展，波动性出现。结合遥感影像，戈壁湿地区植被覆盖退化区的不规则分布和季节性水体覆盖的波动范围表明，区域内季节性陆表水覆盖呈稳定的波动性分布，年际间8、9月份平均高降水周期的出现频率稳中有升，陆表水环境在40年间保持相对的稳定状态。

第五节　油气田人类活动的环境影响遥感分析

　　油气田环境的变化主要受人为因素的影响，包括油气生产人类活动和地方建设人类活动。自20世纪80年代以来，中国经济进入快速发展阶段，推动了城镇化进程的加速。油气田环境普遍经历区域工业化和城镇化的双重发展作用。在区域工业化和城镇化进程中，人类活动导致活动区内出现环境要素的局部退化难以避免，如何合理规划人类活动，促进油气田生态环境与工业化进程的协调发展，实现油气生产在保护中开发、在开发中保护的可持续发展和高质量发展，是推动油气工业绿色发展过程中始终关注的问题。

　　有效的监测是风险管控的基础。油气田工业化进程中的环境监测不仅需要关注工业区内的局部环境变化，更应关注包含工业区的更大尺度区域内环境变化及其与工业化进程的相关性，以便客观、历史、全面地认识油气田工业化进程对区域环境的影响，及时发现环境风险，促进油气田生态环境质量持续改善。

一、油气田人类活动遥感监测

　　人类活动是具有明确目的、由人主动完成的、具有一定社会职能的各种动作的总和[83-84]。油气田人类活动遥感监测是利用卫星遥感技术和地面观测数据，对油气田内的人类活动进行监测和分析。油气田人类活动按照与油气资源开发的相关性可分为油气生产活动和非油气生产活动两类。油气生产活动是指与油气资源开发相关的人类活动，活动发起的主体是油气田；非油气生产活动是指为了地方区域经济、生活发展而开展的一系列不同规模不同类型的与油气资源开发无关的人类活动，如农、林、渔、牧、工、商和交通等，活动发起的主体不是油气田。油气生产活动会通过油气生产场地的地表占用等形式在区域生态系统中留下直接环境印记，也会通过道路修建引起的自然水系通路改变等其他关联形式在区域生态系统中留下间接环境印记。非油气生产活动通过农田、林地、居民地、公路等形式留下环境印记。油气田区域内的一些人类活动会兼具油气生产和非油气生产的双重活动属性，如油气田道路等目标的修建活动既保障油气田生产，又服务地方经济。因此，油气田环境不仅受油气生产人类活动影响，还与非油气生产人类活动息息相关。利用遥感技术获取油气田环境动态数据，基于环境印记提取人类活动信息，分析不同人类活动对油气田环境的影响，可以更加客观地揭示油气生产与油气田生态环境变化之间的关系。

1. 油气田人类活动遥感特征

1）油气生产活动

油气生产活动主要位于油气田内，涉及油气勘探、开发、生产、储运及退出的油气项目全生命周期，活动类型多样，通过对地表要素的改变留下环境印记，包括直接环境印记和间接环境印记。所有的环境印记都会直接或间接地通过对地表原有状态的改变得以体现。油气生产活动的直接环境印迹通常伴随油气生产活动的发生而直接呈现于地表，并表现出与油气生产的直接相关性，如油气开发中的井场建设活动等。油气生产活动的间接环境印记可能会经过一定的作用周期，通过综合的环境效应间接地表现出油气生产活动对环境系统的影响，只有在充分理解油气生产过程和机理的前提下，通过综合分析，才能判定环境印记的油气生产属性。油气生产活动首先会在油气田区域内留下直接环境印记，然后在漫长的油气资源开发和利用过程中，在油气田及其周围区域伴随各类间接环境印记的形成。

油气田环境特征主要通过油气生产活动的直接环境印记体现，因其对地表的改变作用直接且明显，具有更加清晰的遥感特征，可以直接判定活动的油气生产属性，也是主要的油气生产活动遥感监测对象。油气生产场地是油气生产活动最主要的直接环境印记，通过遥感监测油气田井场、站场、道路、管道等生产场地及设施，获取油气田生产活动空间分布，结合遥感影像特征和多时相监测，依据油气生产场地、设施的建设、运行、退出和修复等存在状态的变化，判断油气生产活动的性质，提取油气生产活动的定性、定量及空间信息，实现油气生产活动直接环境印记的遥感监测。

油气生产活动的间接环境印记多是综合环境效应的一种表现，其油气生产属性模糊，遥感特征具有更多的不确定性，遥感监测过程更复杂。油气田区域内的地表形变、水质环境的变化、大气环境的敏感成分浓度异常等都属于间接环境印记，很多非油气生产人类活动也会引发类似的环境现象。遥感监测时，需要结合具体场景，确定适应的遥感判识标准。油气生产活动间接环境印记的表现形式是经过人类长期的油气生产与环境监测实践，逐步取得的认识，并处于不断完善的过程中。如长期的油气开采或特殊的油气开采方式会改变区域地层压力的固有平衡系统，引起地表形变，出现地表抬升或沉降的现象。而城市超负荷地下用水、煤矿开采等非油气生产环境同样会引发类似的区域沉降现象。因此，油气生产活动的间接环境印记也往往是遥感应用的重点监测领域。深入理解油气生产场景下的环境作用机制以及间接环境印记的遥感表征形式，是油气生产活动间接环境印记遥感监测的关键。

由于油气生产活动具有井场等承载目标的空间尺度精细、生产活动周期的多时间尺度性和不确定性以及活动分布与油气生产规划的空间相关性等特点，其遥感特征在空间尺度和时间尺度上表现出对应的时空特征（第六、七章已进行详细介绍）。

2）非油气生产活动

在中国，由于历史原因，具有较长开采历史的油气田多建设在偏远的人居稀少区域，随着社会经济的发展，油气田所在区域的社会经济也发展迅速，很多油气田逐渐形成了油气生产区与城镇生活区混合的空间发展格局。油气田所在区域几乎都经历了中国城镇化发展历程，城镇区规模和数量不断增加，人口比重提高，经济产业结构转变，基础设施建设加强。因而油气田区域内包含大量的非油气生产人类活动，对油气田环境的影响作用日益增强。油气田环境动态分析不仅要考虑油气生产活动的影响，还要考虑非油气生产活动的影响。

油气田内的非油气生产活动包括但不限于农业生产、与油气开发无关的其他工业开发、交通建设、城镇化建设等活动。遥感监测内容可以分为通用基础监测和专题监测两部分。通用基础监测是面向不同类型非油气生产活动的通用特征开展的监测，遥感监测内容以土地利用变化、植被覆盖、水域覆盖等通用的基础地表要素为主，通过基础地表要素的变化提取人类活动痕迹，如基于土地利用变化提取城镇化建设活动、农业区生产活动等。专题监测是面向特定类型非油气生产活动开展的监测，遥感监测内容以反映特定类型人类活动的环境痕迹为主，如秸秆焚烧活动的浓烟遥感监测等。油气田内非油气生产活动的遥感监测以基础监测为主，专题监测则根据需要选择性开展。

2. 油气田人类活动环境影响

环境影响是指人类活动（经济活动、政治活动和社会活动）导致的环境变化以及由此引起的对人类社会和经济的效应，它包括人类活动对环境的作用和环境对人类的反作用两个层次[5,85]。油气田人类活动的环境影响包括油气生产活动和非油气生产活动的共同作用。而油气田环境保护更关注油气生产对环境变化的影响，以便控制油气资源开发过程中油气生产活动对环境的扰动作用，尽量降低或避免油气开发给油气田及其周边区域环境带来的不利影响。

油气开发过程中的生产活动对环境系统有一定的影响。一方面，油气生产活动给环境系统带来生态环境的负面效应，表现为对区域地质环境和生态环境的物理扰动和化学扰动。物理扰动主要是对地表和近地表地质结构体状态的改变，可能引发土地占用、地面塌陷、水位下降等问题。化学扰动主要是对地表和近地表的水、大气、土壤和生物体系中的化学组成的改变，可能带来生产废水、大气污染和土壤污染等环境污染问题。另一方面，为了保持油气田环境的可持续发展，人类会主动实施油气生产场地修复或退出恢复等保护性生产活动，给环境系统带来生态环境的正面效应。与此同时，城镇化等非油气生产活动也会给区域环境带来影响。油气田人类活动的环境影响包括暂时性和长期性、可恢复性和不可恢复性、有利性和不利性，污染性和非污染性等不同的作用。因此，需要对油气田人类活动进行监测和评估，分析油气生产活动对环境的影响，支持油气田环境可持续发展。

3. 油气田人类活动遥感监测方法

油气田人类活动的遥感监测涉及油气生产活动遥感监测、非油气生产活动遥感监测和人类活动环境影响遥感分析等内容，其遥感监测数据、遥感监测范围、遥感监测内容及环境影响分析方法的选取需要结合油气田生产特点，进行针对性的选取。

1）遥感监测数据

油气田人类活动包括油气生产活动和非油气生产活动，遥感监测涉及不同尺度空间分辨率遥感数据。油气生产活动的承载场地普遍具有较小的空间规模，遥感监测以高分辨率遥感数据为主，中分辨率遥感数据为辅。非油气生产活动遥感监测分为通用基础监测和专题监测两种情况，通用基础监测多针对通用的基础地表要素，遥感监测以中分辨率遥感数据为主，高、低分辨率遥感数据为辅；专题监测则需要依据监测目标的实际情况选择适合的遥感数据。遥感监测数据的时间分辨率主要考虑油气生产活动周期和遥感监测周期的关系，如果遥感监测周期包含一个或多个油气生产活动周期，可根据监测要求选择多期遥感数据开展一轮变化监测或多轮持续的动态监测；反之，可结合历史遥感数据，选择一期遥感数据开展现状及变化监测。

2）遥感监测范围

油气田人类活动的遥感监测涉及环境影响分析，不同类型人类活动的遥感监测范围不同。油气生产活动主要发生在油气田内，遥感监测以油气田为单元开展。由于石油和天然气属于非固体矿藏，流动性是其固有属性，因而油气田分布广泛且分散，其中的生产作业区块往往规模小，数量多，空间不相连，但又彼此邻近。因而非油气生产活动的遥感监测范围往往为包括油气田及其周边区域的更加广阔的完整区块，以便分析油气生产活动对油气田及其周边区域环境的影响。

3）遥感监测内容

遥感技术可以获取大范围的油气田空间信息，通过数据分析了解油气生产区扩张、油气开发等活动信息，利用无人机、高分辨率卫星遥感技术可以对特定区域进行高分辨率监测，获得更加精细的人类活动信息。油气田人类活动的遥感监测内容包括油气生产活动监测和非油气生产活动监测。

油气生产活动遥感监测通过提取油气田生产场地及其变化信息，包括数量、规模、场地性质、空间分布及时间序列特征，提取油气生产活动信息，结合油气生产特点，对提取的油气生产活动进行类型划分，如油气开采活动、井场建设活动等，掌握油气田生产活动的发生与发展，包括油气开发活动的强度、范围及其时空变化规律等，用于油气田开发活动的分析与评估。

非油气生产活动的遥感监测通过提取通用基础地表要素和专题要素的现状及变化信息，提取人类活动痕迹，包括农业、林业、城市建设等活动对土地利用、植被、水域等地表要素的改变情况，用于掌握油气田及其周边区域的环境状况，为区域环境影响分析提供环境背景信息，支持油气田区域的环境动态分析。

4）人类活动环境影响遥感分析

油气田人类活动环境影响的遥感分析是利用遥感技术对油气田区域的人类活动及环境

状况进行探索，并从中提取有用的信息，分析人类活动对油气田环境的影响，包括油气生产活动对环境的影响，也包括地方经济发展等与油气开发无关的非油气生产活动对环境的影响。油气田环境监测主要关注油气生产活动对区域环境变化的影响。

基于遥感获取的油气田环境动态信息，探讨油气田及周边区域环境动态的时空变化规律，了解区域环境变化的历史、环境结构及基本特性等，为环境影响分析提供基础依据。基于遥感提取油气田人类活动痕迹的时空特征，结合GIS技术和空间分析模型，分析油气生产进程中区域环境演变与人类活动的相关性，并获得可视化表达。一方面，通过遥感监测获得的油气生产活动，分析油气田生产活动同区域环境变化之间的关系；另一方面，通过遥感监测获得的非油气生产活动，分析非油气生产活动同环境变化之间的关系。基于油气生产活动与非油气生产活动在数量、规模、分布、强度等方面的定性、定量对比分析，评估不同类型人类活动对区域环境变化动态的影响。

环境影响分析的区域为包括了油气田及其周边区域的较大范围区域。通过对比油气田环境演变动态与周边区域环境变化趋势之间的关系，分析油气生产对油气田及其周边区域环境的不同影响作用，以便更加全面地揭示油气生产活动与油气田环境变化之间的关系及其对周边区域环境的影响作用，为油气田环境保护决策提供依据。

二、克拉玛依区域环境的人类活动影响分析

克拉玛依区域人类活动环境影响的遥感监测范围参见图8-4。由于区域自然条件恶劣，地处戈壁荒漠，其间分布大片盐碱滩地，曾经人烟稀少。自1955年发现中国第一个大型油田后，规模性的石油开发人类活动开始。几十年来，从一个偏远的人烟稀少的荒漠区发展为中国重要的石油石化基地，区域环境的演变伴随着油田的发展，始于大规模的石油开发活动，随着区域经济的发展，逐渐包含越来越多的城乡发展人类活动。

区域内沿戈壁、盐碱滩分布大片石油生产区，需要建设生产作业生活区用于石油生产和人员生活，并铺设道路连接各生产单元。随着油田开发力度的加大，井场、站场等生产场地数量不断增加，油田道路网络日益发达。在石油工业带动下，区域经济快速发展，城乡建设规模不断扩大，道路和城乡建设用地是该区域人类活动的典型环境印记。其中，油田生产区的道路分布密集，城乡建设用地既包括油田生产生活区，也包括地方生产生活区。道路和城乡建设占地的变化从一个侧面反映了石油开发等人类活动的发生和发展。

利用1977年、2002年和2020年Landsat系列遥感数据提取主要道路，结合遥感提取的1980年、2000年和2020年城乡建设用地信息，分析人类活动范围的分布及变化。1977年的Landsat/MSS卫星遥感数据的空间分辨率相对于2002年和2020年的Landsat/TM和Landsat 8数据更低。由于区域内地貌类型相对单一，可以利用可见的道路提取反映当时的主要道路状况。为了与1977年的道路提取保持相对的一致性，2002年和2020年遥感提取的道路不包括土路，主要为高速路、油路等。遥感提取的不同年份道路和城乡建设用地分布如图8-11所示。图8-12显示了2002年道路与1977—2016年植被、水域覆盖变化的空间分布关系。

从图 8-11 可以看出，1977—2020 年 40 余年间，区域内的道路交通网络得到长足发展，道路覆盖辐射的区域面积显著增加。20 世纪 70 年代末，区域内由极少的道路连通区域内的主要城乡居民建设用地，这些建设用地所在区域也是当时的石油开发生产区域。随着油气开发规模的扩大和区域经济的发展，城乡建设占地在原来基础上持续扩张，空间分布格局总体稳定。道路的扩展以北部和中部的城镇工业区分布最密，并串联南部的农业耕作区。

(a) 1977年道路 1980年土地利用
(b) 2002年道路 2000年土地利用
(c) 2020年道路 2020年土地利用

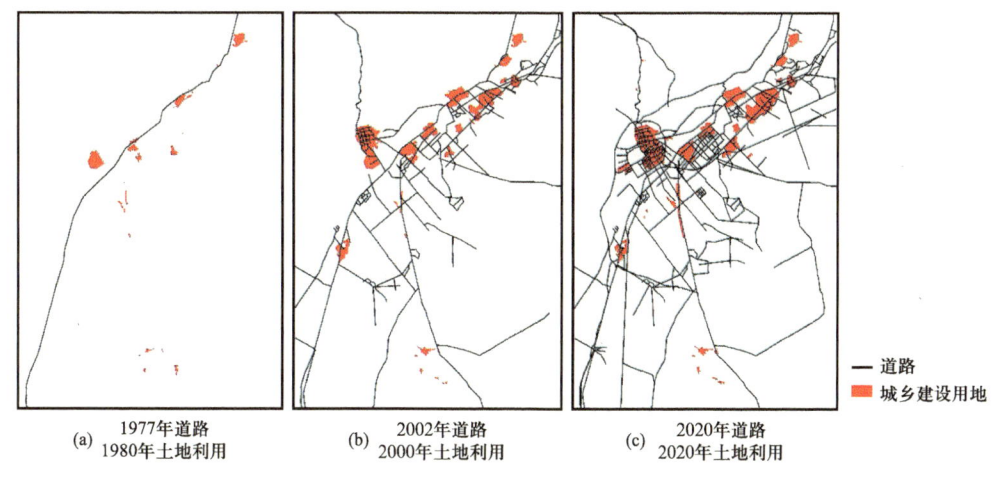

图 8-11　1977—2020 年间遥感提取克拉玛依区域道路和城乡建设用地

监测区属于西部生态环境脆弱区，人类活动对环境的影响会得到更加直接快速的反映。图 8-12 的空间分布显示，人类活动区与环境要素发生明显变化的区域存在空间分布

(a) 植被覆盖变化趋势与2002年道路
(b) 陆表水复现率分布与2002年道路

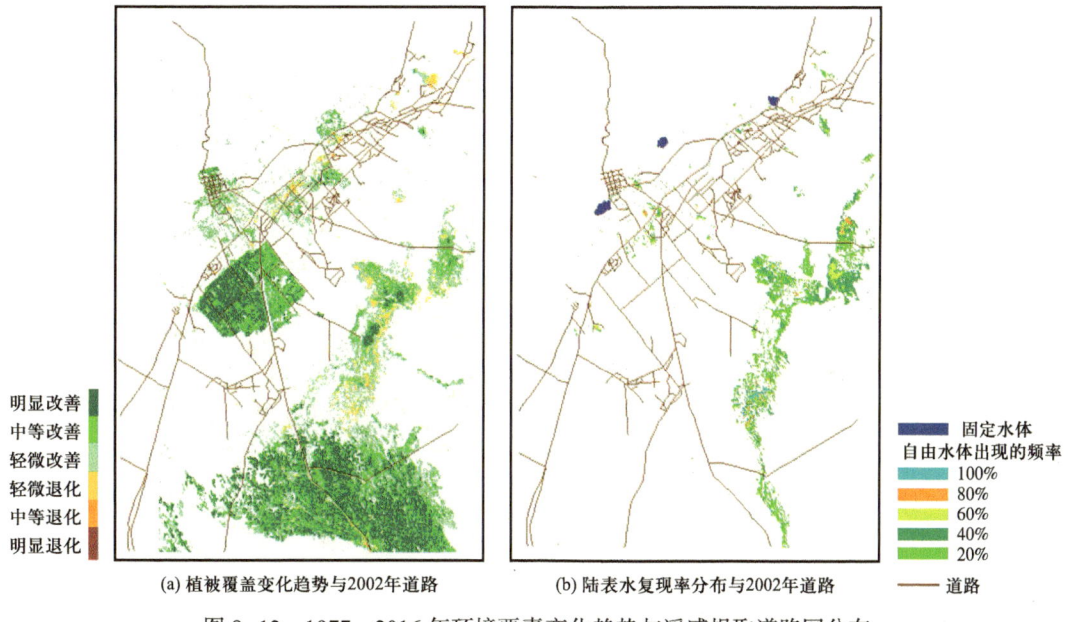

图 8-12　1977—2016 年环境要素变化趋势与遥感提取道路网分布

格局上的相关性。植被覆盖的大面积改善区主要位于城镇工业区和农业耕作区，退化区多分布在城镇工业区和人居活动区，陆表水中的新增固定水体分布在城镇工业区。环境要素的演变体现了人类活动与自然的相互作用。固定水体的增加改善了区域内的陆表水环境，促进了油气田及其周边区域大环境的改善，农业区发展迅速，城镇工业区的植被覆盖状况也得到明显改善。遥感监测的非自然因素植被退化区主要分布于城镇工业区，与城乡建设的新增占地具有空间相关性。道路交通网络的发展体现出与人类活动的辐射区域，贯穿分布于环境要素的明显改善区。因此，人类活动是区域内环境要素演变的主要驱动因素，区域内的大规模工业化行为客观促进了该区域环境的整体改善。

　　人类活动对于环境的影响有正负两方面的作用。如果能够合理利用自然资源，优化改造恶劣的自然条件，使环境要素与人类能够处于稳定、和谐的状态，可以促使生态环境在人类活动作用下，保持可持续发展。如果人类活动忽视生态环境和自然条件的限制，不合理地盲目改造自然，会导致环境的恶化。人类活动对地球的改造总会留下环境的印记，而遥感是对地表及地下一定深度环境信息综合特征的反映。因此，基于遥感获取区域基础环境要素时空演变特征等环境信息，提取人类活动痕迹，对于历史、客观、全面认识油气田工业化进程对区域环境的影响具有参考意义，并为监测工业化进程与区域环境演变的相关性及其环境影响的驱动性分析提供依据。

参 考 文 献

[1] 刘宝和.中国石油勘探开发百科全书：综合卷［M］.北京：石油工业出版社，2008.
[2] 徐国盛，李仲东，罗小平，等.石油与天然气地质学［M］.北京：地质出版社，2012.
[3] 刘宝和.中国石油勘探开发百科全书：勘探卷［M］.北京：石油工业出版社，2008.
[4] 刘宝和.中国石油勘探开发百科全书：开发卷［M］.北京：石油工业出版社，2008.
[5] 屈撑囤，马云，谢娟.油气田环境保护概论［M］.北京：石油工业出版社，2009.
[6] 刘宝和.中国石油勘探开发百科全书：工程卷［M］.北京：石油工业出版社，2008.
[7] 赵复兴.中国油气资源现状及21世纪初期展望［J］.国际石油经济，1996，004（6）：1-5.
[8] 邓皓.石油勘探开发清洁生产［M］.北京：石油工业出版社，2008.
[9] 王桥，杨一鹏，黄家柱.环境遥感［M］.北京：科学出版社，2005.
[10] 王伟武.环境遥感［M］.浙江：浙江大学出版社，2005.
[11] 赵英时.遥感应用分析原理与方法［M］.北京：科学出版社，2003.
[12] 陈述彭.遥感大词典［M］.北京：科学出版社，1990.
[13] 李爱农，边金虎，靳华安，等.山地遥感［M］.北京：科学出版社，2016.
[14] 关泽群，刘继琳.遥感图像解译［M］.武汉：武汉大学出版社，2007.
[15] 彭望琭，周冠华，江澄，等.中国遥感卫星应用技术［M］.北京：中国宇航出版社，2021.
[16] 王文杰，蒋卫国，刘孝富，等.环境遥感监测与应用［M］.北京：中国环境科学出版社，2011.
[17] Lillesand T, Kiefer R W. Remote sensing and image interpretation［M］. John Wiley & Sons, 1994.
[18] 贾海峰，刘雪华.环境遥感原理与应用［M］.北京：清华大学出版社，2006.
[19] 梅安新，彭望琭，秦其明，等.遥感导论［M］.北京：高等教育出版社，2001.
[20] Kettig R L, Landgrebe D A. Classification of multispectral image data by extraction and classification of homogeneous objects［J］. IEEE Transactions Geoscience Electronics, 1976, 14（1）: 19-26.
[21] 程乾.城乡环境遥感技术及应用［M］.吉林：东北师范大学出版社，2016.
[22] Krawitz L. Earth resources program scope and information needs［J］. General Electric Co., Philadelphia, PA, 1974.
[23] 杜培军，谭坤，夏俊士，等.城市环境遥感方法与实践［M］.北京：科学出版社，2013.
[24] 范兆木.黄河三角洲沿岸遥感动态分析图集［M］.北京：海洋出版社，1992.
[25] 郭建军，张一民，朱小鸽，等.黄土塬区西峰油田生态环境遥感勘测［C］.//第三届区域遥感应用国际论坛论文集.2008：269-275.
[26] Yu Wuyi, Qi Xiaoping, Zhang Yimin, et al. Application of high resolution satellite images and landsat 7 inenvironmental investigation for oilfield engineering［C］//Asian Conference on Remote Sensing. ACRS Silver Jubilee, 2004.
[27] 朱小鸽.遥感技术在辽河油田勘探开发环境影响评价中的应用研究［D］.北京：中国石油勘探开发研究院，2003.
[28] 刘杨，邵芸，齐小平，等.基于RadarSAT-2同步观测试验的海面油膜雷达信号特征研究［J］.国土资源遥感，2010（1）：112-116.
[29] 刘杨，邵芸，于五一，等.烃类物质在海面的赋存特征与遥感检测——以中国南海海域为例［J］.石油勘探与开发，2011，38（1）：116-121.
[30] 黄妙芬，唐军武，宋庆君.石油类污染水体吸收特性分析［J］.遥感学报，2010，14（1）：131-147.
[31] 王世洪，翟光明，张友焱.基于遥感检测的输油管道泥石流灾害危险性评价［J］.中国地质灾害与防治学报，2009，20（2）：36-40.

[32] 王世洪，张友焱，丁树柏，等.高分辨率卫星遥感在油田地面工程建设中的应用与展望——以冀东油田为例[C]//区域遥感应用国际论坛.中国遥感应用协会，2008.

[33] 钱丽萍.遥感技术在矿山环境动态监测中的应用研究[J].安全与环境工程，2008，15（4）：5-9.

[34] 聂洪峰，杨金中，王晓红，等.矿产资源开发遥感监测技术问题与对策研究[J].国土资源遥感，2007（4）：11-13.

[35] 杨金中，秦绪文，聂洪峰，等.全国重点矿区矿山遥感监测综合研究[J].中国地质调查，2015，2（4）：24-30.

[36] 何国金，张兆明，程博，等.矿产资源开发区生态系统遥感动态监测与评估[M].北京：科学出版社，2017.

[37] Justice C, Townshend J. Special issue on the moderate resolution imaging spectro-radiometer (MODIS): a generation of land surface monitoring [J]. Remote Sensing of Environment, 2002. 83: (1-2): 1-2.

[38] 刘闯，葛成辉.美国对地观测系统（EOS）中分辨率成像光谱仪（MODIS）遥感数据的特点与应用[J].遥感信息，2000（3）：45-48.

[39] 环境保护部.生态环境状况评价技术规范：HJ192-2015[S].北京：中国环境出版社，2015.

[40] 全国国土资源标准化技术委员会.土地利用现状分类：GB/T 21020-2017[S].北京：中国标准出版社，2017.

[41] 黄佩，普军伟，赵巧巧，等.植被遥感信息提取方法研究进展既发展趋势[J].自然资源遥感，2022，34（2）：10-19.

[42] Jordan C F. Derivation of leaf area index from quality of light on the forest floor [J]. Ecology, 1969, 50（4）663-666.

[43] Rouse J W, Haas R H, Schell J A, et al. Monitoring vegetation systems in the great plain with ERTS [C] //Proceedings of the Third Earth Resource Technology Satellite-1 Symposium, Greenbelt: NASA SP-351, 1973, 1: 301-317.

[44] Kaufman Y J, Tanre D. Atmospherically resistant vegetation index (ARVI) for EOS-MODIS [J]. IEEE Transactions on Geoscience Remote Sensing, 1992, 30 (2): 261-270.

[45] Huete A R. A soil adjusted vegetation index (SAVI) [J]. Remote Sensing of Environment, 1988, 25 (3): 259-309.

[46] Baret F, Guyot G. Potentials and limits of vegetation indices for LAI and APAR Assessment [J]. Remote Sensing of Environment, 1991, 35 (2-3): 161-173.

[47] Qi J, Chehbouni A, Huete A R, et al. A modified soil adjusted vegetation index [J]. Remote Sensing of Environment, 1994, 48 (2): 119-126.

[48] 赵威成，马福义，吕利娜，等.基于DVI的像元二分模型反演植被覆盖度研究[J].黑龙江科技大学学报，2020，30（2）：125-128.

[49] Kauth, R.J., Thomas, G.S., The tasseled cap—a graphic description of the spectral-temporal development of agricultural crops as seen by LANDSAT. Proceedings of the Symposium on Machine Processing of Remotely Sensed Data, Purdue University of West Lafayette, Indiana, U.S.A, 1976, 41-51.

[50] Gao Yan, Mas J F. A comparison of the performance of pixel-based and object based classifications over lmages with various spatial resolutions [J]. Online Journal of Earth Sciences, 2008, 2 (1): 27-35.

[51] 陈述彭，赵英时.遥感地学分析[M].北京：测绘出版社，1990.

[52] Swain P H, Davis S M. Remote sensing: the quantitative approach [J]. IEEE Transactions on Pattern Analysis & Machine Intelligence, 1981, 3 (6): 713-714.

[53] 王芳，王琳.鄂尔多斯高原北部生态水文演变与水功能区管理红线[M].北京：中国水利水电出版

社，2017.
- [54] 杜云艳，周成虎. 水体的遥感信息自动提取方法[J]. 遥感学报，1998，2（4）：264-269.
- [55] 汪金花，张永彬，孔改红. 谱间关系法在水体特征提取中的应用[J]. 矿山测量，2004（4）：30-32.
- [56] Mcfeeters S K. The use of the Normalized Difference Water Index（NDWI）in the delineation of open water features[J]. International Journal of Remote Sensing，1996，17（7）：1425-1432.
- [57] Xu H. Modification of Normalized Difference Water Index（NDWI）to enhance open water features in remotely sensed imagery[J]. International Journal of Remote Sensing，2006，27（14）：3025-3033.
- [58] 王玉梅，党俊芳. 油气田地区的地下水污染分析[J]. 地质灾害与环境保护，2000（3）：271-273.
- [59] 白朝军，王跃峰，武萍. 西藏自治区盐湖矿产资源遥感信息提取方法[J]. 自然资源遥感，2004（2）：35-38.
- [60] 张博，张柏，洪梅，等. 湖泊水质遥感研究进展[J]. 水科学进展，2007，18（2）：301-310.
- [61] Ormeci C，Ekercin S. An assessment of water reserve changes in Salt Lake, Turkey, through multi-temporal landsat imagery and real-time ground surveys[J]. Hydrological Processes，2007，21（11）：1424-1435.
- [62] 刘英，包安明，陈曦. 低盐湖泊水体盐度光学遥感反演研究——以博斯腾湖为例[J]. 遥感学报，2014，18（4）：902-911.
- [63] 姜红，玉素甫江·如素力，阿迪来·乌甫，等. 博斯腾湖矿化度遥感反演及空间分布特征研究[J]. 环境监测管理与技术，2017，29（2）：11-15.
- [64] 田淑芳，秦绪文，郑绵平，等. 西藏扎布耶盐湖总盐含量遥感定量分析[J]. 现代地质，2005（4）：596-602.
- [65] 王俊虎，刘佳，李志忠，等. 含铀盐湖矿化度高分辨率遥感估测[J]. 地球科学（中国地质大学学报），2015，40（8）：1409-1414.
- [66] 郭德方，叶和飞. 油气资源遥感[M]. 杭州：浙江大学出版社，1995.
- [67] 童庆禧，张兵，郑兰芬. 高光谱遥感——原理、技术与应用[M]. 北京：高等教育出版社，2006.
- [68] 中华人民共和国住房和城乡建设部. 油田油气集输设计规范：GB 50350-2015[S]. 北京：中国计划出版社，2015.
- [69] 中华人民共和国住房和城乡建设部. 石油天然气工程设计防火规范：GB 50183-2004[S]. 北京：中国计划出版社，2004.
- [70] Viola P A，Jones M J. Rapid object detection using a boosted cascade of simple features[C]//Computer Vision and Pattern Recognition，2001. CVPR 2001. Proceedings of the 2001 IEEE Computer Society Conference on. IEEE，2001.
- [71] Viola P A，Jones M J. Robust real-time tace detection[J]. International Journal of Computer Vision，2004，57（2）：137-154.
- [72] Dalal N，Triggs B. Histograms of oriented gradients for human detection[C]//IEEE Computer Society Conference on Computer Vision & Pattern Recognition. IEEE，2005.
- [73] Felzenszwalb，Pedro，F，et al. Object detection with discriminatively trained part-based models[J]. IEEE Transactions on Pattern Analysis & Machine Intelligence，2010，32（9）：1627-1645.
- [74] Lienhart R，Maydt J. An extended set of haar-like features for rapid object detection[C]//Proceedings. International Conference on Image Processing. IEEE，2002，1：I-I.
- [75] 杨磊. 基于AdaBoost的人脸检测算法[J]. 山西大同大学学报（自然科学版），2023，39（03）：12-17.
- [76] 中国石化集团公司安全环保局. 中国石化集团公司油气田企业清洁生产评价指标体系（试行）[EB/

OL].（2016）[2023-12-05]. https://www.docin.com/p-1677547491.html.

[77] Liu Yang, Wu Wenhao, Zhang Nannan, et al. Evaluation of clean production management effectiveness in oilfield using multi-temporal high-resolution satellite imagery[C]//IEEE International Geoscience and Remote Sensing Symposium. Pasadena, California, USA: IEEE, 2023: 2470-2473.

[78] 准噶尔油气区（中国石化）编纂委员会编. 中国石油地质志：2版卷21 准噶尔油气区（中国石化）[M]. 北京：石油工业出版社，2022.

[79] 倪师军，王永利，滕彦国，等. 人为扰动与平衡对矿山地质环境的响应模式[J]. 地球科学进展，2004（3）：484-489.

[80] 张寅玲. 露天矿区遥感监测及复垦区生态效应评价[D]. 北京：中国地质大学（北京），2014.

[81] 刘纪远. 中国资源环境遥感宏观调查与动态研究[J]. 北京：中国科学技术出版社，1996.

[82] 全国国土资源标准化技术委员会. 土地利用现状分类：GB/T 21020—2017[S]. 北京：中国标准出版社，2017.

[83] 龚新梅. 新疆土地荒漠化时空变化特征及驱动因子分析[D]. 乌鲁木齐：新疆大学，2007.

[84] 章予舒，王立新，张红旗，等. 疏勒河流域土地利用变化驱动因素分析——以安西县为例[J]. 地理科学进展，2003（3）：170-178.

[85] 王喆，吴犇. 环境影响评价[M]. 天津：南开大学出版社，2014.